建築設備

最新修訂版

作者序

　　二〇一一年三月，日本遭遇了堪稱千年一見的大震災。加上近年來，強烈颱風多次侵襲日本，造成部分地區長期間交通被阻斷停水停電成孤立狀態，這類的災害頻繁發生，已無法用意料之外來解釋。

　　現在，建築業主對建築物要求的優先順序有了重大改變。不僅比以往更確實要求建築主體的耐震程度、將緊急狀況（災害時）的因應對策納入考量、導入發電‧蓄電機器，甚至是自然能源的積極利用等，都隨著愈來愈受到關注而提高了重視的優先程度。其實不用等這類需求的變化出現，從大震災之後，設計上如果未能具備環境工學的正確知識、或對「環保設備」的新技術沒有深入了解的話，要與建築業主圓滿溝通達成共識，恐怕並不容易。

　　建築的環境工學向來被視為設備設計者的專業領域。那麼，在期待實現安全舒適的室內環境及都市環境上，將環境工學概念融入建築設備中又能為我們帶來什麼幫助呢？建築設備從基礎構造開始，就應該考量的溫熱、濕度、換氣、音響、照明……等，相當多樣且分歧。

　　何況，建築設備的種類正日趨複雜化。節能‧創能‧儲能等新技術亦是日新月異。

　　再者，就設計、與成本為優先考量的建築來說，由動力（power）大小決定導入設備的時代早已結束。

　　從此之後，為了營造對人類而言的良好環境，就得以取用最小資源的方式實現，因此建築計畫中有必要好好地控制設備的使用。

　　現在的建築設計十分重視從需求性出發，必須能綜合地掌握建築物整體的環境技術，還必須具備整合的能力，可見今後設計者面對的將是愈發嚴格的時代。有鑑於此，我們也正擴大檢討設計者本身應具備的相關能力。

　　建築設備要能充分發揮機能外，還希望能以節能的方式創造出健康且舒適的空間。本書即是從這樣的核心出發，收集資料較少的住宅、及小規模集合住宅均適用的設備相關知識。

　　具體做法上，則是透過實際參與設計實務的成員蒐集彙編而成。

　　若能有助於建立建築與設備之間的良好關係，實為本書之大幸。

山田浩幸

二〇二〇年一月吉日

推薦序 依姓名筆劃序排列

　　一天之中，人起碼要在建築物裡待上8小時以上，甚至到16小時。這麼長的時間中，人必須在建築物裡睡眠、用餐、工作等。假如人活到90歲，那麼他一生中待在建築物裡的時間將高達30年、甚至60年以上。

　　與我們人類這麼息息相關的環境，是不是讓你既熟悉又陌生呢？

　　城邦易博士所出版的《建築設備最新修訂版》一書，剛好有助於我們了解這與我們這一生緊密關連的環境。書中以淺顯易懂的圖片，深入淺出地介紹排水、給水、空調、用電、通訊、能源等相關設備，讓我們更透徹地了解這既熟悉又陌生且與我們相伴一生的環境。

白子易

國立臺中教育大學科學教育與應用學系　　教授

　　本書之編寫以圖解為主，文字說明為輔，利用清晰的彩色三向度立體透視圖（部分設備並提供相片對照），從建築設備之規劃到設計，透過精簡文字的清楚解說，且在每一章節前面都有關鍵的重點提示，讓讀者能跟自宅或工作場所之建築物現況結合，進而能輕易理解複雜的建築設備原理與實務，具有可讀易懂的特性。

　　本書之最大特色是能抓住現階段全球暖化議題時代潮流的建築設備，以專章的方式介紹節能建築之設備設計，將目前已能運用得上的節能建築設備，從基本的建築節能原理到節能設備設計圖說，詳細介紹解釋並提示維護注意事項，非常適合做為大學建築設備教科書，當然亦非常適合大眾對自家或工作場所建築設備的理解。

鄭明仁

逢甲大學建築專業學院　　教授

長久以來，知識落差使得一般民眾在與專業建築人士溝通上顯得弱勢。經常在購屋或舊宅裝修完畢之後，才發覺施工的內容或設備的使用不如預期，因而蒙受巨大損失。

　　城邦文化易博士出版社《建築設備最新修訂版》中文版的問世，可以迅速提升設備使用知識，對於非建築行業的大眾，是一本極具參考的工具書。它可以使非專業人士提出專業問題，進而提升鑑賞新建築物的眼光，以及具備主導規劃舊建築物裝修的能力。

　　《建築設備最新修訂版》將建築設備本身以及配套的周邊知識，做有系統的連結，對於設備與建築的關連融會貫通，不會一知半解。同時也涵蓋了表面上看得見與看不見的設備，讀者可以深入觀察不易為人注意的隱藏式設備，對建築物的良窳，有更精準的鑑定。

　　本書的內容符合時代潮流，有關於好建築的室內環境因子（空氣環境，音環境，光環境，溫熱環境，電磁環境）都在探討的範圍之內。多主題，小篇幅的報導，有助於讀者掌握需求閱讀。每個小單元，都有重點說明，而且有設備保養與更新的提示，讀者容易抓住主題核心。精美的插圖，配合簡潔的文字輔助，閱讀起來賞心悅目，如同現場實物解說一般，清爽易懂。

　　我極力推薦，這一本值得收藏的好書。

劉嘉哲

台灣通風設備協會　　　　第 5 屆理事長
生原家電股份有限公司　　（前）總經理

　　隨著科技的進步，人們對建築的要求不再只是遮風避雨的單純要求，藝術、人文與科技的元素更可豐富建築的價值，賦予建築另一個層次的意義。但是，欲完成一座建築，除了主要的鋼筋混凝土所構成的主架構外，更需要其他的建築設備，才能完成一座完美的建築。本書以深入淺出的文字敘述，搭配生動但不失真的圖片方式，呈現包括「給水、排水」、「通風、空調」、「電力、通信」、「辦公大樓」、「節能」等設備的各項工程設計參數與架構圖示，讓讀者更容易了解「建築」裡隱含的「科學」，亦可供有興趣打造屬於自己的幸福家園的人或是相關科系的學生參考。

賴奇厚

逢甲大學綠色能源科技碩士學位學程　　　　副教授

目錄

Part 3
通風、空調設備

Part 4
電力、通信設備

Part 5
辦公室・其他設施的設備

Part 6
挑戰節能的設計

Part 7
設備圖與相關資料

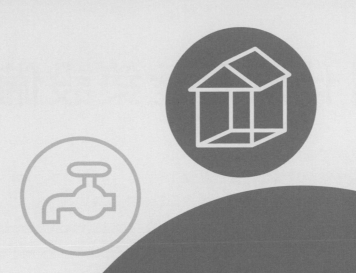

Part 1
設備計畫
開始之前

001│什麼是建築設備？

Point

- 建築設備是掌管建築機能的設施。
- 建築設備擔任守護建築物健康的任務。
- 優良的建築必須在外觀、結構、與內部設備上取得均衡。

保養與更新	任何設備都需要定時保養與汰舊換新。

掌管建築的機能

建築設備是什麼？突然被問到這個問題，一時間答不上來的人應該不少吧。其實一言以蔽之，建築設備就是掌管建築機能的設施。若用人體構造來比喻，就會更容易了解。

建築設計決定了眼、鼻、口等的形狀、大小、配置、身高、手腳長度、頭髮長短、膚色等外表所見的部分。是要塑造成優雅、美麗，還是高挑俊美，整體的構成與規劃方針為何，均是由建築設計來決定。

構造設計則是依據建築設計的方針，要用多少骨架來支撐整體結構才會堅固、要怎麼配置才能讓整組骨架維持平衡等，都是由構造設計來決定。

設備設計的任務

而建築設備的設計，則是要決定心臟、胃、肝、肺等內部器官的配置、流通血液的血管路徑、以及控制各種機能的腦、與神經等組成的整體方針。

建築設備和構造同樣都不是決定表面上看到的部分，而且一旦在配置、或平衡上出錯的話，就會像人失去健康一樣嚴重，是至關重要的事情。

而負起即使建築物外觀已像老爺爺、老奶奶，但身體仍然健康硬朗這個重責大任的，正是建築設備。雖然也有「美人薄命」一詞，但建築實際上並非那樣的本質。

提升設備的重要性

只有從一開始就嚴謹地在外觀、構造、設備三方面取得完美的平衡，才能使建築物的使用能夠長達九十年、一百年。尤其近年來，建築設備所占的比重增加，設備保養與更新計畫的重要性也相對提高。

藉由再次認識建築設備的重要性、以及了解建築設備，希望對今後的建築設計能有所幫助。

1/設備計畫開始之前

2/給・排水、熱水設備

3/通風、空調設備

4/電力、通信設備

5/辦公室・其他設施的設備

6/挑戰節能的設計

7/設備圖與相關資料

◆ 以人比喻建築的話

外觀　　　　　　　　構造　　　　　　　　設備

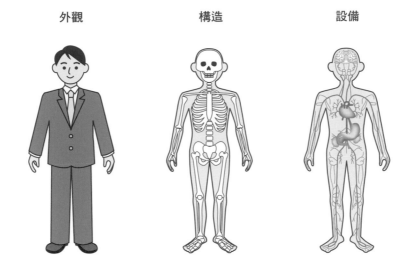

◆ 設備工程的進行流程

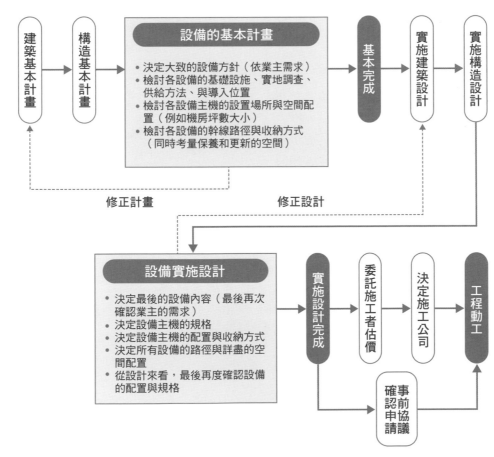

建築基本計畫 → 構造基本計畫 →

設備的基本計畫
- 決定大致的設備方針（依業主需求）
- 檢討各設備的基礎設施、實地調查、供給方法、與導入位置
- 檢討各設備主機的設置場所與空間配置（例如機房坪數大小）
- 檢討各設備的幹線路徑與收納方式（同時考量保養和更新的空間）

→ 基本完成 → 實施建築設計 → 實施構造設計

修正計畫　　　　　　　修正設計

設備實施設計
- 決定最後的設備內容（最後再次確認業主的需求）
- 決定設備主機的規格
- 決定設備主機的配置與收納方式
- 決定所有設備的路徑與詳盡的空間配置
- 從設計來看，最後再度確認設備的配置與規格

→ 實施設計完成 → 委託施工者估價 → 決定施工公司 → 工程動工

事前協議申請確認

002│透天住宅的設備

Point

- 建築設備決定居住的舒適性。
- 建築設備主要有排水衛生設備、空氣調和通風設備、以及電力設備三種。
- 了解各設備的主要功能後才能進行規劃。

保養與更新	必須將建築設備的保養與更新資訊確實傳達給業主。

三項建築設備

依據日本建築基準法第二條第三項[1]，建築設備為「設置於建築物的電力、瓦斯、給水、排水、通風、暖氣、冷氣、滅火、排煙或污物處理設備，以及煙囪、升降機和避雷針等設施」。

在這基礎上，透天住宅的建築設備主要又可分成給排水衛生設備、空調與通風設備、以及電力設備三種。

給水、排水衛生設備

● **給水設備** 經由自來水管線給水，供給住宅生活用水的設備。

● **熱水設備** 透過熱水器加熱，並供給至浴室、洗臉台、廚房等用水區域的設備。

● **排水設備** 將雨水、地下湧水、空調排水等其他設備產生的水、及使用衛生器具所產生的污水排出的設備。為了使水快速、衛生地排出，排水設備必須配備有適當的配管、存水彎[2]、以及通氣系統等附屬裝置。

● **瓦斯設備** 利用管線將瓦斯引入住宅，做為供給熱水、烹調、暖氣、冷氣、及發電時的燃料。瓦斯的種類大致可分成天然瓦斯（或稱都市瓦斯）和LP瓦斯（液化石油氣，即桶裝瓦斯）兩種。

空調與通風設備

● **冷、暖氣設備** 能使建築物常年保有舒適溫度，以及濕度均衡的設備，通常指的就是空調和地暖氣系統。這部分的設備需格外考慮節能的問題。

● **通風設備** 能迅速將屋內髒空氣排出屋外，與外部新鮮空氣進行交換，保持健康的室內環境。

電力設備

● **電力輸送設備** 是以建築用地周邊道路上的電線（桿）來輸送電力的設備。近年由於電器產品的種類增加，住宅電力的必要容量也相對隨之增加。

● **電燈插座設備** 指各個房間的照明和插座，以電力設備來說，是最講究設計的部分。

● **弱電設備** 電話、傳真機、網路等通信設備、電視、對講機、及住宅用火災警報器等裝置。

譯注：1 我國建築法第十條所稱建築設備為「設置在建築物的電力、電信、煤氣、進水、污水、排水、空氣調節、昇降、消防、消雷、防空避難、污物處理、及保護民眾隱私權等設備」。
　　　2 存水彎，台灣一般俗稱P型管。

1/設備計畫開始之前

2/給・排水、熱水設備

3/通風、空調設備

4/電力、通信設備

5/辦公室・其他設施的設備

6/挑戰節能的設計

7/設備圖與相關資料

◆ 透天住宅的建築設備

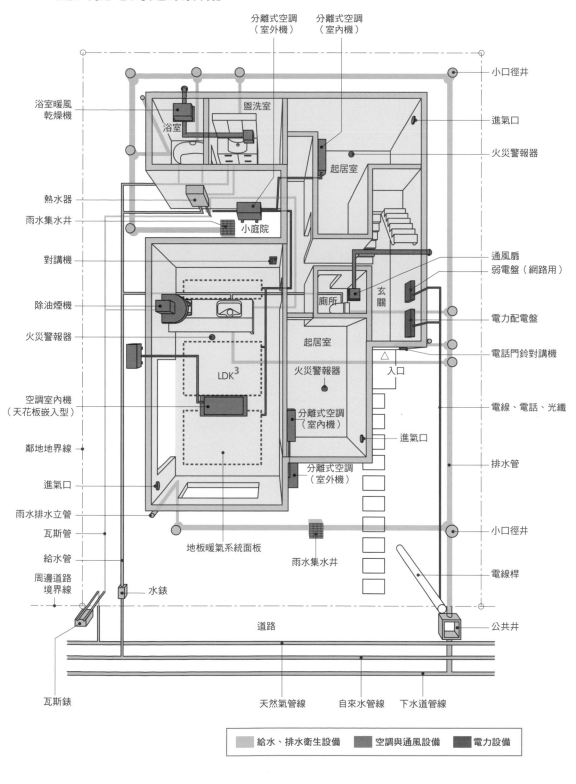

分離式空調（室外機）
分離式空調（室內機）
小口徑井
進氣口
火災警報器
浴室暖風乾燥機
浴室
盥洗室
起居室
熱水器
雨水集水井
小庭院
對講機
通風扇
弱電盤（網路用）
除油煙機
廁所
玄關
電力配電盤
火災警報器
起居室
電話門鈴對講機
空調室內機（天花板嵌入型）
LDK³
火災警報器
入口
電線、電話、光纖
鄰地地界線
分離式空調（室內機）
進氣口
排水管
進氣口
分離式空調（室外機）
雨水排水立管
瓦斯管
地板暖氣系統面板
雨水集水井
小口徑井
給水管
電線桿
周邊道路境界線
水錶
公共井
道路
瓦斯錶
天然氣管線
自來水管線
下水道管線

| 給水、排水衛生設備 | 空調與通風設備 | 電力設備 |

譯注：3 LDK是客廳（Living）、用餐（Dining）、及廚房（Kitchen）的簡稱。

003|集合住宅的設備

Point

- 不要讓建築設備變成「多餘的設備」。
- 謹慎確認配管種類、及是否會干擾到建築物結構。
- 確實掌握內嵌式電力的配管數量。

保養與更新	必需考量到增設新設備時的應對措施。

掌握建築設備的總量

即使是設備承包公司，不大熟悉集合住宅設備施工方式的例子也很多。因此，在進行設備計畫時，建築設計者與設備設計者的相關知識與操作經驗也就變得非常重要。

首先要注意的是，必須得詳實回應業主的要求，以避免配置出「多餘的設備」。同時，為了規劃出均衡的設備配置，設計者必須有解決業主需求的方針，並且要向業主主動提議。

建造集合住宅時，必須在設計階段就檢討如何確保給水與排水、空調配管、通風管道和管線收納、以及主機的安裝空間，並謹慎考慮設備的保養性、施工性、更換的做法等，訂定出最合理的規劃。另外，也要對設備配管是否干擾到建物結構加以檢視才行。

埋入諸多電力配管的集合住宅，因電器、資訊設備的多樣化，會有配線種類龐雜、繁多的情況發生。若沒有確實掌控、了解這些配管數量，將可能影響到建築物結構的強度。

提前預設各種可能

在集合住宅中，每種設備機器不僅體積龐大，種類也日趨多樣，須及早針對各設備配置所需的空間與位置提出規劃。而且，各種設備的配管與配線需要的空間更大，種類也更多，這點要多留意。由於進入施工階段後將無法任意變更配置路徑，因此在建築設計階段時就必須慎重調整設計與相關構造。

此外，由於設備主機及材質的壽命會比建築物結構來得短，因此也要預先設想設備機器和各種配管的更換和保養，同時考量設置場所、保養空間、將來設備更新、以及預備增加新設備的空間等問題。

在設備機器方面，得先檢討安裝的位置和收整方式，並確認可與建築體相合無誤後再做決定。與木造住宅不同的是，集合式住宅一旦建築主體完成後就很難再另設開口，因此必須預先確保增設新設備時的預備配管空間與相關路徑。

◆ 建築設備的空間分配（整棟建築物）

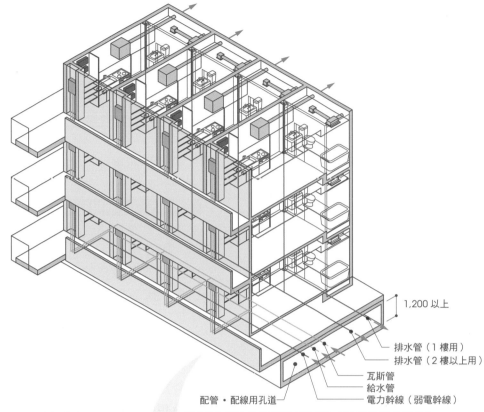

1,200 以上

排水管（1 樓用）
排水管（2 樓以上用）
瓦斯管
給水管
電力幹線（弱電幹線）

配管・配線用孔道

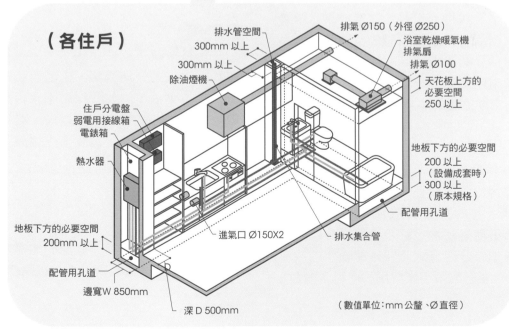

（各住戶）

排水管空間
300mm 以上

300mm 以上

除油煙機

住戶分電盤
弱電用接線箱
電錶箱

熱水器

地板下方的必要空間
200mm 以上

配管用孔道

邊寬 W 850mm

深 D 500mm

進氣口 Ø150X2

排水集合管

排氣 Ø150（外徑 Ø250）

浴室乾燥暖氣機
排氣扇
排氣 Ø100

天花板上方的
必要空間
250 以上

地板下方的必要空間
200 以上
（設備成套時）
300 以上
（原本規格）

配管用孔道

（數值單位：mm 公釐、Ø直徑）

1 / 設備計畫開始之前

2 / 給・排水、熱水設備

3 / 通風、空調設備

4 / 電力、通信設備

5 / 辦公室・其他設施的設備

6 / 挑戰節能的設計

7 / 設備圖與相關資料

004 | 實地調查

Point

- 親自到施工現場確認基礎設施的狀況。
- 與自來水、下水道有關單位和供給公司協議基礎設施等相關事宜。[4]
- 向轄區有關單位確認雨水流出量的限制。[5]

| 保養與更新 | 自來水、天然氣、與電力電錶要裝設在檢查員容易抄讀的位置。 |

調查與確認基礎設施

在進行建築設備基本計畫前，需先調查與確認建築用地、及其周邊的基礎設施。相關確認事項如下：

水道單位（自來水公司）

①利用自來水籍冊確認在周邊道路上的自來水幹管位置與口徑、以及用地內現有進水管的位置與口徑。②申報原建物的進水管口徑，確認可否新設進水管（已有進水管時，也需申報確認可否再利用）。③申報建築物的規模，確認原先的給水方式是否可行（注意自來水幹管的水壓）。④水錶預設的位置（尤其是利用直接給水方式時要特別注意）⑤有無新申辦費用和申辦手續費。⑥有無其他需事前協議的事項。

下水道

①利用下水道籍冊確認周邊道路的下水道幹管位置與口徑、以及用地內現有公共排水井的位置與放流口徑。②確認建築用地是污水、雨水合流區，還是分流區（採分流方式時要確認雨水的放流處）。③有無新申辦費用和申辦手續費。

④有無其他事前協議。⑤有無限制雨水流出量（向轄區有關單位確認）。

天然氣公司（都市瓦斯）

①確認周邊道路上的瓦斯幹管位置與口徑、以及用地內現有引入管的位置與口徑。②申報整棟建築物預設的天然氣使用量，確認是否可新設引入管。③若無法從周邊道路新設引入管，可評估由天然氣公司負擔延長幹管費用的可行性，申報延長引入管。④無法使用天然氣時，則以液態桶裝瓦斯（LP瓦斯）代替來進行規劃。

電力公司

①決定整棟建築物使用的電力容量後，與轄區的電力公司聯絡，確認有無需事前協議的事項（例如要採用架空線路或地下電纜）。②輸送高壓電時，必須預留變壓器空間，因此需要事先協調預設地點與需求空間。

電信公司

①確定整棟建築物需要的電路數後，與轄區的電信公司聯絡，確認有無需事前協議的事項。②是否可引入光纖電纜。

譯注：**4** 台灣建築事務權責單位為內政部營建署，各縣市政府設有環境保護局和工務局等。自來水由台灣自來水公司負責；下水道由內政部營建署下水道工程處管理，水質則由經濟部水利署管理。

5 台灣的相關權責單位，水道方面為台灣自來水公司、台灣內政部營建署下水道工程處；天然氣由中油公司管理，電力輸送由台灣電力公司負責、電信方面則為中華電信公司。

1／設備計畫開始之前

2／給‧排水、熱水設備

3／通風、空調設備

4／電力、通信設備

5／辦公室‧其他設施的設備

6／挑戰節能的設計

7／設備圖與相關資料

◆ 實地調查的檢視重點

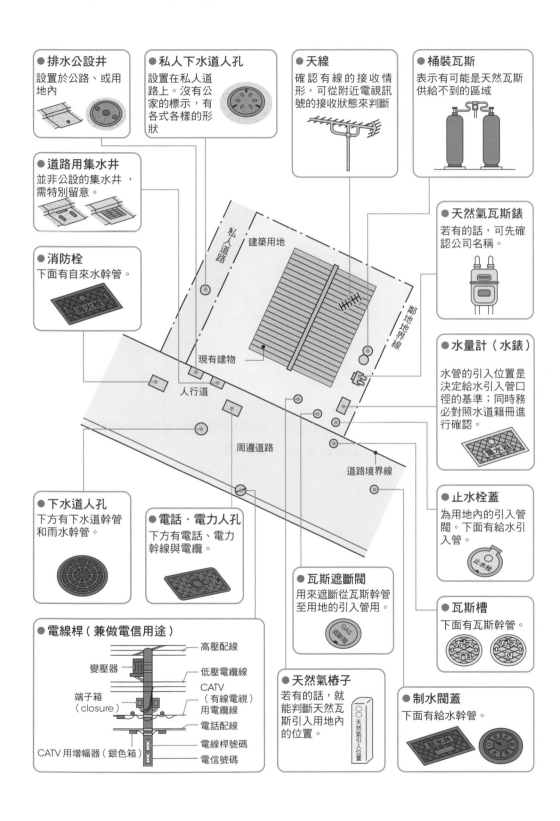

● 排水公設井
設置於公路、或用地內

● 私人下水道人孔
設置在私人道路上。沒有公家的標示，有各式各樣的形狀

● 天線
確認有線的接收情形，可從附近電視訊號的接收狀態來判斷

● 桶裝瓦斯
表示有可能是天然瓦斯供給不到的區域

● 道路用集水井
並非公設的集水井，需特別留意。

● 天然氣瓦斯錶
若有的話，可先確認公司名稱。

● 消防栓
下面有自來水幹管。

● 水量計（水錶）
水管的引入位置是決定給水引入管口徑的基準；同時務必對照水道籍冊進行確認。

私人道路

建築用地

鄰地地界線

現有建物

人行道

周邊道路

道路境界線

● 下水道人孔
下方有下水道幹管和雨水幹管。

● 電話‧電力人孔
下方有電話、電力幹線與電纜。

● 止水栓蓋
為用地內的引入管閥。下面有給水引入管。

● 瓦斯遮斷閥
用來遮斷從瓦斯幹管至用地的引入管用。

● 瓦斯槽
下面有瓦斯幹管。

● 電線桿（兼做電信用途）
高壓配線
變壓器
低壓電纜線
CATV（有線電視）用電纜線
端子箱（closure）
電話配線
電線桿號碼
CATV用增幅器（銀色箱）
電信號碼

● 天然氣樁子
若有的話，就能判斷天然瓦斯引入用地內的位置。

● 制水閥蓋
下面有給水幹管。

SI 乾式工法

三、四十年前蓋的建築物,現在可能因為居住生活方式改變、或設備使用年限到期,而需要進行修改工程。

這時會發現,如果建設當時沒有考量日後內部裝修和設備更新等問題,此時修改工程就會相當浩大、而且所費不貲,最後結果往往只有重建一途。

為減少這種風險,從建築設計一開始,就必須考量到將來內部改裝、房間格局改造、以及設備更新等問題。因此,現今多會採用將建築結構部分(Skeleton)與內裝部分(Infill)分離的做法來施工,稱為「SI乾式工法」,特別是被應用在集合住宅上。

運用這種手法,將來建築物只需做修復、或內部改裝工程,就有可能以原來的建築物持續使用九十年、甚至一百年。SI乾式工法可避免建築物在改修時結構解體,如此也能大幅減少建築廢棄物,避免增加環境負荷。

◆ **建物結構與內部裝修**

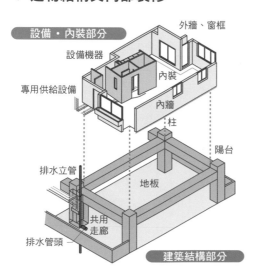

◆ **集合住宅的情形**

● 以往的集合住宅

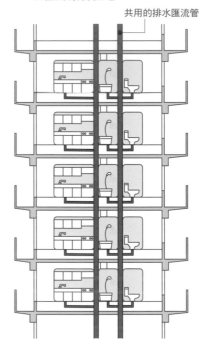

● SI 乾式工法住宅

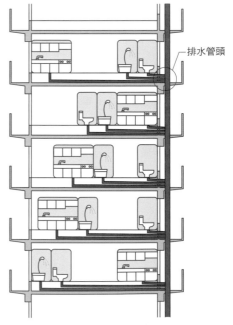

不讓排水匯流管直接通過住宅中心,可保有修復時設計上的自由度。

Part 2
給・排水、熱水設備

005│檢視給水設備

Point

- 水道設施是指建築用地外側的止水栓到自來水幹管的部分。
- 必須實地確認進水本管與水錶的位置。
- 申請自來水時,需支付申辦費用。

注意│自來水籍冊載明有個人資料,閱覽時須辦理申請手續。

何謂住宅的給水設備

所謂給水設備是指鋪設在建築物及用地內,除了提供飲食、烹調用水外,也供給廁所、浴室、清潔等用水的給水管、泵浦、及水塔等設施的總稱。

而自來水是指從道路下埋設的自來水幹配管(上水道),經由進水管引入、供給至建築用地內使用的用水。用來控制進水管供水、或止水的裝置稱為水栓,在用地地界的內、外二側都各有一個。從用地外側的止水栓到自來水幹管的範圍,並非住宅用的給水設備,一般通稱為水道設施。

在用地內側止水栓旁會安裝水量計,也就是水錶,可計量該建築物的用水量,同時也用來計算水費。

實地查看與詢問主管機關[1]

在開始規劃給水設備前,首先必須調查清楚用地的實際狀況。現況調查時,不只要親臨現場實地目視確認、還需前往轄區的自來水公司和建設局(或是瓦斯、電力公司)確認清楚設備管線的相關資訊。這些被埋入地底的管線、管路,很可能在現場查看也看不出來,為慎重起見,親自到自來水公司查閱、比對配水管線的埋設圖(自來水籍冊)才是比較有保障的做法。

不過,由於水道配管圖上載有個人資料,基於保護隱私,除了土地所有權人(自來水使用者)以外,其他人並無權閱覽。如果需要的話必須申請才行,申請前得備妥申請書、委託書、及申請費等。

調查、確認時的須知

在規劃住宅的給水設備上,從自來水幹管引進水時是否有效率,攸關廚房、浴室、廁所等用水區域的配置計畫。因此,在實地調查時,更應特別確認自來水進水管和水錶等用水設施的相關位置。

不過從這方面來看,若單只從自來水公司調閱圖面,其實也無法確切掌握配管埋設的實際位置和大小尺寸。因此調查時,最好一邊對照圖面、一邊實地確認,同時丈量出從用地地界線、及圖面上的標記,到實際埋設、水錶之間的距離。如此實際操作,才能有助於整體規劃的進行。

另外,建物在申辦自來水用水時,需向自來水公司提出申請外,還需繳納申請、管線埋設等費用。這些需要支出的費用,要在一開始就掌握好。

譯注:1 台灣住宅水道管理單位為台灣自來水公司,係屬經濟部管理的國營事業體;台北地區為台北自來水事業處,為台北市政府的直屬機關。建築方面,中央主管機關為內政部,在直轄市設有工務局;縣(市)則為工務局或建設局。

1／設備計畫開始之前

2／給・排水、熱水設備

3／通風、空調設備

4／電力、通信設備

5／辦公室・其他設施的設備

6／挑戰節能的設計

7／設備圖與相關資料

◆ 透天住宅給排水的結構

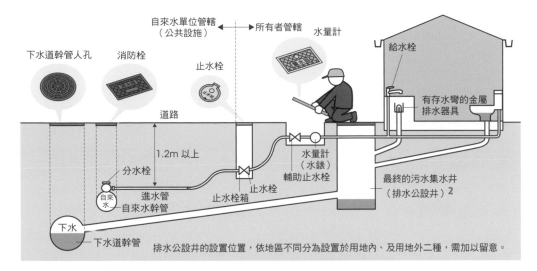

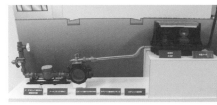

左：水量計箱內，收納自來水水栓和水量計。

右：從自來水配水管（左），經由進水管（SUS管），至水量計（右）之間的配管構造；此設備通常埋設於道路底下。

◆ 給水設備的調查流程

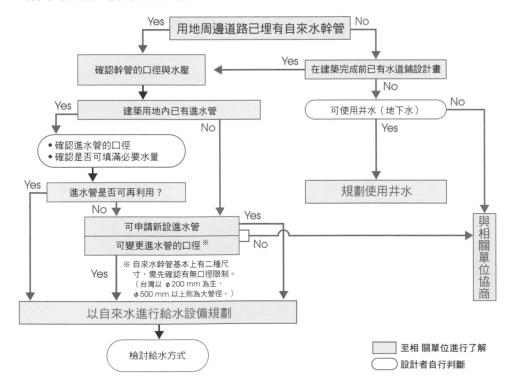

006│選擇給水方式

Point

- 給水方式依建築物規模而定。
- 確認使用直接增壓方式給水的建築物及地區。
- 若不適用直接增壓，需依建築物用途選擇給水方式。

保養與更新　自來水水錶與配管銜接處容易腐蝕，法令規定每八年須更換一次。[3]

給水方式的種類

各地區自來水公司的給水方式與給水量不同，因此在規劃前，應先確認清楚給水方式，再依建築物的規模選擇最適合的方式。自來水的給水方式主要有以下三種類型：

透天住宅等小規模建築物，是以自來水配管直接給水。這種給水方式僅靠淨水場輸水的水壓，即可將自來水供給至各住宅內使用。不過，大樓等規模較大的建築物，若單憑水道壓力，並無法將水送達高處的樓層，因此高處的受水樓層會以蓄水池貯水和泵浦加壓的方式來供水。

另外，三層樓以下中型規模的建築物（有些地區開放到五層樓），可在直接給水的配管上加裝增壓泵浦，以配管直接增壓的方式給水。[4]

此外由於現代人十分重視蓄水槽的衛生問題、對「水好不好喝」更加關注，使得希望能以自來水配管直接給水的用戶相對增加，目前日本各地方單位也正致力直接給水的整備工程。不過能否採直接給水的方式還是會因地區、以及建築規模、用途的不同而有所限制，因此規劃給水設備前還是先向轄區的自來水公司詳加確認才好。

決定給水方式

在決定給水方式時，也必須考量建築物的用途。例如，若是乾洗店、和印刷廠等需水量大的建築物，或是處理藥物的工廠等，無論規模大小，都不能採用直接給水。

另外，採用直接給水若遇上斷水、而建築又是營業用途的話，往往會因為無法供水而停止營運造成損失。因此，像這類的建築物（飯店、餐廳等）最好採用蓄水池貯水的方式供水。

水錶的設置條件

水錶的設置條件隨給水方式不同而有差異，同樣也都需向轄區的自來水公司確認。

另外，由於水錶與自來水配管的銜接處容易腐蝕，因此日本法令規定，水錶每八年就須更換一次。為了更換作業進行時能不中斷供水，住戶有義務自行裝設「水錶分流組件」。而且在集合式住宅方面，住戶的水錶須選用耐蝕性較強的水錶組件。

譯注：3 我國依經濟部〈水量計檢定檢查技術規範〉規定，水錶有效期限為八年。

　　4 台灣方面明確的樓層規範。但一般而言，二樓（層）以下的建築物，若水壓充足，採直接給水即可；二樓（層）以上，若水壓不足，才需加裝增壓泵浦來間接供應用水。

1／設備計畫開始之前

2／給・排水、熱水設備

3／通風、空調設備

4／電力、通信設備

5／辦公室・其他設施的設計

6／挑戰節能的設計

7／設備圖與相關資料

◆ 決定給水方式的流程

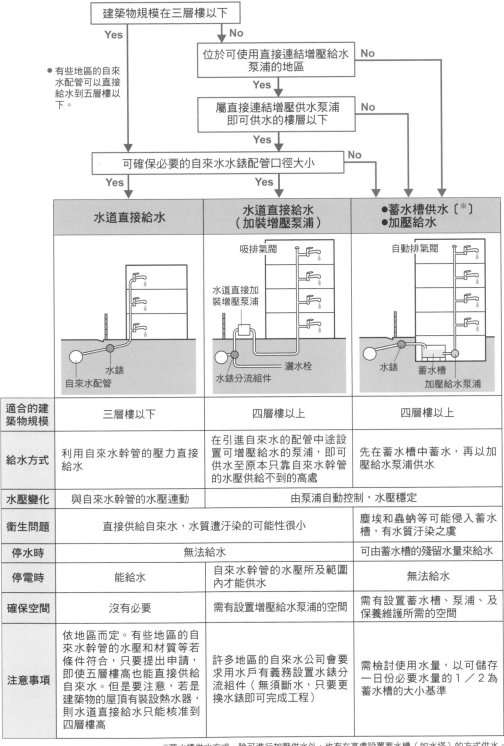

建築物規模在三層樓以下 — Yes / No

位於可使用直接連結增壓給水泵浦的地區 — Yes / No

屬直接連結增壓供水泵浦即可供水的樓層以下 — Yes / No

可確保必要的自來水水錶配管口徑大小 — Yes / Yes / No

● 有些地區的自來水配管可以直接給水到五層樓以下。

	水道直接給水	水道直接給水（加裝增壓泵浦）	●蓄水槽供水〔※〕 ●加壓給水
適合的建築物規模	三層樓以下	四層樓以上	四層樓以上
給水方式	利用自來水幹管的壓力直接給水	在引進自來水的配管中途設置可增壓給水的泵浦，即可供水至原本只靠自來水幹管的水壓供給不到的高處	先在蓄水槽中蓄水，再以加壓給水泵浦供水
水壓變化	與自來水幹管的水壓連動	由泵浦自動控制，水壓穩定	
衛生問題	直接供給自來水，水質遭汙染的可能性很小		塵埃和蟲蚋等可能侵入蓄水槽，有水質汙染之虞
停水時	無法給水		可由蓄水槽的殘留水量來給水
停電時	能給水	自來水幹管的水壓所及範圍內才能供水	無法給水
確保空間	沒有必要	需有設置增壓給水泵浦的空間	需有設置蓄水槽、泵浦、及保養維護所需的空間
注意事項	依地區而定。有些地區的自來水幹管的水壓和材質等若條件符合，只要提出申請，即使五層樓高也能直接供給自來水。但是要注意，若是建築物的屋頂有裝設熱水器，則水道直接給水只能核准到四層樓高	許多地區的自來水公司會要求用水戶有義務設置水錶分流組件（無須斷水，只要更換水錶即可完成工程）	需檢討使用水量，以可儲存一日份必要水量的1／2為蓄水槽的大小基準

※蓄水槽供水方式，除可進行加壓供水外，也有在高處設置蓄水槽（如水塔）的方式供水。

水錶的設置條件隨著給水方式不同而有差異，同樣都需要向轄區的自來水公司確認。水錶與自來水配管的銜接處容易腐蝕，因此日本法令規定，水錶每八年就須更換一次。為了更換水錶作業時能不中斷供水，自來水公司會要求用水戶有義務事先裝設「水錶分流組件」。

007 | 必要水量與
進水管口徑

Point

- 瞬間最大水量即為進水管的必要水量。
- 透天住宅可依水栓數目決定進水管口徑。
- 蓄水槽的有效容量占整棟建築物一日用水量的40％～60％。

| 保養與更新 | 變更水錶口徑時，需自費更換符合新設水錶口徑的配管。 |

決定進水管口徑的方法

進水管的尺寸標示為「口徑：○mm（公釐）」，指的是從自來水幹管分接出來、供給建築用地內的水管口徑大小。

決定進水管口徑時，必須先計算出整棟建築物的必要水量。必要水量會因建築物的用途而異，通常是以一人份的給水量乘以總體預定人數得出。

進一步地說，也就是將建築物一日的使用水量除以一日的使用時間，求出每小時的平均用水量。一天的使用時間多以8～12小時來計算。而每小時平均用水量的兩倍，就是每小時的最大用水量。若是使用蓄水槽給水，每小時的最大用水量也就是進水管必須能達到的必要水量。

採直接給水時

如果是直接給水，則是以每小時最大用水量的1.5～2倍水量、也就是瞬間最大用水量，做為進水管的必要水量。基本上，能確保可達到必要水量流量的口徑，就是適用的進水管口徑尺寸。此外也有利用幹管的水壓經過複雜計算後求得進水管口徑的方法，這裡先略過不談。

若要用較簡易的方法決定口徑大小的話，透天住宅也可以就依據室內設置的水栓數目來決定進水管口徑。這時，水栓數目得涵蓋所有如浴廁便器、熱水器等各個由自來水供應的設備總數。

集合住宅方面

在集合住宅方面，進水管的口徑需依據住戶總數來決定。蓄水槽的有效容量應達到所有建築物一日用水量的40％～60％，若是設置在高處的水槽（如水塔）則是10％。此外，也要留意容量過大的蓄水槽內不要有水滯留的情形，以免產生衛生問題。

集合住宅的水錶口徑基本上要與進水管口徑相同。自來水公司多採口徑計費制，也就是會依據水錶口徑決定用水的基本費。有些地區也會依進水管的口徑大小決定自來水的申裝費用。

◆ 一人的一日用水量（基準）

不同用途的建築物用水量概算值

用　途		有效面積人員（人／m²）、或實際人員	有效面積率（％）	一人一日用水量（ℓ/d·人）
事務所・行政機關		0.1～0.2	60	100
城市飯店	（顧客）（員工）	住宿旅客 1.0～1.5人／客房	45～50	300～500 150
旅館	（顧客）（員工）	住宿旅客 員工	50	250 150
圖書館		0.4	40～50	10
咖啡廳 餐飲業	（顧客）（顧客）（員工）	0.65～0.85席／m² 0.55～0.85席／m²	75～80 65～80	20～30 70～100 100
百貨公司	（顧客）（員工）	0.2 3%	55～60	5 100
華廈・公寓		居住者		250～350
獨棟住宅				200～350
醫院・診療所 醫院	（中規模）	2.0～2.5人／床 3.0～3.5人／床		300～500ℓ/d·床 1000～1500ℓ/d·床

ℓ= Liter・公升
d = day・天

◆ 蓄水槽尺寸的選擇方法

- 從上表推測建築物使用者的一日用水量，再計算出的全體必要水量來決定蓄水槽尺寸。
- 在計畫階段就必須掌握入居者人數、算出必要的有效容量，以此決定蓄水槽尺寸、並保留好設置的空間。

❶ 從入居者的人數算出蓄水槽的必要有效容量（一人的必要有效容量為 0.15m³）

入居者數	必要有效容量（人數 × 0.15m³）
5	0.75
10	1.5
20	3
30	4.5
40	6
50	7.5

❷ 依據必要有效容量決定蓄水槽尺寸與設置空間

必要有效容量（m³）	蓄水槽尺寸（m）長d×寬w×高h	蓄水槽設置空間（m）(d+1.2) X (w+1.2) X (h+1.6)
0.9	1.5 X 1 X 1	2.7 X 2.2 X 2.6
1.5	2.5 X 1 X 1	3.7 X 2.2 X 2.6
3	2.5 X 2 X 1	3.7 X 3.2 X 2.6
4.8	2 X 1.5 X 2	3.2 X 2.7 X 3.6
6	2.5 X 1.5 X 2	3.7 X 2.7 X 3.6
8	2.5 X 2 X 2	3.7 X 3.2 X 3.6

◆ 決定水錶口徑的方法

- 直接以自來水配管供水時，不需如上表計算用水量，只需簡單地由水栓數、或入居者人數、住戶數等決定水錶口徑即可。
- 水錶口徑愈大，用水量也會增加，並會依此決定水費的基本費。
- 申請安裝自來水時，相關費用會依進水管口徑、或水錶口徑大小不同而有所差異，需先向自來水公司確認才好。

透天住宅

水錶（mm）	口徑 13mm 的水栓數
13	1～4
20	5～13
25	14 以上

集合住宅

水錶（mm）	入居者數（人）	住戶數（戶）
20	4	1
25	18	4
40	40	10
50	60	15

1／設備計畫開始之前
2／給・排水、熱水設備
3／通風、空調設備
4／電力、通信設備
5／辦公室・其他設施的設備
6／挑戰節能的設計
7／設備圖與相關資料

008│設置蓄水槽

Point

- 蓄水槽需定期清潔並接受地方衛生單位檢查。[5]
- 充分檢討設置場所，並針對結構加以補強。
- 高樓層與屋頂的蓄水設備應以一樓耐震標準的2.5倍來設計規劃。

保養與更新	建築所有人有管理蓄水槽水質的責任。

蓄水槽的設置標準

設置蓄水槽時，除了槽體容積、尺寸的大小外，確保留有檢修保養時所需的作業空間也非常重要。

在水質管理方面，供水在未進入蓄水槽前，水質由自來水公司負責；但在存入蓄水槽後，則由建築物所有人負責。依據水道法，一定規模以上的蓄水槽，須受簡易專用水道的相關法規約束管理，並有義務定期清掃、及接受地方衛生單位的檢驗。[6]

蓄水槽的構造與補強

依日本建築基準法規定，蓄水槽的構造基準多採輕量不生鏽、使用較經濟的FRP（強化塑料）製品為主。在設置上，如果將槽體埋設在建築物的樓地板底下直接儲水的話，一旦槽體出現裂縫，污染物質就有可能滲入，而且有難以維修檢查等相當多的衛生問題。因此，這個做法到目前都尚未被認可。

另外，用來排出蓄水槽中過多貯水的溢流管，為了避免排水時逆流灌入蓄水槽內，所以溢流管並不直接連接排水管，而是以吐水口和排水口分離的「間接排水」來運作。

雖然住宅用建築物的樓地板在結構上必須能承載1,800N/m^2、也就是180kg/m^{2}重量，當蓄水槽滿水，槽體加上蓄水量會產生數噸的重量，卻僅以數平方公尺的地板支撐承重的情形。因此，有必要一併考量抽水馬達、及其他設備的重量，決定了蓄水槽的設置位置後，再對該處的構造補強工作加以檢討。

蓄水槽的防震措施

在高樓層、或屋頂等處裝設蓄水槽時，必須採取防震措施。檢討作用於設備機器的耐震力時，固然都會採用「耐震標準」，但仍要留意的是，高樓層的蓄水槽屬於重要的建築設備機器，其耐震力必須以設置在一樓、地下室時耐震力的2.5倍來檢討構造的強度。

此外，置放蓄水槽的基座必須使用鋼筋結構將構造一體化，並以固定螺栓將蓄水槽支架與基座牢牢固定好。同時，也需計算出承受的拉力，選用足以支撐固定的金屬構件，以精準的施工完成作業。

譯注：5 台灣無強制規定，但仍建議每半年定期清理一次，並得視水質狀況調整清理頻率。
　　　6 台灣依〈自來水法〉規範管理；水質標準由中央環境保護及衛生主管機關立訂。

◆ 蓄水槽的設置重點

設計用標準震度（Ks）

重要性高的建築設備機械	一般的建築設備機械	
1.5	1.0	最高樓層屋頂頂樓
1.0	0.6	二樓以上
1.0	0.6	一樓地下室

↑
蓄水槽屬於此類

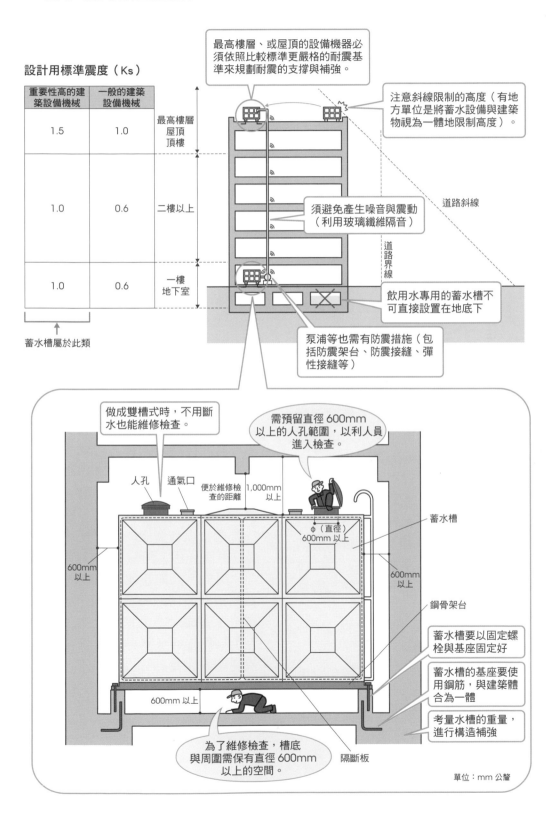

最高樓層、或屋頂的設備機器必須依照比較標準更嚴格的耐震基準來規劃耐震的支撐與補強。

注意斜線限制的高度（有地方單位是將蓄水設備與建築物視為一體地限制高度）。

道路斜線

道路界線

須避免產生噪音與震動（利用玻璃纖維隔音）

飲用水專用的蓄水槽不可直接設置在地底下

泵浦等也需有防震措施（包括防震架台、防震接縫、彈性接縫等）

做成雙槽式時，不用斷水也能維修檢查。

需預留直徑600mm以上的人孔範圍，以利人員進入檢查。

人孔　通氣口　便於維修檢查的距離　1,000mm以上

蓄水槽

φ（直徑）600mm以上

600mm以上

600mm以上

鋼骨架台

蓄水槽要以固定螺栓與基座固定好

蓄水槽的基座要使用鋼筋，與建築體合為一體

考量水槽的重量，進行構造補強

600mm以上

為了維修檢查，槽底與周圍需保有直徑600mm以上的空間。

隔斷板

單位：mm 公釐

1／設備計畫開始之前
2／給・排水、熱水設備
3／通風、空調設備
4／電力、通信設備
5／辦公室・其他設施的設備
6／挑戰節能的設計
7／設備圖與相關資料

009│給水管線與配管施工

Point
● 給水設備與配管的壽命大約在十五～三〇年左右。
● 掌握給水配管的路徑,預留保養與更新時的必要空間。
● 施工時應避免錯誤的「交叉連接」。

保養與更新	配管的規劃應以方便更換為前提。

建築物與設備配管的耐用年限不同

從延長建築物壽命考量時,用地狹小的建築往往會採取將空間做最大限度的利用的方式來規劃,以確保有足夠的居住空間。不過,集合住宅方面重視的則是「可租用面積比」※的提升。由於給水設備配管、配線的鋪設範圍很廣,因此有關日後保養上的考量也就相當地重要。

在住宅的設計上,應事先確認好配管的路徑,並評估保養與更新時的各種狀況,然後再規劃出最適宜的配管空間。將浴室、廁所、廚房等用水區域集中起來進行平面設計時,也應將保養時的便利性納入考量。如果把給水設備的配管直接埋設在混凝土地基下,日後就無法更換了。因此,要先考量到未來可能發生的各種狀況,以確保最適當的配管路徑,是非常重要的。

給水配管施工須知

施工時,最需留意的是要避免自來水(飲用水)受到污染。也就是要防止自來水的給水配管與井水、生活廢水系統、及雨水排水等自來水以外的配管系統,因錯誤接合所造成的「交叉連接」污染。

不過,不管是直接連接、或間接連接自來水以外的配管,還是會有因逆流而造成污染的情況發生。在直接連接方面,就算使用了逆止閥,也可能會無法避免逆流。因為即使連接的井水水質再怎麼好,也會隨著自然條件的改變產生水質變化,若是與自來水系統連接了,就會形成交叉污染。

而間接連接方面,污染的情形常是因為自來水吐水口和排水口距離過近的關係。像是因故遭遇斷水時,給水管內會呈現真空狀態(負壓),導致積留在洗臉槽和流理台上的污水逆流到給水管(逆虹吸作用)裡,造成自來水的污染。

另外,為防止水鎚作用(水栓因突然閉鎖而發出的噪音震動。這種作用會縮短水管壽命,也是水管破損的主要原因),調整給水壓力或將管徑加粗、讓流速控制在每秒二公尺以下,也是給水配管施工上需要留意的地方。

※ 原注:可租用面積比指的是建築物各樓層總面積占收益部分面積的百分比。收益部分是指除了出入口、樓梯、走廊、機房等公共設施之外,可用來收取租金的部分。可租用面積比愈高,表示收益愈大。

30

◆ 配管埋設須知

● 在地基下方直接配管，
日後將無法更新

> 若地基沒有預留給水的管路空間，而將配管
> 直接埋設在混凝土的話。這種工法日後幾乎
> 不可能更換。若要更換，就得另設路徑，以
> 露出新配管的方式來鋪設。

地面
鋼筋混擬土地基
給水配管
NG

● 如果是在地基上方配管的話
日後才有更新的可能

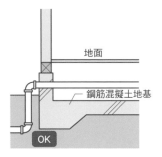

地面
鋼筋混擬土地基
OK

◆ 交叉連接

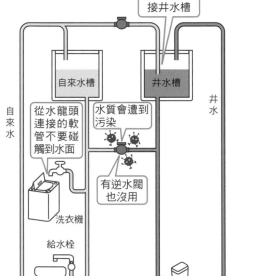

不可直接連接井水槽

自來水槽　井水槽

自來水　井水

從水龍頭連接的軟管不要碰觸到水面

水質會遭到污染

有逆水閥也沒用

洗衣機

給水栓

馬桶

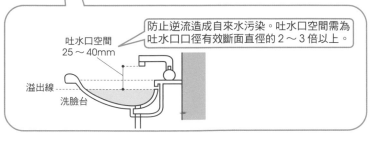

防止逆流造成自來水污染。吐水口空間需為
吐水口口徑有效斷面直徑的 2～3 倍以上。

吐水口空間
25～40mm
溢出線
洗臉台

◆ 水鎚作用

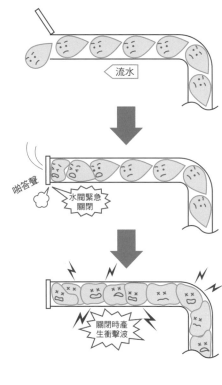

流水

啪答聲

水閥緊急關閉

關閉時產生衝擊波

1／設備計畫開始之前

2／給・排水、熱水設備

3／通風、空調設備

4／電力、通信設備

5／辦公室・其他設施的設備

6／挑戰節能的設計

7／設備圖與相關資料

010│檢查排水設備

Point

- 規劃前，應先調查建築用地區域的排水方式。
- 使用化糞池時，要先了解安裝基準與排放水質的標準。
- 在用地內處理雨水時，應將雨水集水井和浸透溝的面積納入考量。

| 注意 | 為使排水順暢，通氣設備是不可缺少的。 |

排水的種類與方式

將建築物與用地內使用後的污水排出用地外的配管、泵浦和化糞池等，通稱為排水設備。由於，要能夠順暢地排水，通氣設備必然不可或缺，因此將排水、通氣設備整合在同一類的做法是很常見的。

排水的種類分別有來自便器的污水，廚房、浴室、洗臉盆、洗衣機等的雜排水，以及屋頂和庭院的雨水等。將這些排水匯集、流入同一下水道的方式叫做合流式排水。市區、街道在排除雨水的做法上，若是該區域的都市下水道已整備完善，多會採取將雨水區分出的分流式排水。至於下水道、及汙水處理設施尚不完備的地區，則會設置化糞池，在用地內先將汙水處理過後，再流入道路周邊的側溝。[7]

除了這種以基礎設施將雨水與污水（包含雜排水）合流、或分流之外，建築物內的排水系統也有合流與分流的區別。不過，這裡所指的是建築物內的污水、或雜排水是否分開排放的區別，要注意兩者不要混淆。

調查基礎設施

由於排水方式需依所處地域的情況才能決定怎麼做，無法自行選擇。因此在規劃前，必須先調查好基礎設施的整備狀況（參照第18頁）。首先要做的是確認計畫用地的排水方式，排水方式的不同，配管所需的空間也會隨之改變，影響著整個建築物的配置計畫。例如，若採用分流方式排水、但沒有雨水配管時，為了可在用地內讓雨水以浸透方式處理，雨水集水井和雨水側溝的面積就必須更寬廣才行，否則在用地做這樣的建築計畫在就會完全行不通。

依據下水道管理單位相關規定，排水設施與自來水水道設施相同，申辦使用時都需繳納申請、及排水管裝設工程費用，可向轄區的下水道管理單位確認。此外，也要閱覽下水道籍冊，調查清楚下水道幹管的位置與深度。[8]（參照30頁〈看懂下水道籍冊〉）

另外，化糞池方面，也要確認好設置基準和排放水質的標準。日本部分地方政府有費用補助、或提供優惠融資，這些在事先調查清楚會比較好。[9]

譯注：7 台灣主要採分流制。
    8 台灣依〈下水道法〉訂有下水道使用、及排放收費標準。接用下水道者，徵收使用費；未接下水道者，則需繳交水污費。
    9 台灣的排放水質需依衛生與水利單位所訂的標準。補助方面，僅有「台北市政府工務局衛生下水道工程處辦理建築物地下層既有化糞池廢除或改設為污水坑補助要點」一項。

◆ 排水設備的調查流程

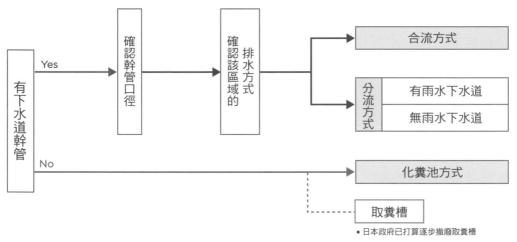

有下水道幹管
- Yes → 確認幹管口徑 → 確認該區域的排水方式 →
  - 合流方式
  - 分流方式
    - 有雨水下水道
    - 無雨水下水道
- No → 化糞池方式
  - 取糞槽
    - 日本政府已打算逐步撤廢取糞槽

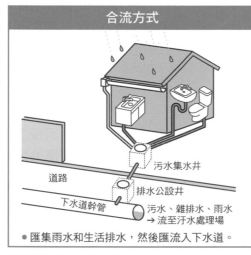

合流方式

道路
污水集水井
排水公設井
下水道幹管
污水、雜排水、雨水
→ 流至汙水處理場

- 匯集雨水和生活排水，然後匯流入下水道。

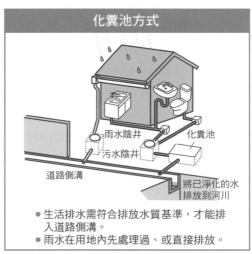

化糞池方式

雨水陰井
化糞池
污水陰井
道路側溝
將已淨化的水排放到河川

- 生活排水需符合排放水質基準，才能排入道路側溝。
- 雨水在用地內先處理過、或直接排放。

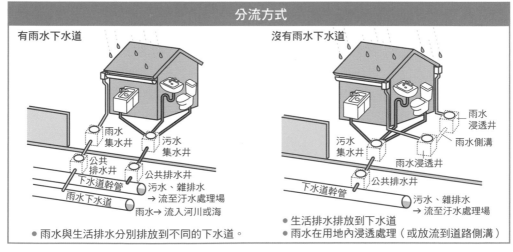

分流方式

有雨水下水道
雨水集水井
污水集水井
公共排水井
公共排水井
下水道幹管
雨水下水道
污水、雜排水
→ 流至汙水處理場
雨水→ 流入河川或海

- 雨水與生活排水分別排放到不同的下水道。

沒有雨水下水道
雨水浸透井
污水集水井
雨水側溝
雨水浸透井
公共排水井
下水道幹管
污水、雜排水
→ 流至汙水處理場

- 生活排水排放到下水道
- 雨水在用地內浸透處理（或放流到道路側溝）

1/設備計畫開始之前
2/給‧排水、熱水設備
3/通風、空調設備
4/電力、通信設備
5/辦公室‧其他設施的設備
6/挑戰節能的設計
7/設備圖與相關資料

011│看懂下水道籍冊

Point

- 依地區不同，下水道分有合流式與分流式二種。
- 在分流地區若沒有雨水下水道時，需再行確認排放地與處理方法。
- 如要撤除公共排水井，需自行負擔工程費用。

保養與更新 調整現有公共排水井的深度、更動或撤除時，另需負擔高額的費用。

合流方式與分流方式

下水道籍冊記載有下水道的位置、深度、管徑、及公共排水井的位置，有些地方可透過網路下載來查閱，不過一般而言，申請閱覽基本上都得親自前往轄區內的下水道管理單位。[10]拿到下水道籍冊時，首先必須先確認的是，建築的計畫用地周邊是否已鋪設下水道。若已鋪設，要更進一步確認放流的方式。依地區的不同，下水道可分成合流與分流二種流放方式。

採用合流式的地區，生活排水與雨水排水會在用地內先合流，然後再匯流入下水道幹管。採分流的地區，生活雜排水同樣會流入下水道幹管，但並不與雨水排水合流。若設有雨水下水道，只有雨水能夠流放至此下水道；若沒有雨水下水道的話，就必須再進一步確認雨水最終的排放地與處理方法。有些地區會規定雨水需在用地內浸透處理，全部滲入地底，因此若是疏於事先調查，對整體的建築計畫會造成影響。

公共排水井與其位置

接著要確認在用地前面是否已經有做好的公共排水井、及所在位置。若是原來就設有公共排水井，便能直接接上排水管後再行利用；若沒有的話，就要另外增設。在建物（尤其是用水區域）開始規劃前，就要從公共排水井的位置測量、並設定好埋設排水管的深度，盡可能多加利用現有的排水井。此外，如果實地測量現有公共排水井的深度很困難的話，一般會以GL-800（用地地盤面以下八公尺）左右的標準做為設置依據。規劃時，如果有需要調整現有公共排水井的深度、移動或撤除的話，將需要支出高額的費用；如果有好幾個公共排水井，想要將多出的移除掉的話，也需要自費撤除。

下水道籍冊另外還記載有下水道排水管的粗細、埋設深度與位置、配管的材質與道路人孔等多項資訊，可視實務需求加以參照。

譯注：10台灣方面，中央主管機關為內政部營建署；地方下水道則分別由縣市政府負責管理。

1／設備計畫開始之前

2／給‧排水、熱水設備

3／通風、空調設備

4／電力、通信設備

5／辦公室‧其他設施的設備

6／挑戰節能的設計

7／設備圖與相關資料

◆ 閱覽下水道籍冊的重點

● 合流式

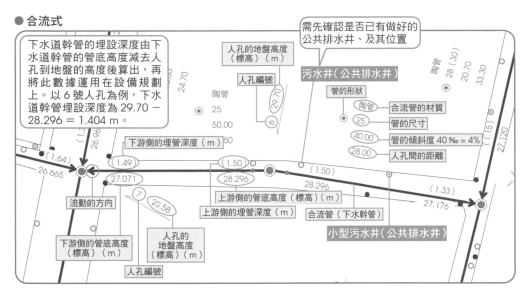

> 需先確認是否已有做好的公共排水井、及其位置

下水道幹管的埋設深度由下水道幹管的管底高度減去人孔到地盤的高度後算出，再將此數據運用在設備規劃上。以 6 號人孔為例，下水道幹管埋設深度為 29.70 － 28.296 ＝ 1.404 m。

- 人孔的地盤高度（標高）（m）
- 人孔編號
- 污水井（公共排水井）
- 管的形狀
- 陶管 — 合流管的材質
- 25 — 管的尺寸
- 40.00 — 管的傾斜度 40 ‰ ＝ 4%
- 28.00 — 人孔間的距離
- 下游側的埋管深度（m）
- 上游側的管底高度（標高）（m）
- 上游側的埋管深度（m）
- 合流管（下水幹管）
- 小型污水井（公共排水井）
- 流動的方向
- 下游側的管底高度（標高）（m）
- 人孔的地盤高度（標高）（m）
- 人孔編號

● 分流式

- 管線的埋管深度（m）
- 往箭頭的方向流去
- 鋼筋混擬土管
- 污水井（公共排水井）
- 管底的高度（海拔）（m）
- 雨水陰井
- 污水管（含未排水）
- 雨水管
- 污水管的材質
- 傾斜度（4.8 ‰＝ 0.48%）
- 下游側的埋管深度（m）
- 管的形狀
- 雨水管的尺寸
- 看汙水管式和左邊雨水管的方式相同
- 下游側的海拔高度（m）
- 雨水管的材質
- 人孔間的距離（m）
- 上游側的海拔高度（m）
- 上游側的埋管深度（m）

下水道管的種類		公共井的種類		人孔的種類	
➡	合流管（下水道幹管）	○	污水井	⊡	矩形人孔（內側尺寸 90×60 cm）
▪▪▪▶	污水管	●	雨水井（道路排水用）	◉	圓形人孔（內徑 90 cm）
‥‥‥▶	雨水管	◪	浸透雨水井（抑制雨水一連井）（道路排水用）	(○)	橢圓形人孔（內徑 120×90 cm）
下水道管的斷面形狀		◪◪	浸透雨水井（抑制雨水雙連井）（道路排水用）	○	圓形人孔（內徑 120 cm）
◉	圓形	⊙	小型污水井	◎	圓形人孔（內徑 150 cm）
□	矩形	⊛	住宅排水用雨水排水井	①	組合圓形人孔（內徑 90 cm）
◓	馬蹄形				

012｜透天住宅的排水路徑

Point
- 住宅排水基本上有屋內分流與屋外合流二種。
- 存水彎的作用是防堵臭氣與蟲蚋。
- 存水彎若誤設為雙重時，就無法發揮功能

保養與更新 | 可用高壓送水、洗淨的方式來保養排水管，但不適用於老化的配管。

屋內分流與屋外合流

　　基本上，住宅的排水路徑可以屋內分流、屋外合流的方式來思考。在屋內將污水與雜排水各自配管分流；在屋外則以排水集水井匯集合流。

　　在雜排水方面，廚房的排水管最好也能單獨配管，與浴室、或洗滌用的排水分開配管。如此一來，即便萬一在某處阻塞時，也能將損害降低至最小程度。

存水彎的種類

　　當排水立管內的水流順暢時，配管內的水流會呈渦漩狀，漩渦的中央會形成空洞。當水往下流時，會造成內部空氣上升，為了防止空氣中挾帶的管內臭氣進入屋內，會在立管上設置存水彎。同時，存水彎還能有效遏止蟲蚋進入。不過，要注意的是，如果存水彎被設計成雙重時，就無法發揮其功能。尤其是，污水集水井、與排水存水彎很容易被錯誤地設計成雙重存水彎，這點要特別留意。另外，存水彎有各種形狀與種類，

能使水在此滯留，形成有如「加蓋」的作用，這種現象叫做「水封」。

　　無論排水管管徑的深度為何，水封的深度在5～10公分是最為理想的，有時存水彎的虹吸作用或蒸發、吸出作用、以及毛細現象等會切斷水封作用（稱為破封），這點也需格外留意。

浴缸與浴室的排水

　　如果廚房和浴室使用的是系統化、或成套化物件的話，存水彎會與排水的金屬構件組合成套，像家具一樣只要安置了就能滿足所需的機能。但如果用水區域是原創設計時，就不能只有考量設計而已，還需依排水路徑、防水收納、傾斜度、設備機能挑選排水金屬構件。

　　對設計者而言，要懂這麼多細節在作業上固然有一定的難度，但因為是居住者將來每天都要使用的設備，同時也是身體最常接觸到的地方，所以還是特別設計過比較好。

1/設備計畫開始之前

2/給・排水、熱水設備

3/通風、空調設備

4/電力、通信設備

5/辦公室・其他設施的設備

6/挑戰節能的設計

7/設備圖與相關資料

◆ 雙重存水彎的原理

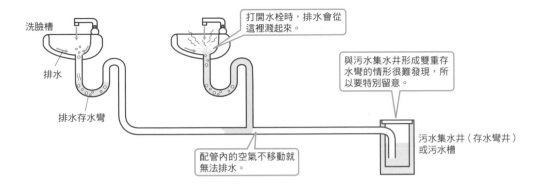

洗臉槽

排水

排水存水彎

打開水栓時，排水會從這裡濺起來。

與污水集水井形成雙重存水彎的情形很難發現，所以要特別留意。

污水集水井（存水彎井）或污水槽

配管內的空氣不移動就無法排水。

◆ 存水彎的種類

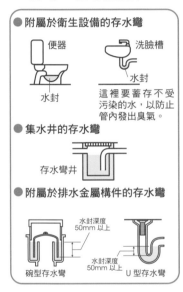

● 附屬於衛生設備的存水彎

便器

水封

洗臉槽

水封

這裡要蓄存不受污染的水，以防止管內發出臭氣。

● 集水井的存水彎

存水彎井

● 附屬於排水金屬構件的存水彎

水封深度50mm 以上

碗型存水彎

水封深度50mm 以上

U 型存水彎

◆ 破封的原因

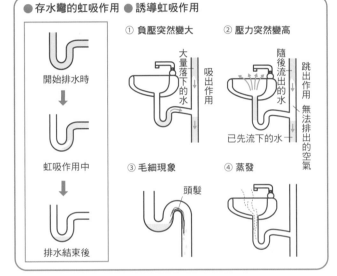

● 存水彎的虹吸作用　● 誘導虹吸作用

開始排水時

↓

虹吸作用中

↓

排水結束後

① 負壓突然變大

大量落下的水

吸出作用

② 壓力突然變高

隨後流出的水

跳出作用

已先流下的水

無法排出的空氣

③ 毛細現象

頭髮

④ 蒸發

◆ 一樓浴室的排水方法

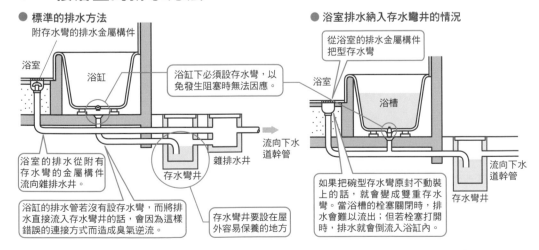

● 標準的排水方法

附存水彎的排水金屬構件

浴室

浴缸

浴缸下必須設存水彎，以免發生阻塞時無法因應。

流向下水道幹管

雜排水井

存水彎井

浴室的排水從附有存水彎的金屬構件流向雜排水井。

浴缸的排水管若沒有設存水彎，而將排水直接流入存水彎井的話，會因為這樣錯誤的連接方式而造成臭氣逆流。

存水彎井要設在屋外容易保養的地方。

● 浴室排水納入存水彎井的情況

從浴室的排水金屬構件把型存水彎

浴室

浴槽

流向下水道幹管

存水彎井

如果把碗型存水彎原封不動裝上的話，就會變成雙重存水彎。當浴槽的栓塞關閉時，排水會難以流出；但若栓塞打開時，排水就會倒流入浴缸內。

013│集合住宅的排水路徑

Point

- 排水立管應以直通、不加裝迴流支管為原則。
- 管路與地面最少保有200公釐以上的間隔距離。
- 臥室附近設有水管路徑時，應以隔音板或玻璃纖維等材質做好隔音措施。

保養與更新	排水管末端、及彎度超過45度的部分，通氣較易阻塞，需設清潔口以保持暢通。

管路空間的規劃

在集合住宅的排水路徑規劃上，首先要從全住戶共同設置一個以上的管路空間（PS）開始，從最頂樓直通到地下室、且中途不裝支管。由於集合住宅多半採用污水和雜排水合流的匯流管方式排水，這麼做便可在管路空間（PS）將排水立管匯流成一根。

由集合住宅內的個別住戶來看，鋪設在地板下方空間的排水管要確保在最小傾斜度內，並規劃出連通到管路空間的路徑。地板下的空間最少要確保在200公釐以上（含地板加工面），否則將難以收納排水管（假設原有浴室的地板下空間為300公釐的話。用水區域若距離管路空間愈遠，需要做的施工就愈多，因此配管口徑較大的廁所等區域，基本上會以管路空間為中心來進行配置規劃。

在設計上，如果不管怎麼配置，用水區域都會離管路空間很遠的話，管路空間就必須增設到二個以上。另外，由於所有的排水管上都需要設有可伸長的通氣管，因此無論是高樓層、或是最下樓層的住戶，都必須留有管路空間，這點要多加注意。此外，在排水立管方面，也必須因應未來需要設置清除口，並且在管路空間的壁面上留設檢查口才行。

地面樓層的規劃

經由管路空間，從上方樓層往下流的排水，會在地面樓層橫向引流，聚集於一側後再排放到室外集水井。如果建築物沒有地下樓層，則會在地面樓層的下方設置集水槽。由於排水立管和最底下樓層的排水管是無法合流的，因此最底下樓層的排水管數量可能會多到超乎想像，因此更需要確保有足夠的空間可以利用（參照12頁）。而且，有時一樓會做為店鋪等用途，使得所有的管路空間無法貫通一樓時，可以想見，這時一樓的天花板上就會出現很多排水管，而一樓的樓層高度是否足夠就非常重要。

除此之外，在臥室附近設置管路空間時，得採用隔音板、或玻璃纖維等材質做好隔音措施。若管路空間附近有窗戶、排水通氣管難以對外開啟時，也必須使用通氣閥※等裝置。同時將通氣管和排水管好好地納入排水的整體規劃中，可說是非常重要的事情。

※原注：通氣閥為室內排水、及通氣用的開口，是為預防寒冷地區室外通氣口結凍而設計的裝置。

◆ 排水管的尺寸與傾斜度

管徑（mm）	主要用途
φ60 以下	廚房・浴室・洗臉槽・洗衣機
φ75 φ100	便器
φ125	屋外排水
φ150	

◆ 管道空間需要的尺寸

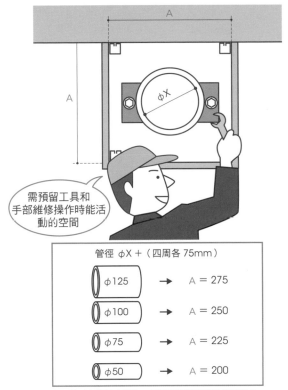

需預留工具和手部維修操作時能活動的空間

管徑 φX ＋（四周各 75mm）	
φ125	A = 275
φ100	A = 250
φ75	A = 225
φ50	A = 200

有 2 支以上的排水管時，每個配管都要確保必要尺寸。
使用排水集合管時，要以所有值 +100mm 來進行規劃。

◆ 確保排水傾斜度

● 地板下的排水方式

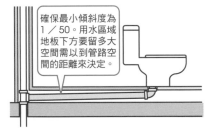

確保最小傾斜度為 1／50。用水區域地板下方要留多大空間需以到管路空間的距離來決定。

● 地板上的排水方式

無法確保一定的傾斜度、或鋪設於地面時，可改採地板上排水的方式。

● 已製成的浴室套件配置方式

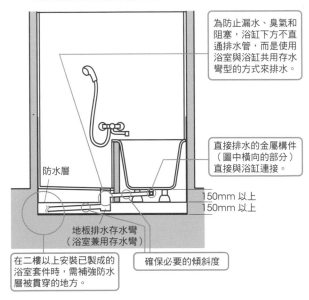

為防止漏水、臭氣和阻塞，浴缸下方不直通排水管，而是使用浴室與浴缸共用存水彎型的方式來排水。

防水層

直接排水的金屬構件（圖中橫向的部分）直接與浴缸連接。

150mm 以上
150mm 以上

地板排水存水彎（浴室兼用存水彎）

在二樓以上安裝已製成的浴室套件時，需補強防水層被貫穿的地方。

確保必要的傾斜度

1／設備計畫開始之前
2／給・排水、熱水設備
3／通風、空調設備
4／電力、通信設備
5／辦公室・其他設施的設備
6／挑戰節能的設計
7／設備圖與相關資料

014│排水井的設置

Point

- 排水井有雨水井、及污水‧雜排水井二種。
- 若排水井的位置正好落在住宅入口時，可用化妝蓋板加以美化修飾。
- 直向配管的排水井應設置在與另一個排水井相距為排水管管徑的120倍以下、最大30公尺以內、且中前間沒有中斷的地方。[11]

保養與更新	若未定期清理雨水排水井內的沉砂槽，泥沙就會流入排水管，造成阻塞。

排水井的種類

考量到日後方便檢查、清理屋外的排水管，排水井通常會埋設在排水管線的合流處、或中繼處。依排水系統分類，可分為雨水排水井和污水、雜排水排水井二種。

由於雨水井不用擔心臭氣的問題，所以只要覆上格子蓋（格柵板蓋）即可，一般也會設置可容納150公釐以上泥沙量的沉砂槽。如果淤積量超過150公釐，泥沙就會流進排水管，因此必須定期清理溝槽。而用來放流污水‧雜排水的排水井，除了得加裝防臭型的人孔蓋，還要在底部設置半圓形的凹槽、並且將凹槽兩邊做成向上斜面的形狀。

如果需要讓這二種排水井合流的話，得在匯流管前設置存水彎，以免污水管的臭氣竄入雨水管裡。存水彎需附有沉砂槽，封水深度要達到50～100公釐才行。

在井身材質方面，近來大多使用聚氯乙烯（PVC）製、方盒狀的小口徑井；另外也有可讓雨水在用地內浸透處理的雨水浸透井。

至於人孔蓋的部分，分別有輕、中、耐重三種，位置要避開落在建物出入口的正中央，因此在排水井的配置規劃時就要確實做好才行。如果真的無法避免出現在出入口的話，也可以選擇較美觀的人孔做為替代。

設置排水井的位置

排水井的設置場所，可以選擇下列四處：

①排水管的起點、超過四十五度角的彎曲處、以及合流處。

②直向配管的話，與另一個排水井的距離需在水管直徑的120倍以上、最大30公尺，且中間沒有中斷的地方。

③需要更換排水管口徑、管種、及傾斜度的地方。

④用地排水管的最終端。

地層下陷的因應措施

排水井是埋在地底使用的設備，如果用地的地盤鬆軟的話，土中的配管就得利用吊掛、或倚靠的支撐方式，固定在鄰近的結構體上，做為地層下陷的因應對策。另外也有使用具彈性的伸縮式接頭、和球型接頭等的對策方法。

譯注：11台灣則依〈下水道用戶排水設備標準〉規定，不得超過管徑的200倍。此外，污水管渠管材為塑化類者，管身應以橘紅色為標記。

◆ 排水井的尺寸（日本國土交通省規格）

相當於我國交通部及內政部的中央權責機構

大小	深度	人孔蓋的尺寸
350×350	～450	φ350 或 350 □
450×450	460～600	φ450 或 450 □
600×600	610～1,200	φ600 或 600 □
φ900	1,210～2,500	φ600 或 600 □

□：方形
單位：mm

◆ 排水井的種類

● 污水排水井

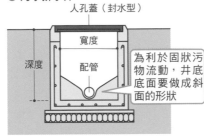

人孔蓋（封水型）

寬度

深度

配管

為利於固狀污物流動，井底底面要做成斜面的形狀

● 雨水排水井

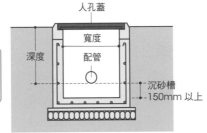

人孔蓋

寬度

深度

配管

沉砂槽
150mm 以上

◆ 排水井的設置處

①可設在排水管的開端、超過 45 度角的彎曲處、或是合流處。

我來了！
碰！

②直向配管時，可設置在與另一個排水井相距水管直徑的 120 倍以下、最大 30 公尺以內的地方。

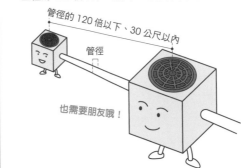

管徑的 120 倍以下、30 公尺以內

管徑

也需要朋友哦！

③需更換排水管種類、材質、或管徑的地方

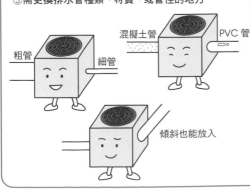

粗管
細管

混擬土管
PVC 管

傾斜也能放入

④用地內排水管的最終端

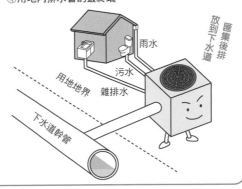

放到下水道
匯集後排

雨水
污水
雜排水
用地地界

下水道幹管

1/設備計畫開始之前
2/給・排水、熱水設備
3/通風、空調設備
4/電力、通信設備
5/辦公室・其他設施的設備
6/挑戰節能的設計
7/設備圖與相關資料

015│排水槽的設置

Point

● 排水槽是用來排放地下樓層內無法自然流放掉的排水。
● 為因應暴雨突襲，雨水槽與雨水泵浦的容量都必須十分充裕。
● 東京都立有「大樓地下排水對策」的指導守則。[12]

保養與更新	依規定，排水槽每四個月應定期清理一次以上；每月定期檢查一次以上。

什麼是排水槽

用水區域的位置比下水道幹管的位置低時，就得在地下樓層、甚至在更下方設置排水槽。把地下樓層的排水先暫時滯留在排水槽內，再利用排水泵浦抽引到位置相對較高的下水道幹管排放。

依排水種類，排水槽可區分為貯留污水與雜排水的污水槽、只貯留雜排水的雜排水槽、貯留雨水的雨水槽、以及貯留坑槽內湧水的湧水槽等，而且每一種排水槽都不能共用。

排水槽一般都是利用建築物的雙層樓板（凹處）來設置的，在RC鋼筋混凝土構造體上塗上防水砂漿後製成。槽體容量多是平均每小時排水量的2～2.5倍左右。

由於近年來突襲式的豪大雨變得頻繁，因此在選擇雨水槽和雨水泵浦時，更要特別注意容量是否充裕。

防止惡臭的方法

滯留在排水槽的積水腐敗的話，會產生硫化氫等氣體，這也是造成污水發出惡臭的原因。關於防止惡臭的對策，

在東京都立的「建築物排水槽構造、與維護管理等相關指導綱要」（大樓地下水槽對策指導綱要）中，除了規定排水槽的構造、附帶設備、維護管理等標準外，在大樓的衛生管理方面也訂有相關的規範標準。

以水槽的構造基準來說，排水槽體須標示出容量、實際高度等經實際算定後的數值、以及製成材質，也必須設置檢查口、曝氣、攪拌裝置，並確保地板傾斜度。另外，排水泵浦必須設置二台，以備不時之需，而且平常就要二台交互運轉，以免任何一台在需要時因故無法運轉。在排水量急升的緊急狀態下，也要確保二台都要能同時運轉才行。

依據維護管理基準，排水滯留在槽內的時間只能在二小時以內；排水槽的清理頻率為每四個月一次以上，定期檢查為每月一次以上。從這樣的維護管理與設置條件來考量的話，獨棟的透天住宅還是不在地下深處規劃用水區域、盡可能以自然排放的方式來規劃排水會比較好。

譯注：12 相較東京都，台灣尚未有地方政府機關立訂相關規範。惟排水方面，依《水利法》則訂有〈排水管理辦法〉，將排水、集水區分成中央管理與地方、及跨區管轄。

◆ 排水槽的構造

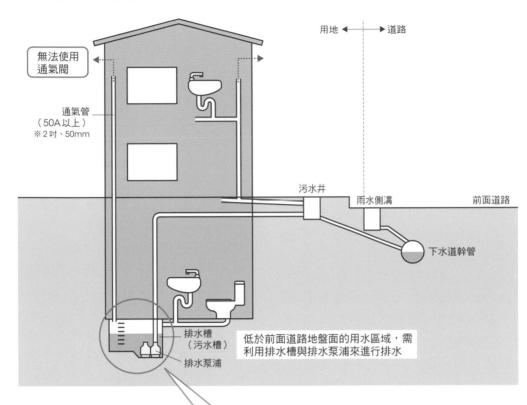

無法使用
通氣閥

通氣管
（50A 以上）
※ 2 吋、50mm

用地 ← → 道路

污水井

雨水側溝

前面道路

下水道幹管

排水槽
（污水槽）

排水泵浦

低於前面道路地盤面的用水區域，需
利用排水槽與排水泵浦來進行排水

◆ 排水槽的標準結構

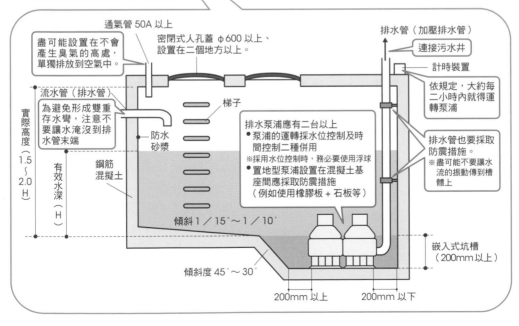

盡可能設置在不會
產生臭氣的高處，
單獨排放到空氣中。

通氣管 50A 以上

密閉式人孔蓋 φ600 以上、
設置在二個地方以上。

排水管（加壓排水管）

連接污水井

計時裝置

依規定，大約每
二小時內就得運
轉泵浦

流水管（排水管）

為避免形成雙重
存水彎，注意不
要讓水淹沒到排
水管末端

梯子

防水
砂漿

排水泵浦應有二台以上
● 泵浦的運轉採水位控制及時
間控制二種併用
※採用水位控制時，務必要使用浮球
● 置地型泵浦設置在混擬土基
座間採取防震措施
（例如使用橡膠板＋石板等）

排水管也要採取
防震措施。
※盡可能不要讓水
流的振動傳到槽
體上

實
際
高
度
（1.5
～
2.0 H）

有
效
水
深
（H）

鋼筋
混擬土

傾斜 1／15°～1／10°

嵌入式坑槽
（200mm 以上）

傾斜度 45°～30°

200mm 以上

200mm 以下

1／設備計畫開始之前

2／給・排水、熱水設備

3／通風、空調設備

4／電力、通信設備

5／辦公室・其他設施的設備

6／挑戰節能的設計

7／設備圖與相關資料

016│雨水排放的規劃

Point

● 規劃雨水的排放要同時考量到建築物外緣與地面的排水。
● 雨水流出限制的規定隨地區不同而有差異。
● 雨水管的尺寸需依據降雨量與屋頂面積決定。

保養與更新	為防止垃圾堵塞，排水溝應定期清理。

雨水排放的規劃

雨水排放計畫可分為屋頂、外牆、屋簷、陽台等建築物外緣的排水、與地面的排水二個系統來進行。

建築物外緣的排水方面，雨水會透過屋頂的排水溝管集中起來，流經雨水立管、或雨水橫向支管，經由雨水橫向幹管，最後流向雨水井。至於地面的雨水，則是依據地面的情況，或自然蒸發掉，或是浸透到地底，若雨水過多也會流入側溝和集水井裡。集中起來的水最後再依地區下水道的方式，匯入合流式下水道、或是公共側溝。

合流式的雨水排放

如採合流式，要將雨水排水管與其他的排水橫向幹管相接時，就要設置存水彎，以防止下水道的臭氣從屋頂的溝管滲出。

此外，各地方也有限制雨水流出的規範，規劃前應先向各地權責單位進行確認。在各地的規範中，不外乎是規定必須設置可使雨水浸透到地下的設施（如雨水浸透井、浸透溝）、或是可貯存雨水的設施等。

有關雨水的排放，也有能有效利用雨水、或是以治水和節水為目的，將雨水貯存在雨水槽內當做灑水、廁所等清洗用水來使用的系統，規劃時可多加參考。（參照218頁〈利用雨水資源〉）

決定雨水管尺寸的方法

雨水管的尺寸需以該地區降雨量、和屋頂、露台、外牆等承接雨水的面積來決定。計算流程如下：

① 參考《年度理科年表》（日本國立天文台編撰）[13]，調查該地區每小時的最大降雨量（公釐／小時）。
② 計算每一根雨水管和排水溝需負擔的降水面積。降水面積就是以降雨的水平投影面積算出的。另外，落在外牆面的雨水量，則是以30度角風吹降雨落在外牆垂直面的方式，取外牆面積的50％一併計入降水面積中。
③ 計算出屋頂面積。降水量以每小時100公釐為基準。
④ 將雨水立管、橫向支管的管徑與右頁圖表對照，決定需要的管徑。

譯注：13 《理科年表》由日本國立天文台編撰，內容含括曆法、天文、氣象、物理、化學、地理、生物，以及環境等方面的年度觀測資訊與數據統計資料。日本國立天文台為日本國家自然科學研究院的分支機構。台灣氣象資訊，則以中央氣象局年度氣象資料為主。

1／設備計畫開始之前

2／給・排水、熱水設備

3／通風、空調設備

4／電力、通信設備

5／辦公室・其他設施的設備

6／挑戰節能的設計

7／設備圖與相關資料

◆ 雨水排水的構圖

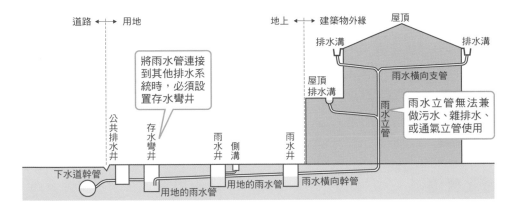

道路 ◄─► 用地　　　　　　　　　　地上 ◄─► 建築物外緣　　屋頂

將雨水管連接到其他排水系統時，必須設置存水彎井

排水溝　　排水溝

雨水橫向支管

雨水立管無法兼做污水、雜排水、或通氣立管使用

屋頂排水溝

雨水立管

公共排水井　存水彎井　雨水井　側溝　雨水井

下水道幹管

用地的雨水管　用地的雨水管　雨水橫向幹管

◆ 決定雨水管尺寸的方法

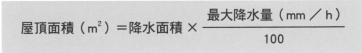

$$屋頂面積（m^2）＝降水面積 × \frac{最大降水量（mm／h）}{100}$$

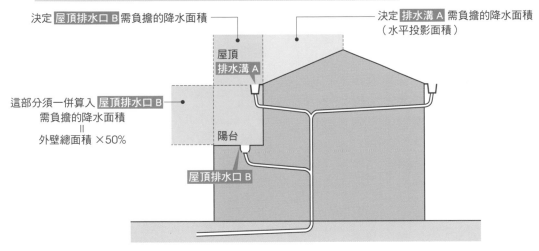

決定 屋頂排水口 B 需負擔的降水面積

決定 排水溝 A 需負擔的降水面積（水平投影面積）

屋頂排水溝 A

這部分須一併算入 屋頂排水口 B 需負擔的降水面積 ＝ 外壁總面積 ×50%

陽台

屋頂排水口 B

◆ 雨水管的管徑

雨水立管

管徑(mm)	屋頂最大容許面積(m²)
50	67
65	135
75	197
100	425
125	770
150	1,250
200	2,700

雨水橫向支管

管徑(mm)	屋頂最大容許面積(m²)						
	配管傾斜度						
	1／25	1／50	1／75	1／100	1／125	1／150	1／200
65	127	90	73	—	—	—	—
75	186	131	107	—	—	—	—
100	400	283	231	200	179	—	—
125	—	512	418	362	324	296	—
150	—	833	680	589	527	481	417

原注：屋頂最大容許面積以雨量每小時100mm為基準。實際雨量超過的話，再以「100／該地區最大雨量」乘以上表的數值計算求得。

017 | 化糞池的選擇

Point

● 停用單獨處理式化糞池，改用可合併處理的化糞池。
● 化糞池的尺寸需以居住人數決定。
● BOD除去率（生化需氧量）將決定化糞池的處理性能。

| 保養與更新 | 化糞池需每年保養、清掃與檢查一次。 |

什麼是化糞池

在公共下水道尚未整備完全的地區，來自廁所的污水、廚房與浴室等生活的雜排水，都必須利用化糞池處理到符合環境衛生標準的程度，才可放流到公共水域。

化糞池分為只能單獨處理污水的化糞池、以及可將污水與雜排水合併處理的化糞池。由於現在的雜排水髒污程度可能更甚於污水，為了保護環境，目前已廢止單獨處理式的化糞池。原則上，已設置單獨處理式化糞池者必須替換成合併式、或變更構造，這部分有些地方政府也會提供更換時的補助。[14]

化糞池的尺寸

化糞池的尺寸需以該住宅居住的人數（污水量基準）來決定。人數的計算方式，不同建築用途的標準也有差異，可查閱日本工業規格JIS A3302所載的規格來計算。[15]

化糞池的構造，除了房屋建造時現場打造的RC造之外，還有由工廠生產的PC製和FRP製。在設置空間方面，最好能有五人座以下、大約一輛轎車的空間大小，同時也必須考量到防堵臭氣散出、與日後保養等問題，檢討設置的位置。

如要新設化糞池，必須提出建築申請，就算只是將原有化糞池進行改造，也需要提出設置申請。此外，使用的住戶也有每年定期保養、清理與檢查化糞池的責任。

BOD去除率

化糞池的處理性能由BOD（生化需氧量）來決定。

BOD是指水中污物（有機物）由微生物分解成無機物、或天然氣時所耗的需氧量。

BOD除率是指，流入化糞池內的污水中所含的BOD成分，在排放時能被除去多少比例。為了保護河川、海洋等自然環境，在設置化糞池時，有必要多留意BOD去除率。BOD去除率是由各地方權責單位訂立，還是預先確認清楚會比較好。[16]

譯注：**14**台灣方面依〈國民住宅社區規劃及住宅設計規則〉訂有以下規範：化糞池應設置在住宅背面或側面；設於住宅正面時，應與住宅出入口及出入通道保持適當的距離。依〈廢棄物清理法〉亦規定：化糞池污物，應由所有人、管理人或使用人清除。台北地區則獎勵廢除化糞池，改設污水坑，這部分市政府有提供補助。

15台灣則依國家標準（CNS）加以規範。

16台灣依《水污染防治法》訂有〈放流水標準〉，BOD（生化需氧量）依事業、污水下水道系統及建築物污水處理設施各訂有不同的限值。

1/設備計畫開始之前

2/給・排水、熱水設備

3/通風、空調設備

4/電力、通信設備

5/辦公室・其他設施的設備

6/挑戰節能的設計

7/設備圖與相關資料

◆ 化糞池的構造

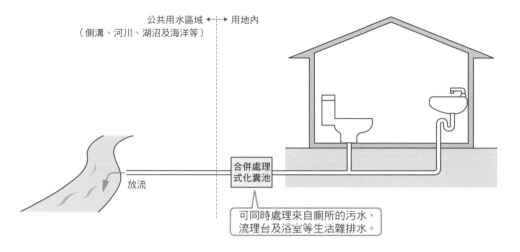

公共用水區域 ← → 用地內
（側溝、河川、湖沼及海洋等）

放流

合併處理式化糞池

可同時處理來自廁所的污水、流理台及浴室等生活雜排水。

◆ 化糞池的尺寸

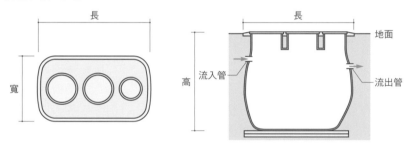

長
寬

長
地面
流入管
高
流出管

獨棟住宅

處理對象人數（人）	尺寸（mm）		
	長	寬	高
5 以下	2,450	1,300	1,900
6.7	2,450	1,600	1,900

共同住宅

處理對象人數（人）	尺寸（mm）			處理對象人數（人）	尺寸（mm）		
	長	寬	高		長	寬	高
8～10	2,650	1,650	1,800	26～30	4,300	2,000	2,150
11～14	3,100	1,700	2,000	31～35	4,750	2,050	2,150
15～18	3,200	2,000	2,150	36～40	5,200	2,050	2,150
19～21	3,500	2,000	2,150	41～45	5,600	2,050	2,150
22～25	3,850	2,000	2,150	46～50	6,100	2,050	2,150

◆ 總處理人數的計算基準

建築用途		處理對象人數	
		計算公式	計算單位
住宅	$A \leqq 130 \, m^2$ 時 $A > 130 \, m^2$	n＝5 n＝7	n：員額（人） A：建築物地板總面積（m^2）
集合住宅	n＝0.05A		n：員額（人）： 一戶的人數入少於 3.5 人時，一戶的 n 以 3.5 人或 2 人（限一戶只有一居室時）計算。一戶的人數若在 6 人以上，一戶的 n 均以 6 人計算。 A：建築物地板總面積（㎡）

資料來源：日本工業標準 JIS A 3302-2000

018 | 熱水的給水方式

Point

- 熱水有天然氣（瓦斯）、電力與煤油等多種加熱方式。
- 用戶可依需求和預算選擇瓦斯熱水器的大小及型號。
- 電熱水器可依熱水量的需求選擇合適的貯水槽容量。

保養與更新	中央控制式的熱水系統，在考量衛生下，水溫應保持在55°C以上，同時也要定期消毒與清潔。

熱水的給水方式

　　熱水的給水系統可分為局部式與中央控制式。加熱方式除了有天然氣、電力與煤油外，也有利用太陽能與蒸汽的方式。

　　一般住宅與小規模的大樓主要採用局部式（個別）來供給熱水，利用小型熱水器直接將水加熱，然後再供給到需要的地方。另一方面，規模較大的大樓則以中央控制式的方式供給熱水，從備有鍋爐、加熱裝置、以及貯熱水槽的機房燒水，再將熱水以循環泵浦供應到需要的地方。

　　熱水的加熱方式有，在需要使用時才讓水通過熱水器加熱成熱水的瞬間式加熱；以及將已加熱過的熱水貯存在熱水槽備用的貯熱式。而貯熱式的加熱方式還可分直接加熱、及間接加熱二種。前者是鍋爐與熱水槽合為一體、直接加熱槽內的水；後者則是利用蒸汽與溫水等熱媒提高熱水槽內加熱線圈的溫度，間接加熱槽內水溫。

熱水量的基準

　　瞬間加熱瓦斯熱水器的性能是以「號數」表示。號數是指水溫上升到25度時一分鐘內可供應的熱水量（公升／分鐘）。例如24號，表示具有可在一分鐘內供給25度以上熱水24公升的能力。一般四人的小家庭，適用32號～24號，單身者為20號或16號，廚房和盥洗室等用水處為10號。冬天時，由於瓦斯瞬間加熱的熱水器水溫會變低、加熱能力也會變差，用戶可視需求和預算選擇較大的型號。

　　電熱水器則是一種可將貯存於熱水槽中的水，利用夜間廉價電力煮沸後保溫備用的貯熱水式熱水器，有加熱式和熱泵式二種。這種熱水器的性能依據貯熱水量而定，最大可達到150～550公升的貯存容。一般四人小家庭所需的熱水量約在370公升以上、單身者為200～150公升、洗臉台和洗手台等處的熱水量則在10公升左右。選購時，最好能夠選擇比所需的貯熱水量再高一級的機種。而且，也因為電熱水器是使用夜間較便宜的電力加熱，只要將必需用量的熱水煮沸後，就可持續使用到深夜，可說是相當經濟實惠。

◆ 熱水的給水方式

● 局部（個別）式熱水系統

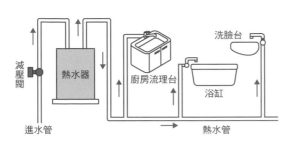

● 中央控制式的熱水系統

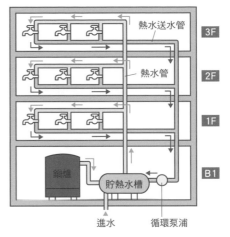

◆ 瞬間加熱瓦斯熱水器的號數基準

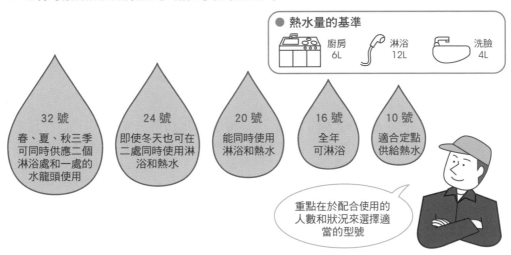

● 熱水量的基準

| 廚房 6L | 淋浴 12L | 洗臉 4L |

32 號
春、夏、秋三季可同時供應二個淋浴處和一處的水龍頭使用

24 號
即使冬天也可在二處同時使用淋浴和熱水

20 號
能同時使用淋浴和熱水

16 號
全年可淋浴

10 號
適合定點供給熱水

> 重點在於配合使用的人數和狀況來選擇適當的型號

◆ 熱水給水方式的個別特徵

方式	瞬間加熱瓦斯熱水器	貯熱式電熱水器(Eco-Cute)
概要	水通過熱水器加熱成熱水的瞬間式加熱	將水貯存在熱水槽，緩慢加熱的方式
成本	○設置費用便宜	○每月電費和設備維護費用便宜
設置場所	○熱水器本身體積小不占空間	×需要一定的設置空間（設置場所有限制） × 電熱水器重量重，需要混凝土基座
水壓	○利用自來水原本的水壓，出水能維持高水壓	×有水壓的限制 注：設定的時候選擇「高水壓」模式
熱水水量	×供給的熱水有無法達到設定溫度的疑慮 ○可使用的熱水量沒有限制	○熱水供給量穩定 ○能同時提供多處熱水 × 過度使用會用光熱水
耐用年數	△耐用年數10年～ 15年	○耐用年數15 ～ 20年△室外機10 ～ 15年
備註	—	○水槽內貯存的水可以做為緊急時候使用

1/設備計畫開始之前
2/給・排水、熱水設備
3/通風、空調設備
4/電力、通信設備
5/辦公室・其他設施的設備
6/挑戰節能的設計
7/設備圖與相關資料

019│熱水器的種類

Point

- 再加溫式的熱水器有全自動和自動型二種。
- 瓦斯熱水器的機體有各種不同的顏色變化。
- 裝設潛熱回收型熱水器時需加做排水配管工程。

保養與更新	熱水器的平均壽命約莫十年。

熱水器的種類

熱水器不管是瓦斯熱水器或電熱水器，除了具有再沸騰機能、可同時供給熱水和洗澡水的機種、以及只能製造熱水的專用機種外，還有在供給熱水與再加溫時、可兼具暖氣機能的熱水暖氣型機種。

再加溫機能有全自動與自動型二種。全自動型可在浴缸內的熱水量減少時自動補足；入浴時若體感水溫下降，也可自動將水加熱至適溫。

熱水暖氣型除了可供給熱水外，還有可利用加熱後的溫水做為地板暖氣、及浴室暖風乾燥暖氣等做為暖氣熱源的機能。另外在機能選擇方面，也有附噴霧式三溫暖的浴室暖風乾燥機，可在自宅浴室享受噴霧式三溫暖的樂趣。

而且最新機種中，已有重視使用設計性、附有遙控器的機種，此外，有些機種還附加了能連接浴室和廚房交談用的遙控對講機、以及在浴室裡可遙控使用的液晶電視（因應數位播放系統）、和收音機等。

另外，為了讓瓦斯熱水器能與建築物外觀協調搭配，機體的顏色已經有各式各樣的顏色可供選擇，訂貨前最好能預先指定顏色。

潛熱回收型瓦斯熱水器的優點

以往瓦斯熱水器的熱效率上限為80％，使用掉的瓦斯約有20％會浪費在放熱及排氣上。潛熱回收型的瓦斯熱水器「Eco-Jozu」則是可以再利用這些排氣熱（約200度）來加熱供水，使排氣熱降至50度，而總體的熱效率也可提升到95％。

而使用的瓦斯量也可減少13％，瓦斯費用也能減少13％。與以往機型相較，一年就可節省一萬日圓。※不過安裝「Eco-Jozu」時，得加做排水配管工程，這是以前的熱水器所沒有的。

※ 原注：熱水器應同時具備供給熱水與再沸騰的機能。

◆ 浴缸的供水方式

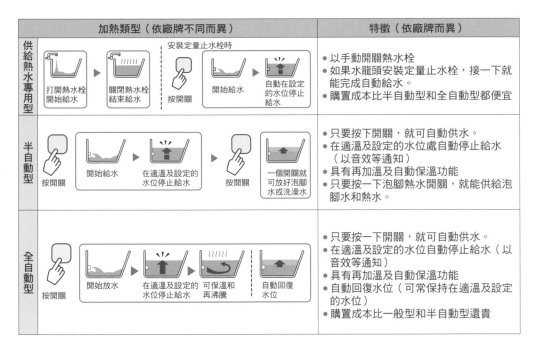

	加熱類型（依廠牌不同而異）			特徵（依廠牌而異）
供給熱水專用型	打開熱水栓開始給水 ▶ 關閉熱水栓結束給水	安裝定量止水栓時 按開關 開始給水 ▶ 自動在設定的水位停止給水		• 以手動開關熱水栓 • 如果水龍頭安裝定量止水栓，接一下就能完成自動給水。 • 購置成本比半自動型和全自動型都便宜
半自動型	按開關 開始給水 ▶ 在適溫及設定的水位停止給水	▶ 按開關 一個開關就可放好泡腳水或洗澡水		• 只要按下開關，就可自動供水。 • 在適溫及設定的水位處自動停止給水（以音效等通知） • 具有再加溫及自動保溫功能 • 只要按一下泡腳熱水開關，就能供給泡腳水和熱水。
全自動型	按開關 開始放水 ▶ 在適溫及設定的水位停止給水	可保溫和再沸騰 ▶ 自動回復水位		• 只要按一下開關，就可自動供水。 • 在適溫及設定的水位自動停止給水（以音效等通知） • 具有再加溫及自動保溫功能 • 自動回復水位（可常保持在適溫及設定的水位） • 購置成本比一般型和半自動型還貴

◆ 潛熱回收型瓦斯熱水器的結構

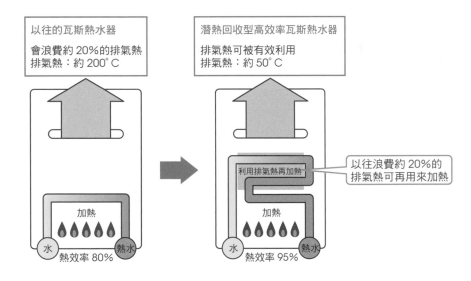

以往的瓦斯熱水器
會浪費約 20% 的排氣熱
排氣熱：約 200°C

潛熱回收型高效率瓦斯熱水器
排氣熱可被有效利用
排氣熱：約 50°C

利用排氣熱再加熱

以往浪費約 20% 的排氣熱可再用來加熱

加熱　水　熱水　熱效率 80%

加熱　水　熱水　熱效率 95%

◆ 潛熱回收型瓦斯熱水器的效率比較

熱效率	一般型	潛熱回收型
熱水	80%	95%（依據JIS基準）
暖氣（低溫）	80%	89%（依據BL基準）
浴室（只有GT-C型）	75%	79.4%（依據JIS基準）

BL：Better Living，優良住宅基準

1 設備計畫開始之前

2 給・排水、熱水設備

3 通風、空調設備

4 電力、通信設備

5 辦公室・其他設施的設備

6 挑戰節能的設計

7 設備圖與相關資料

020｜安裝熱水器

Point

- 熱水器應安裝在浴室等用水區域附近。
- 熱水器安裝的位置若與用水處有三公尺以上高低差時，務必向廠商確認。
- 熱泵熱水器「Eco-Cute」有限制熱泵機組與熱水槽間的高低差，選購時要特別注意。

保養與更新	務必預留熱水器故障時維修與保養的空間。

熱水器安裝的位置

在決定熱水器安裝的位置時，特別要留意到主機與用水處的距離。熱水器若離用水處較遠，等待熱水流出的時間較久，不僅會讓人感到壓力，同時也會消耗掉用水，十分浪費。因此原則上，熱水器應安裝在浴室等用水處附近。

不過在規劃上，浴室與廚房若相隔較遠時，熱水器可以分設兩台、依需求和預算設置，或是加裝可即時供水的機組也是有效的方法。若是設置位置必須遠離用水處時，也可選擇給水範圍廣的機種。另外，熱水器的安裝位置若與用水處產生三公尺以上的高低差時，務必反應給廠商知道、並確認是否另有可對應的機種。最後，在安裝熱水器的同時，務必要預留故障時可維修與保養的空間。

安裝瓦斯熱水器

室外型瓦斯熱水器的設置原則，基本上就是要選擇燃燒排氣完全、可對外排氣的地方。另外，還有燃燒排氣口與建築物開口部的間隔距離（側方15公分、上方30公分、下方15公分、前方60公分）、以及開口部的強制排氣裝置等相關安裝規定。

當瓦斯熱水器安裝於室內時，如果安裝處的側面牆壁、或前方門板為可燃材質，相對距離要確保在45公釐以上。不可燃材質雖沒有安裝上的限制，但考量施工方便，還是希望能有45公釐以上的距離。關於瓦斯熱水器在安裝上的相關規範，最好能事先詢問轄區的消防局與瓦斯公司。

安裝電熱水器

安裝電溫水器時，要考量熱水器的重量（370公升的水槽有410～470公斤左右），安裝在建築構造上承受得了此重量的位置才行。在屋內設置貯水槽時，同時也要考量萬一漏水時的因應對策。此外，熱泵熱水器「Eco-Cute」有限制熱泵機組與熱水槽間的高低差，這點要格外注意。

1/設備計畫開始之前
2/給・排水、熱水設備
3/通風、空調設備
4/電力、通信設備
5/辦公室・其他設施的設備
6/挑戰節能的設計
7/設備圖與相關資料

◆ 熱水配管與給水時間

配管長度、捨水量、與供給熱水時間的關係

● 銅管 20A

配管長度(m)		5	10	15	20
捨水量（L）		1.7	3.4	5.1	6.7
時間	廚房（秒）	20	40	60	80
	洗臉（秒）	17	34	51	67
	淋浴（秒）	11	21	31	41

● 銅管 15A

熱效率		5	10	15	20
捨水量（L）		0.9	1.7	2.5	3.4
時間	廚房（秒）	11	20	30	40
	洗臉（秒）	9	17	24	34
	淋浴（秒）	6	11	15	21

注 1 所需時間為計算值，實際會因配管冷卻、放熱等因素，需要再 1.5 ～ 2 倍左右的時間。
注 2 不包含熱水器本體點火後燃燒的時間（約 10 秒）。

資料提供：日本 NORITZ 股份有限公司

◆ 安裝瓦斯熱水器（安裝於室內時）

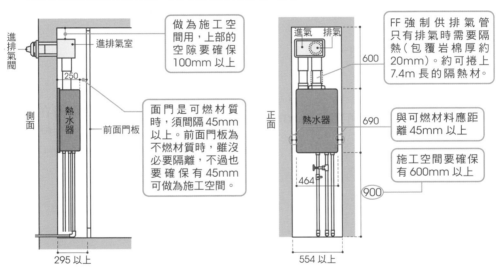

做為施工空間用，上部的空隙要確保 100mm 以上

面門是可燃材質時，須間隔 45mm 以上。前面門板為不燃材質時，雖沒必要隔離，不過也要確保有 45mm 可做為施工空間。

FF 強制供排氣管只有排氣時需要隔熱（包覆岩棉厚約 20mm）。約可捲上 7.4m 長的隔熱材。

與可燃材料應距離 45mm 以上

施工空間要確保有 600mm 以上

◆ 即時供應熱水機組的設置圖例

熱水器若與熱水出水口分離較遠時，需設置即時供水機組。即時供水機組需與熱水器合併使用，安裝位置並非在熱水器周圍，而是在出水口附近。一般多會隱藏在廚房流理台下、或洗臉盥洗台下方，安裝前務必確保空間足夠與否。

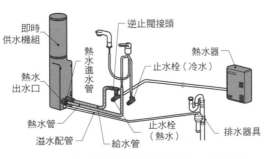

例：「立即式供應熱水系統 EG-2SI」（LIXIL/INAX）

● 可收納到室內的熱水器設置範例

要確保與周圍建材（尤其是木製）有 45mm 以上的間隔距離，主機應面向門口，才方便保養。

021 | 瓦斯設備

Point

- 所有的瓦斯機器設備都要標示適合的瓦斯種類。
- 桶裝瓦斯務必遠離火源二公尺以上。
- 附有安全裝置的微電腦瓦斯錶已被廣泛使用。

| 保養與更新 | 日本自二〇〇九年四月起開始實施「長期使用產品安全檢查制度」。[17] |

瓦斯的供給方法

瓦斯的供給方式有天然氣（都市瓦斯）和液態桶裝瓦斯（LP瓦斯）兩種。不管適用哪一種，都應該在標籤上清楚標示，務必先確認後再做使用。如果無法確認的話，使用時務必向瓦斯業者徵詢。

日本自二〇〇九年四月起開始實施「長期使用產品安全檢查制度」。為了防止瓦斯設備發生火災及事故，消費者應向廠商註冊登記，以便日後產品定期檢查。

天然氣和液態桶裝瓦斯（LP瓦斯）

天然氣是經由埋設於道路下方的天然氣幹管引入各住戶家。依原料、製造方法、及發熱量的不同，日本的天然氣共分成十三種；其中12A、13A二種瓦斯就占了全國的八成。其他的瓦斯業者也紛紛跟進，將天然氣改為12A、13A規格。[18] 不過，在不久的將來，天然氣將會整合成一種規格，如此一來，預計全

日本各地都能夠使用同樣規格的的瓦斯設備。

液態桶裝瓦斯是以天然氣冷卻液化而來。為了在常溫下透過加壓就能液化使用，一般都會裝填在瓦斯桶內。由於桶裝瓦斯貯藏、使用起來都較為方便，所以在沒有供應天然氣的地方被廣泛地使用。

另外，使用桶裝瓦斯時，應該先評估到了冬天、瓦斯使用巔峰期時的一日使用量、與更換週期，再來決定瓦斯桶的大小與桶數。此外，瓦斯桶要擺放在通風良好、維護方便的室外。而且，依據「液化石油天然氣保安規則」，必須遠離火源二公尺以上。二公尺以內若有火源時，要設置遮蔽火源的不燃性離壁（也包含瓦斯錶）。此外，不管是天然氣、或液態桶裝瓦斯，現在的瓦斯錶也都廣泛使用了可在感應到漏氣、或地震時自動切斷瓦斯，附安全裝置的微電腦瓦斯錶。

譯注：**17** 相關檢查制度方面，台灣尚無明確的法令規定。但機器（械）類產品、及本節所述瓦斯設備而言，可依〈消費者保護法〉與《消防法》之〈各類場所消防安全設備設置標準〉為參考依據。

18 數字12、13指的是一立方公尺的瓦斯所產生的熱量。英文則表示燃燒速度，共分三級，A為慢速，C則快，B中等。台灣依熱值不同可分為天然氣（1）、天然氣（2）二種類型。

1/設備計畫開始之前

2/給・排水、熱水設備

3/通風、空調設備

4/電力、通信設備

5/辦公室・其他設施的設備

6/挑戰節能的設計

7/設備圖與相關資料

◆ 天然氣和液態桶裝瓦斯的安裝圖

● 天然氣

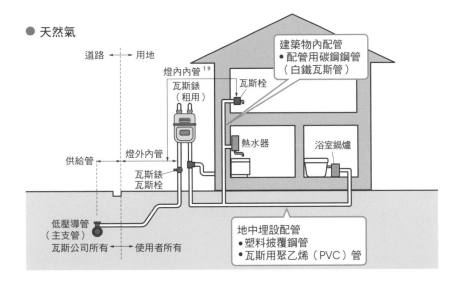

液態桶裝瓦斯的設置場所應該考量以下①～⑥的項目。設計上並非絕對要求避免設置在建築物正面或是醒目的地點。

①設置在方便更換液態桶裝瓦斯的地點。
②為了防止瓦斯桶傾倒，要設置在平坦的地盤上，並且以鐵鍊固定在外牆。
③需要距離火源或是空調室外機 2m 以上的距離。（若是有採取遮斷熱氣的措施，則不受此距離限制。）
④為了讓瓦斯桶常保 40℃ 以下，避免陽光照射超過 6 小時。
⑤避免積雪或是落雪淹沒瓦斯桶。
⑥避免車輛擦撞。
⑦使用 50kg 瓦斯桶，通道要有 60cm 以上寬度，確保推車通過和滾轉桶底的搬運空間。20kg 的瓦斯桶則可以扛在肩上搬運。

● 液態桶裝瓦斯（以鋼瓶供給的方式）

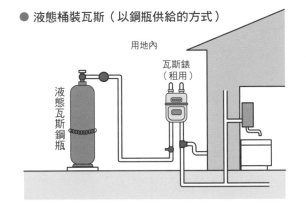

◆ 長期使用產品安全檢查制度

● 產品（特定保養產品）

瓦斯	煤油（石油製品）	電力
• 室外天然氣瓦斯熱水器（天然氣用和液態桶裝瓦斯用） • 室內天然氣浴室鍋爐（天然氣用和液態桶裝瓦斯用）	• 煤油熱水器 • 煤油浴室鍋爐 • FF 式（密閉式強制供排氣熱水器）燈油溫風暖氣機	• 嵌入式洗碗機 • 浴室乾燥機

---

19 所謂的「燈外內管」、「燈內內管」指的是建築用地內天然氣的配管。在瓦斯錶外側的稱做「燈外內管」，包含瓦斯錶及靠其內側的部分則稱為「燈內內管」。「燈內」、「燈外」是日本瓦斯燈興盛的年代所殘留下的特殊名稱。

022│配管的種類

Point

- 配管材質主要有金屬製、及聚氯乙烯等非金屬製二種。
- 配管應依用途、設備裝設的空間來做選擇。
- 排水管接頭多用在彎曲處，要選擇合適的地方來安裝。

保養與更新	以「套管聯管箱」的方式來配管，日後也可方便更新。

配管的種類

配管的材質大致可分為金屬與非金屬。也會依配管厚度分類，接續方式也很多樣，選擇符合用途的配管時，也需考量耐用年限和保養方式加以選擇。

冷水管與熱水管的選擇方法

冷水配管一般有水道用內襯聚乙烯硬質鋼管、不鏽鋼鋼管、硬質聚氯乙烯管（PVC）、耐衝擊性硬質聚氯乙烯管（PVC）、高密度聚乙烯管(HDPE)、和聚丁烯管（PB）等。

熱水配管主要使用銅管、耐熱性內襯聚乙烯硬質鋼管（SGP-HVA）、耐熱性硬質聚氯乙烯管（PVC），使用時不要只用同一種，應依地點不同來組合。此外，也需要因應熱水管會隨水溫熱脹冷縮，選擇伸縮式的接頭。

而不鏽鋼製軟管的可撓性佳，用手就能夠輕易彎曲，施工起來較為方便，可使用在窄小的空間內，做為供給冷水與熱水的管路用。

另外，由於水中的溶劑氧化後容易使鋼製配管和接頭處產生紅銹，因此選擇耐久性佳的材料也是很重要的。尤其是熱水管常處於高溫狀態，會比一般用水的給水管更容易被腐蝕。

冷水與熱水的配管方式除了以往的分歧工法外，還有「套管聯管箱」工法。套管聯管是指每一管路都是從聯管接頭直接配管到各設備、每一配管途中不另做分支的方法，施工性佳，也能因應配管日後的更新作業。

排水管的選擇方法

排水管有污水、雜排水、雨水、及特殊排水管，可依排水流體的種類來選擇配管材質。目前被廣泛使用的是，具耐蝕性、輕量、且價格實惠的硬質聚氯乙烯管（PVC）和耐火雙層管。在公共工程方面的配管，大多是使用碳鋼鋼管、以及排水用的鑄鐵管與內襯聚氯乙烯硬質鋼管。

此外，由於排水管的彎曲處一般都必需要有較大的弧度，因此在接頭與異形管方面，多半也使用了可大幅彎曲的材質。

◆ 配管材質的種類與特徵

冷水配管材質

材　質	特　徵
自來水管用內襯聚乙烯硬質鋼管	配管用碳鋼鋼管（SGP系列）的黑管和自來水管用鍍鋅鋼管，為了防止腐蝕，會在內層使用硬質聚乙烯管。可使用在5°C～60°C的溫度範圍內；只有管端部分會有腐蝕之虞。管身內外有鋼質襯裡，可用來埋設於地下。鋼管具耐壓性、耐衝擊性、延展性；硬質聚乙烯則是具有耐蝕性。
自來水管不鏽鋼鋼管	相較其他金屬管而言，不鏽鋼鋼管較輕、耐蝕性佳。不過價格昂貴。
自來水管用硬質聚氯乙烯管	由氯乙烯聚合物構成，為非金屬管的代表。價格低廉，耐蝕性佳，重量輕。
自來水管用耐衝擊性硬質聚氯乙烯管	耐衝擊性比氯乙烯管強。可用在混擬土內和屋外的配管上。
高密度聚乙烯管	以乙烯聚合物構成的聚乙烯製。比氯乙烯管重量量，具柔軟性，耐衝擊性強。約在90°C時會有軟化的傾向。不過由於－60°C時也不會脆化，因此多使用於寒冷的地方。
聚丁烯管	重量輕、柔軟與耐熱性、施工性佳。可採用套管聯管箱工法；近年也可使用在分岐工法上。

熱水配管材質

材　質	特　徵
配管用銅管	也稱作CP，具銅及銅合金性。拉力強，具耐蝕性，重量輕，廉價，容易加工。水中的鈣離子等難以附著，適合溫水配管。與異金屬併用時，會產生電偶腐蝕，因此需要使用防蝕管接頭。熱水中的銅離子與其他金屬接觸，也會發生電偶腐蝕情形。
配管用不鏽鋼鋼管	耐蝕性、耐熱性與耐磨耗性佳。價格昂貴。再利用率佳，多半使用在公共建築上。
耐熱內襯聚乙烯硬質鋼管	鋼管的內襯為耐熱的硬質聚乙烯。耐熱、耐蝕與強度佳，可做為85°C以下的熱水配管使用。管接部可做成防蝕管接頭，可使用在屋內與宅地內的配管上。
耐熱性硬質聚氯乙烯管	稱為HTVP，具耐蝕性，施工容易。是比較廉價的配管。抗外壓與耐衝擊性弱，會因管內的壓力，限制供給的熱水溫度（90°C以下）。多使用在屋內與宅地內的配管上。
高密度聚乙烯管	稱為XPN（PEX），聚乙烯製（高耐熱性樹脂）。最高使用溫度95°C，具耐熱性，耐寒、耐蝕與耐久性佳，被覆的金屬難以附著著氧化物。具柔軟性、彎曲強度佳，配管接續容易加工，因此施工性佳。可採用套管聯管箱工法。

排水配管材質

材　質	特　徵
排水用鑄鐵管	耐蝕性更優於鋼管。比自來水管用鑄鐵管薄。多用來做為埋設於地下用的屋外配管。埋設於地下使用的接頭就叫異形管。
配管用碳鋼鋼管	也稱為瓦斯管（SGP），有黑管和防腐蝕、鍍鋅的白管。也可使用在通氣管上。耐熱性佳，但不耐酸，容易腐蝕。
內襯聚氯乙烯鋼管	黑管的內外面包覆有聚氯乙烯。耐蝕性與耐熱性佳。
硬質聚氯乙烯管	材質與自來水管相同，具耐蝕性。重量輕、廉價、且接頭種類多，使用接著劑就能輕易接著，但不耐熱與衝擊性。厚管叫VP管（一般配管用）薄管叫VU管（排水與通氣用）。由於VU管的使用壓力有限制，所以有的管徑會比較粗。屋外配管所使用的則是耐衝擊性硬質聚氯乙烯管（HIVP）。
耐火雙層管	外層披覆混有纖維材質的水泥漿，內襯有硬質聚氯乙烯管，重量輕、耐藥物、溶劑等腐蝕。具有斷熱性、防結霜與隔音性。是適合貫通防火區的配管。

◆ 套管聯管箱的工程結構

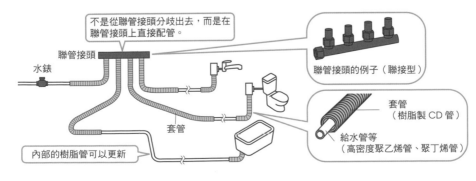

不是從聯管接頭分歧出去，而是在聯管接頭上直接配管。

聯管接頭

水錶

聯管接頭的例子（聯接型）

套管（樹脂製 CD 管）

套管

給水管等（高密度聚乙烯管、聚丁烯管）

內部的樹脂管可以更新

1 / 設備計畫開始之前

2 / 給・排水、熱水設備

3 / 通風、空調設備

4 / 電力、通信設備

5 / 辦公室・其他設施的設備

6 / 挑戰節能的設計

7 / 設備圖與相關資料

023│廚房的設備規劃

Point

● 使用嵌入式設備時要注意配管與配線的連接。
● IH電磁爐需要200伏特的專用電源。
● 安裝加熱設備時依規定應保持一定的安全距離。

保養與更新	需以不燃性為前提選用廚房的壁材與天花板材,同時也要重視清潔。

多樣化的嵌入式設備

　　廚房用的嵌入式設備除了烹調加熱用的調理設備外,還有洗烘碗機、淨水器、廚餘設備等,種類繁多,在安排給‧排水設備、或瓦斯、電力等眾多配管與配線的取捨上,都需要縝密地規劃。

　　另外,烹調用的加熱調理設備除了瓦斯爐外,還有使用電力的電磁爐,在電源上需以專用回路的200伏特單相交流電來設置。

　　洗烘碗機方面,要留意放置的櫥櫃重量不要施加在機器上,為了方便日後維修,需留設可移出機體的空間。此外,許多外國進口的烹調設備都是使用200伏特單項交流電的專用回路,這點要特別注意。這些設備如果有與熱水器連接的話,也要因應給‧排水的情形選用耐熱的配管。

　　在用水方面,淨水器主要是用來除去水中雜質的設備,依處理方法不同而有各式各樣的的製品。以嵌入式的淨水設備來說,有設置於水槽底下使用專用水栓、或與一般出水口共用的混合栓外,還有all-in-one全功能的水栓類型。

　　至於廚餘部分,有能百分之百能處理殘渣的下水放流淨化槽類型、也有利

用細菌處理與乾燥,將垃圾轉換成有機肥料的乾燥處理減量堆肥型。有些地方禁止將廚餘水流放到排水管,這點要特別先行確認。此外,設置在水槽底下的空間、以及排水口的形狀上也都有相關限制。

廚房的安全規劃

　　而廚房是會使用火的地方,廚房的內裝中,爐灶周圍的牆面要距離加熱器具150公釐以上,並以厚9公釐以上的不燃材質加工裝修,爐灶頂端到排風罩濾網要間隔800公釐以上,這些規定都載明在日本的消防法。

　　此外,裝設有用火設備及相關器具的房間,也必須遵行「建築基準法內部裝修法規」(法令第三十五條第二項)的規定。廚房兼做飯廳時,需在距火源一定距離以上的場所,以不燃材質設置50公分以上的防煙垂壁,其中的廚房一側也必須受內裝規定的限制。不過在住宅中,最高樓層的廚房內裝,限制就沒那麼嚴格了。[20]

譯註:**20** 台灣依〈建築技術規則建築設計施工編〉第88條規定,內部裝修材料應為耐燃一級材料。內部裝修係指固著於建築物構造體之天花板、內部牆面,或高度超過1.2公尺固定於地板之隔屏或兼做櫥櫃使用之隔屏。

1 / 設備計畫開始之前

2 / 給‧排水‧熱水設備

3 / 通風‧空調設備

4 / 電力‧通信設備

5 / 辦公室‧其他設施的設備

6 / 挑戰節能的設計

7 / 設備圖與相關資料

◆ 廚房的設備

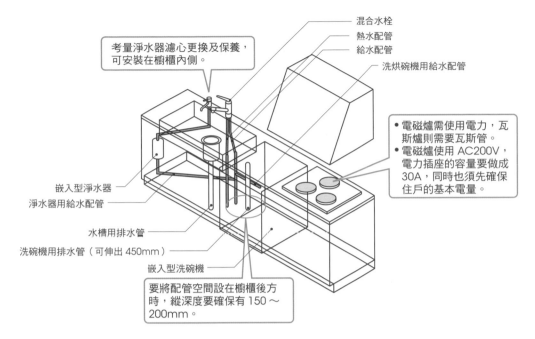

混合水栓
熱水配管
給水配管
洗烘碗機用給水配管

考量淨水器濾心更換及保養，可安裝在櫥櫃內側。

嵌入型淨水器
淨水器用給水配管
水槽用排水管
洗碗機用排水管（可伸出450mm）
嵌入型洗碗機

- 電磁爐需使用電力，瓦斯爐則需要瓦斯管。
- 電磁爐使用 AC200V，電力插座的容量要做成30A，同時也須先確保住戶的基本電量。

要將配管空間設在櫥櫃後方時，縱深度要確保有 150 ～ 200mm。

◆ 廚房的安全規劃

● 廚房兼飯廳的內部裝修限制

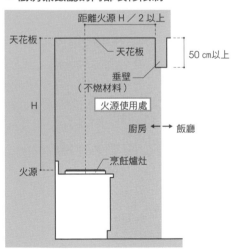

距離火源 H／2 以上
天花板
天花板
50 ㎝以上
垂壁
（不燃材料）
火源使用處
H
廚房 ←→ 飯廳
烹飪爐灶
火源

● 瓦斯烹飪器具與除油煙機的隔離距離

機器	附排氣設備的除油煙機	左欄外的其他機種
瓦斯調理機器	800mm以上	1,000mm以上
附備有特殊安全裝置的防油加熱裝置爐等※	600mm以上	800mm以上

※ 須受瓦斯裝置防火性能評定。若無法完整附上該裝置，隔離距離就無法達到600mm以上。

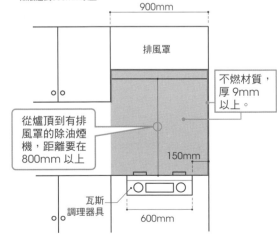

900mm

排風罩

不燃材質，厚 9mm 以上。

從爐頂到有排風罩的除油煙機，距離要在800mm 以上

150mm

瓦斯調理器具

600mm

024 | 烹調設備的種類

Point

- 烹調設備要在充分了解使用喜好之下再做選擇。
- 瓦斯爐的燃燒裝置要搭載安全感測器。
- 電磁爐不受內部裝修法限制。

| 保養與更新 | 瓦斯爐上的頑垢、油汙最好使用乳化清潔劑與圓刷來做清潔保養。 |

選擇瓦斯或電力？

依熱源種類，烹調設備可分為瓦斯爐與電磁爐，二者各具特色，最好了解各機種本身的火力、操作性、安全性、經濟性、可調理的內容、以及清潔方式後再做選擇。

瓦斯爐

利用火來加熱，肉眼就能判斷火力大小做調節，也可調成大火烹調。在用火安全方面，瓦斯加熱爐必須配備有「防止油溫過熱裝置」、「中斷安全裝置」、「提醒關火機能（瓦斯爐烤架）」等安全感測器，可依鍋底溫度與啟動時間判斷使用安全，在危險時自動關閉瓦斯。

另外在設計與清潔方面，將鍋架和火源的距離縮到最小、以及爐面使用強化玻璃的瓦斯爐，市面上都已經看得到了。

IH電磁爐

IH電磁爐是利用電磁感應的方式來加熱，由於爐面完全平坦，具有清潔容易、且高設計感等特徵。火力可從保溫（文火）到煮沸（高火力）做十段左右的調整，也能以計時器設定自動關閉。

可使用電磁爐的鍋具鍋底材質主要為鐵和不鏽鋼（導磁等複合金材質），鍋底只要是平底（直徑12～26公分）的話都能使用，幾乎能因應所有金屬；也可使用鋁鍋和銅鍋。至於廚房抽風機的部分，可選用電磁爐專用、或可併用瓦斯與電磁爐的機種。

此外，電磁爐並不受限於內部裝修法的規定，在設計的自由度上比較高，這對建築來說可說是一項優點，。

鎳鉻合金電爐

鎳鉻合金電爐以鎳鉻合金加熱，由於是利用傳導與放射方式來加熱，因此無論鍋具材質為何，烤海苔、烤餅乾等都能夠烹調成有如直接燒烤般的風味。此外，鎳鉻合金電爐也能與二口的IH電磁爐合併，成為三口的烹調設備。

◆ 烹調設備的種類

● 瓦斯爐

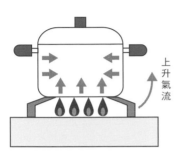

直接置於火上，利用上升氣流來加熱。火源與鍋底的接觸面很大。

● IH 電磁爐

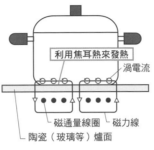

電流通過線圈，利用磁力線產生的磁力使鍋子本身發熱。IH 是 Induction Heating（電磁誘導加熱）的縮寫。

● 鎳鉻合金電爐

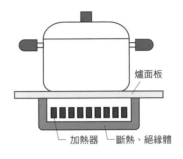

通電後，加熱器本身會變赤熱，再利用熱傳導與放射來加熱。在切斷電源後，也能利用餘熱來保溫。

◆ IH 電磁爐與可燃性壁面的使用範例

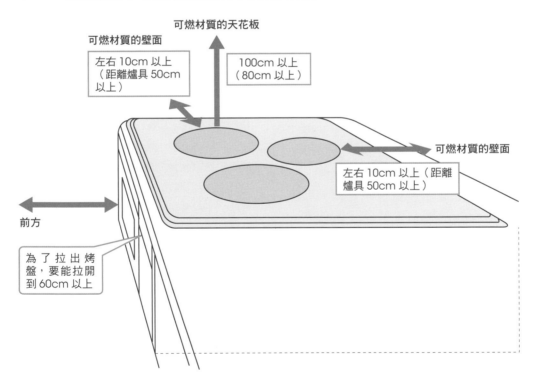

注：（　）是安裝時與不燃性壁面、或隔熱板應有的距離（依消防法嵌入型適用基準）

1／設備計畫開始之前
2／給・排水、熱水設備
3／通風、空調設備
4／電力、通信設備
5／辦公室・其他設施的設備
6／挑戰節能的設計
7／設備圖與相關資料

025│衛浴設備的規劃

Point

● 一體化的衛浴設備有全套、與只做到及腰部高度以下的半套。
● 高樓層的衛浴規劃必需確認水壓是否充足。
● 高樓層的衛浴規劃也需留意設備的搬運及施工管理。

保養與更新	全套的衛浴設備保養性較佳。

以往的工法與全套衛浴

　　浴室的施工法可分為舊式常見的濕式工法，以及在工廠完成構件、在現場組裝的一體化浴室（系統衛浴）的乾式工法。

　　舊式的工法在寬度、形狀、開口的設計方式、地板與牆壁等內部裝飾、以及機器設備的選擇上自由度較高，在防水與配管工程的規劃上，需具備一定的技術水準。而一體化衛浴系統有以浴缸、地板、牆壁、天花板、給‧排水、及通風設備等組合成的全套衛浴，也有做好腰部高度以下的構件，在現場施工腰部高度以上的牆壁和天花板的半套衛浴。一體化衛浴系統有施工性、防水性、和保養性均佳的優點。正朝向易乾、可緩和冰冷地面的地板材質、以及保溫效果佳的浴缸等多樣化機能的方向持續進化中。

規劃二樓以上的浴室

　　為了要有明亮和開放感，透天住宅一樓以上的樓層也可規劃有浴室空間。在二樓以上規劃浴室時，首先要向該地

區的自來水公司確認自來水水壓是否達到0.3kgf／cm^2（≒0.03Mpa）。一般自來水都可以直接送水到三樓左右，但若要裝設多功能淋浴和隱蔽水箱式馬桶的話，所需要的水壓也會相對變大，因此也要考量到設置增壓泵浦的問題。

　　另外要注意的是，當浴缸滿水時，會產生相當大的重量，因此要將支撐地板的橫棱木加粗、間隔調窄，並且也要設置橫棱木的支撐以補強地板的承重強度。防水方面，如果是使用防水板構成的成套衛浴就沒什麼問題，但若用舊式的濕式工法的話，就必須規劃施作FRP防水等工程。此外，為有效隔音，需另行在牆壁間填充玻璃纖維，排水管也最好利用有隔音效果的耐火雙層管、或是與隔音材質一體成型的配管，並盡量縮短屋內配管的距離。最後在施工時，也要規劃好各衛浴構件的搬入次序及搬運路線。

　　此外，為了讓高齡者也能安全地使用浴室，可在出入口設置可消除地板高低差的排水溝、浴缸背後也可以設置移動身體時可跨坐的空間。

1／設備計畫開始之前

2／給・排水、熱水設備

3／通風、空調設備

4／電力、通信設備

5／辦公室・其他設施的設備

6／挑戰節能的設計

7／設備圖與相關資料

◆ 浴室規劃的重點

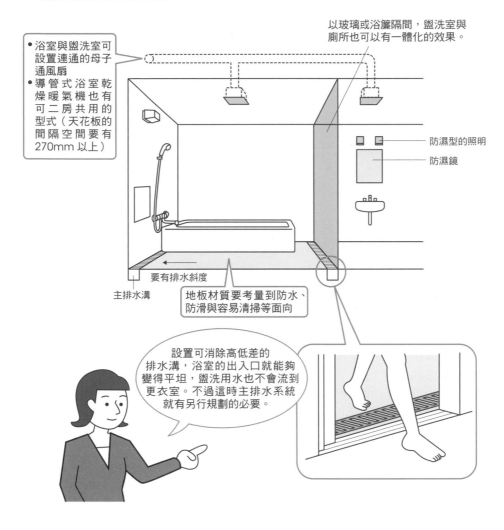

• 浴室與盥洗室可設置連通的母子通風扇
• 導管式浴室乾燥暖氣機也有可二房共用的型式（天花板的間隔空間要有270mm以上）

以玻璃或浴簾隔間，盥洗室與廁所也可以有一體化的效果。

防濕型的照明

防濕鏡

要有排水斜度

主排水溝

地板材質要考量到防水、防滑與容易清掃等面向

設置可消除高低差的排水溝，浴室的出入口就能夠變得平坦，盥洗用水也不會流到更衣室。不過這時主排水系統就有另行規劃的必要。

◆ 規劃高齡者使用的浴室

浴缸背後設置移乘板，就能以跨坐的方式入浴。

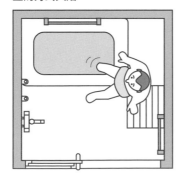

浴缸周圍開放2個方向的空間，看護人員就能從旁協助高齡者入浴。

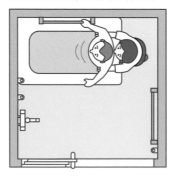

026│浴缸和淋浴的種類

Point

● 注意浴缸深度與跨進浴缸的高度。
● 設置單體浴缸時，要用錨栓固定好。
● 附有開關可隨手控制出水・止水的蓮蓬頭具有省水的效果。

| 保養與更新 | 設置單體浴缸時要與壁面保有間隔，空出清潔的空間。 |

浴缸的種類

浴缸有和式、洋式、和洋折衷式等種類。在日本以浸泡到肩膀、可伸展身體的和洋折衷式最為普及。

浴缸的設置方式有直接放置在平坦地面上的置地型，以及接地面比地面低、以降低浴缸高度的埋入型。置地型需注意不要太靠近壁面，預留清潔與保養用的空間。裝滿熱水的浴缸很重，雖然不用太擔心手一碰浴缸會傾倒，但考量安全性，最好還是用錨栓固定好。埋入型浴缸以深500～550公釐、跨坐高400～450公釐為基準。雖然把浴缸埋入地面可讓空間感覺起來比較寬廣，但進出浴缸也會變得困難許多。另外，如果有建造浴缸裙邊的話，最好能顧及移坐入浴的方便性，當浴缸裙邊過寬時，就會很難跨坐，這點要特別注意。

此外，浴缸的材質方面，除了以FRP製為首之外，還有其他各種材質。不同產品不管是膚觸感、使用強度與清潔性上，都各具特色，選購時最好也能一併考量設計性後再做決定。

淋浴的水栓種類

淋浴設備是由開關熱水的混合栓、灑水的蓮蓬頭、連接用的配管與軟管所構成的組合。

混合栓是一種可冷、熱水混合使用的開關，有二閥門式、混合閥式、單桿式、及可調整溫度的恆溫式。蓮蓬頭的部分，可安裝於牆壁或天花板上，有站立時使用的固定式淋浴式、及手持使用的手動淋浴式，噴水方式也有霧式和按摩式等多樣化的機能。另外，附上可隨手控制出水・止水開關的蓮蓬頭，還兼具了省水功能。

淋浴時的適溫會比入浴還高，約莫在42度左右，熱水量控制在一分鐘10公升左右最舒適，水壓則要維持在0.5kgf／cm²以上。另外，外國製的大型淋浴設備會需要使用到大水量與高水壓，這點在選購時要特別留意。

◆ 浴缸的種類

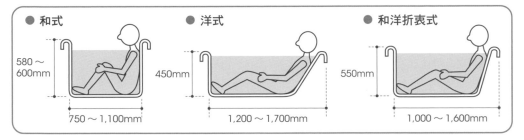

● 和式
580～600mm
750～1,100mm

● 洋式
450mm
1,200～1,700mm

● 和洋折衷式
550mm
1,000～1,600mm

● 腳座型

● 埋入型
（浴缸裙邊另行打造）

● 置地型

● 埋入浴室地板的類型

● 浴缸的主要材質與特徵

材質	主要特徵
FRP	玻璃纖維強化塑膠。強度高、重量輕、觸感光滑、色彩豐富。便於清掃。
人造大理石	保溫性高、具耐熱性、硬度也高。帶有透明感和光澤。
不鏽鋼	耐久性高、不易弄髒，容易保養。
琺瑯	耐久性高、不易弄髒。雖然堅固，但表面一旦有刮痕，就容易氧化鏽蝕。
木質	雖然一般統稱檜木浴桶，但實際上使用的樹種各式各樣。木桶需充分透氣與仔細保養。

◆ 淋浴與噴水的種類

● 手持式淋浴

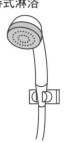

● 固定淋浴

● 固定＋手持式淋浴

● 霧狀噴水

大範圍的霧狀噴水。能將整個身體包覆起來，具溫熱的效果。

● 按摩式噴水

斷斷續續噴出強力的水流，可舒適地享受按摩的感覺。

● 噴灑式噴水

適當的水勢和水聲，可使人舒暢地享受淋浴。

1／設備計畫開始之前
2／給・排水、熱水設備
3／通風、空調設備
4／電力、通信設備
5／辦公室・其他設施的設備
6／挑戰節能的設計
7／設備圖與相關資料

027|選擇衛生設備

Point

- 選擇水龍頭與洗臉台時，要配合止水栓與存水彎的構造。
- 選擇隱蔽水箱式馬桶時，要注意水壓與配管口徑。
- 應選擇100％由上部沖水洗淨的省水型馬桶座。

保養與更新 不易弄髒與清掃容易是選擇衛生設備時的重點。

何謂衛生設備

衛生器具除了水栓類、便器、洗臉台等衛生瓷具配備、以及排水金屬組件外，還包含了附屬的衛生紙捲紙架、毛巾桿、肥皂盒與化妝鏡等。

選擇水龍頭和洗臉台時，除了考量本體以外，也要留意必須能與止水栓和存水彎相合才行。選擇洗臉台時，最好能將用水、排水、擦手等動作相關的全部機能，含括在同一組衛生器具中的方式做選擇，其中也包括了一些平時看不到的器具。

衛生器具是一種設計機器裝置，多數人會選擇設計感較佳的產品，這部分也經常包含在房屋整體的建築工程內。在估價和現場監工時，最好能把工程區分清楚，千萬不要重疊或是遺漏。

隱蔽水箱式馬桶

近年來，可有效利用有限空間的隱蔽水箱式馬桶明顯地增加了。這種馬桶的優點在於無水箱、進深短，安裝上可節省空間，同時也有容易清潔的好處。

隱蔽水箱式馬桶座是直接以給水的水壓沖洗的方式，這與利用水箱貯水的水壓不同，如果必要的給水壓力不足，就無法完全洗淨穢物。因此，法規對於最低作用水壓與給水管徑訂有標準，選購時最好能預先確認，尤其是三樓以上的建築物，或配管老舊的住宅更需特別留意。不過，若無法符合必要水壓時，也可以把水錶到廁所的進水管改用15A（13公釐徑）以上，或是汰換掉老舊配管來滿足必要的水壓條件。

選擇的重點

在各家廠商都競相開發不易弄髒、容易清潔、且具有省水功能的馬桶之下，現在市面上已經可以看到愈來愈多有別於以往的虹吸式、虹吸旋渦式等沖洗方式的馬桶。

以前舊式馬桶沖水方式是由便器底部湧出沖洗馬桶的水，但因為來自便器上部的出水，可以在引起水流的同時一邊沖洗便器，不僅洗淨的效率更好、也更省水，這種洗淨方式也是現今各產品的主力訴求。

1/設備計畫開始之前

2/給‧排水‧熱水設備

3/通風‧空調設備

4/電力‧通信設備

5/辦公室‧其他設施的設備

6/挑戰節能的設計

7/設備圖與相關資料

◆ 隱蔽水箱式馬桶

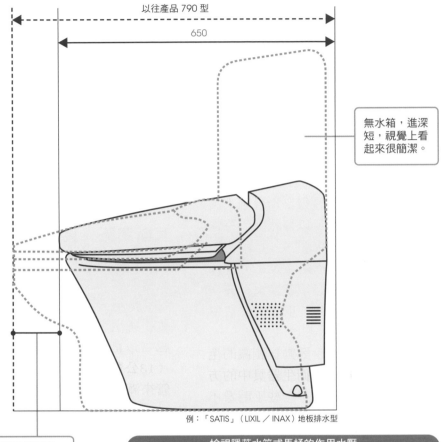

以往產品 790 型

650

無水箱,進深短,視覺上看起來很簡潔。

例:「SATIS」(LIXIL／INAX)地板排水型

便器前的空間變得寬廣,更容易清掃

檢視隱蔽水箱式馬桶的作用水壓

- 是否在最低作用水壓(流動時)0.05MPa(13L／分)以上、最高水壓 0.75MPa 的範圍內。
- 浴室、廚房等處利用自來水時,也要確認是否符合最低作用水壓

◆ 便器的洗淨方式

● 從底部沖水(以往類型)

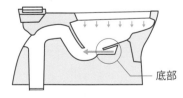

底部

約 30%從上部沖水
約 70%從底部沖水

● 從上部沖水

100%從上部沖水

上部的水流具有強大的洗淨力,利用水流的快速旋轉,節水的同時又能將穢物完全排出。

028│住宅用火災警報器

Point
- 裝設住宅內的火災警報器是住戶的義務。
- 一般住宅適用偵煙式警報器。
- 瓦斯漏氣火災警報器的設置位置依瓦斯種類而異。

保養與更新	警報器安裝後，十年內需汰舊更換。

何謂住宅用火災警報器

　　住宅用火災警報器可自動感應火災時產生的煙霧與熱能，以警報聲或特殊音效及早通知住戶火災訊息。日本自二〇〇六年六月起，依消防法及市町村條例規定，所有住宅都必須安裝火災警報器。二〇一一年六月起，現有的住宅也必須全部安裝。[21]

　　警報器利用螺絲與掛鉤安裝在天花板或牆壁，有使用電池和配線接續等機型，針對聽力不好的人，也有可用光和震動來通知的機型。

　　火災警報器有偵煙式和偵熱式。如要及早察覺火災，以偵煙式較為有效。另外，建議新設火災警報器時，選擇一處感知火警便會連動其他警報器一同發

出警報的「連動型」機型。連動型系列中也有無線警報器可供選擇。

瓦斯漏氣火災警報裝置[22]

　　瓦斯漏氣火災警報裝置是由瓦斯漏氣檢測器、中繼器、受信機、警報裝置等構件組合而成。依據瓦斯事業法與桶裝瓦斯法規定，部分建築物必須安裝瓦斯警報裝置，並另訂有安裝基準。不過為安全起見，建議在此規範外的建築物最好也能夠安裝。

　　此外，在安裝位置方面，由於天然氣比空氣輕，因此警報器應安裝在天花板附近；LP（桶裝）瓦斯比空氣重，則應安裝在地面附近。

◆ 住宅用火災警報器的安裝位置（天花板）[23]

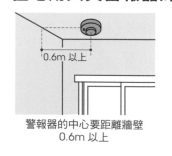
警報器的中心要距離牆壁0.6m 以上

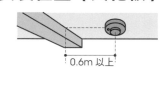
有樑柱時，要距離0.6m 以上

有空調冷氣等的出風口時，要距離出風口 1.5m 以上

注　偵熱式機型要與感知熱源距離 0.4m 以上

譯注：21 台灣依《消防法》，〈住宅用火災警報器設置辦法〉之規定，各住宅場所應於民國一〇〇年年底安裝完畢。
　　　22 台灣公寓、大樓等集合住宅依規定須裝設瓦斯漏氣火災警報器；一般獨棟住宅並未強制規定。另外，裝設瓦斯漏氣火災警報器時，應同時加裝緊急廣播設備。
　　　23 台灣火災警報器的安裝標準與日本一致。

Part 3
通風、空調設備

029｜通風的種類及方式

Point

- 空氣會由正壓往負壓處流動。
- 換氣的方式要以建築物的氣密性為考量前提。
- 住宅通風一般以自然換氣為主。

通風的目的與方式

導入新鮮空氣、將被污染的空氣排出，就是通風。通風的主要目的在於交換空氣的同時，也能除臭、除塵、除濕，以及調節室溫。依排出的污染物質和通風的需求，必要的通風量與通風方式也會有所不同。因此規劃出最適切的通風計畫就非常重要。

依方式的不同，通風可分為自然換氣與機械換氣，依範圍的不同，還可區分為整體換氣與局部換氣。

自然換氣

利用窗戶等建築的開口部，以室內外的溫差（換氣）和外風壓（風力換氣）來進行通風。自然換氣同時也是最節能的方式之一，不過卻很難像機械換氣那樣經常維持在穩定的狀態。

機械換氣

機械換氣的進、排氣是利用風扇來進行。在進氣和排氣時，都需要使用到風扇的情況下，機械換氣的運作方式又可分為以下三種。另外還有風管式及無風管式二種。

- 第1類換氣（供排氣併用法） 進氣、排氣都使用風扇，可確保必要進氣量及排氣量控制在最適切的範圍內，規劃起來方便容易，也可使室內維持在一定的壓力。

- 第2類換氣（供氣法） 利用風扇進氣，以自然排氣。透過強制導入室外空氣將屋內的空氣排出，使屋內保持在正壓狀態。

- 第3類換氣（排氣法） 以自然進氣，而改用風扇來排氣。與第2類換氣方式相反，藉由強制排出空氣，使室內形成負壓狀態，便可自然地將室外空氣導入。原本這是廁所、浴室、廚房等需要局部換氣的空間經常採用換氣方式，但因為也可以將進氣口平均配置在各個房間，所以也是一般住宅在整體通風上最常採用的方式。

另外也要特別注意到，在採用第2類或第3類換氣方式時，若住宅本身的氣密性較低的話，進氣量與排氣量就會失去平衡，因此規劃前最好先確保住宅的本身氣密性。

1／設備計畫開始之前

2／給・排水・熱水設備

3／通風、空調設備

4／電力、通信設備

5／辦公室・其他設施的設備

6／挑戰節能的設計

7／設備圖與相關資料

◆ 機械換氣的方式

| | 局部換氣的使用場所 | 全面換氣的應用方式 |

● 第 1 類換氣

進氣 → 機械進氣　　排氣 → 機械排氣

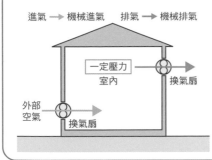

一定壓力
室內
換氣扇

外部空氣
換氣扇

- 主臥室
- 視聽室等

- 中央換氣系統（熱交換型、進排氣型）
- 無風管換氣系統

● 第 2 類換氣

進氣 → 機械進氣　　排氣 ┈► 自然排氣

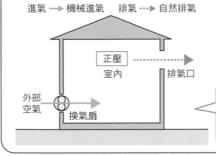

正壓
室內
排氣口

外部空氣
換氣扇

將淨化後的空氣供給至需要清新空氣的空間，並利用正壓防止受污染的空氣流入。

- 鍋爐室等

● 第 3 類換氣

進氣 → 自然進氣　　排氣 ┈► 機械排氣

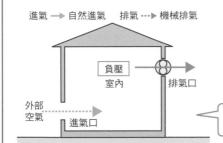

負壓
室內
排氣口

外部空氣
進氣口

這是最常見的通風方式

- 廁所
- 廚房
- 浴室
- 儲藏室、倉庫
- 室外停車場等

- 中央換氣系統（排氣型）

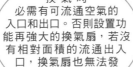

換 氣 時
必需有可流通空氣的入口和出口。否則設置功能再強大的換氣扇，若沒有相對面積的流通出入口，換氣扇也無法發揮功能。

間歇運轉

將一時造成的污染源排出

24 小時換氣系統

24 小時換氣系統

● 正壓　在物體表面上，朝被壓縮方向作用的壓力　◄─► 　● 負壓　在物體表面上，朝被吸引方向作用的壓力

030 | 24 小時全天候換氣

Point

- 住宅內裝建材的甲醛釋放量有一定的規範。
- 以節能來說，熱交換型的24小時換氣系統最為有效。
- 住宅起居空間應確保有0.5次／小時以上的換氣次數。

保養與更新 換氣扇要以能24小時運轉為前提，不會有停機無法發揮機能的情形。

何謂病態建築法

日本的病態建築法（修正建築基準法）於二〇〇三年七月起正式實施，針對建築物有關的病態房屋問題所制定的規範。在此之前的建築法規定，每人必要的換氣量在20m³／h以上，這是依據成人男子在靜態坐姿時所排出的二氧化碳濃度求得的數值。這種程度在通風時的換氣量僅靠窗戶自然換氣就十分充裕了。不過，依照現行的〈病態建築法〉規定，所有建築物都有義務裝設24小時通風的機械換氣系統。

機械換氣設備使用在住宅起居空間時，原則上必須確保換氣次數在0.5次／h以上；換氣次數為換氣量（m³／h）除以起居空間總容積（m³）的值，表示一小時中起居空間內的空氣與室外空氣交換的次數。

另外依規定，如果住宅使用了游離甲醛發散量較多的建材（F☆☆、F☆☆☆）※時，換氣次數得要提高到0.7次／h以上。不過現今市面上的建材幾乎都是法定的F☆☆☆☆等級、和不受法令限制的產品居多。

24小時換氣系統的缺點

近年來，住宅多朝向高氣密化發展，冷暖器的運作效率也大幅提升中。不過另一方面，高度氣密的內部空間很容易滯留空氣，因此多半有通風不良的問題。因此，使用24小時換氣系統就成了有效的因應方式。不過，24小時換氣系統雖然是提高了換氣效率，但也會使得具有高氣密優點的冷暖器運作效率下降。

為改善這方面的缺點，熱交換型24小時換氣系統的使用也因此普及起來。這是辦公室和店面一直以來所採用的機型，在配合住宅有義務裝設24小時換氣系統的規定下，各家廠商也紛紛推出可符合一般住宅及小規模建築物的系統。

此外，雖說機械換氣設備已如此地發達，但為了居住者的健康與節能，通風上最好也能多利用把窗戶打開，讓自然風吹入屋內的方式。

※ 原注：建材游離甲醛發散量由少至多依序為F☆☆☆☆、F☆☆☆、F☆☆三等級。（台灣與日本標準一致，依〈空氣品質管理法〉區分為F1、F2、F3三等級。）

1／設備計畫開始之前

2／給‧排水‧熱水設備

3／通風、空調設備

4／電力、通信設備

5／辦公室‧其他設施的設備

6／挑戰節能的設計

7／設備圖與相關資料

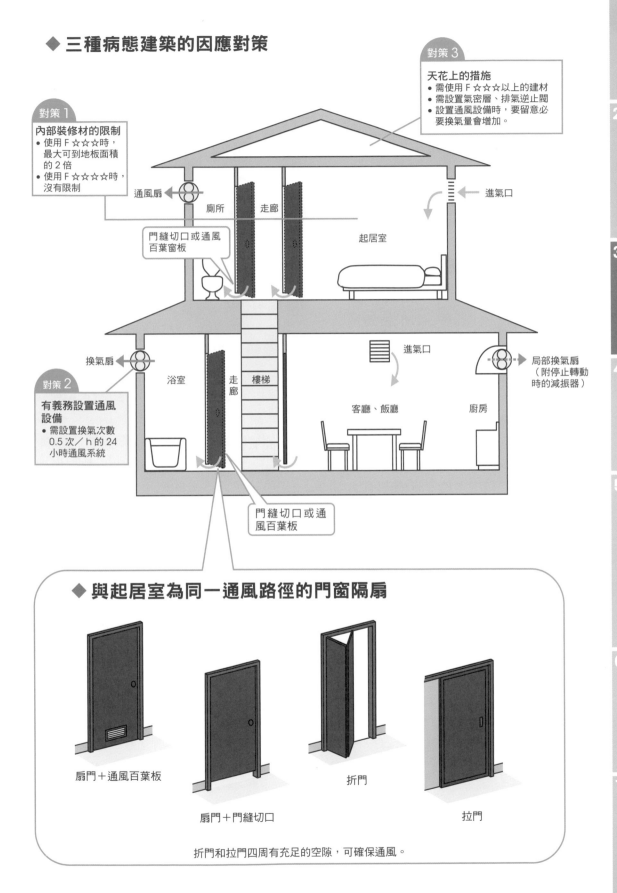

◆ 三種病態建築的因應對策

對策 3

天花上的措施
- 需使用 F☆☆☆以上的建材
- 需設置氣密層、排氣逆止閥
- 設置通風設備時,要留意必要換氣量會增加。

對策 1

內部裝修材的限制
- 使用 F☆☆☆時,最大可到地板面積的 2 倍
- 使用 F☆☆☆☆時,沒有限制

通風扇

進氣口

廁所　走廊

起居室

門縫切口或通風百葉窗板

換氣扇

浴室　走廊　樓梯

對策 2

有義務設置通風設備
- 需設置換氣次數 0.5 次／h 的 24 小時通風系統

進氣口

局部換氣扇
(附停止轉動時的減振器)

客廳、飯廳　廚房

門縫切口或通風百葉板

◆ 與起居室為同一通風路徑的門窗隔扇

扇門＋通風百葉板

扇門＋門縫切口

折門

拉門

折門和拉門四周有充足的空隙,可確保通風。

031 | 起居空間的通風規劃

Point

- 換氣路徑不需要太複雜，需以一個方向來思考。
- 進氣口的有效面積（cm²）為必要換氣量的0.7倍。
- 進氣口和排氣口不要太過接近。

保養與更新	改裝烹調設備和更變空調方式時，通風上也要另行規劃。

仔細考量換氣路徑

　　進氣到排氣之間的空氣流動路徑就是換氣路徑，規劃通風的要點是，要讓空氣盡可能不滯留在需要換氣的房間內。

　　第1類換氣方式可直接在各房間內完成進氣與排氣，但若是採取第3類換氣方式進行整體換氣時，就必需充分考量到整棟建築物的換氣路徑。規劃時，要預先決定好排氣口（換氣扇）的安裝位置。此時，廁所和浴室最好也能採用24小時換氣的方式。

　　進氣口的設置位置要盡量遠離排氣口，以避免造成「空氣循環短路」（進氣口與排氣口過近時，造成空氣只在狹小的範圍循環的現象）。此外，在各房間設置進氣口時，也要注意不要被其他家具堵住了。

　　此外，也要留意進氣與排氣之間的平衡。廁所和浴室並不是直接從室外進氣，而是從室內引進，因此必需利用百葉或留有門縫切口的門扇，以防止髒空氣流入其他房間。以這些必須注意的事

項上檢討換氣路徑的規劃時，要避免把通風路徑設計得太複雜，最好統整為迎風與背風這樣簡潔明快的路徑比較好。

進氣口的大小

　　採第3類換氣方式來通風時，若進氣口的大小不足，就無法得到必要的通風量，換氣扇的功能也無法發揮出來。一般的標準是，進氣口的有效開口面積（cm²）應為必要換氣量（m³／h）的0.7倍。

　　另外，以必要換氣量的進氣口而言，如果進氣口太小，空氣通過進氣口的速度就會變快，容易產生咻〜咻的聲音，給人冷颼颼的感覺，這會讓在進氣口附近的人不舒服，規劃時要多加留意。

　　此外，為因應灰塵等特殊情形，而在進氣口上加裝濾網時，由於濾網的孔隙愈密，進氣量會愈不足，因此有必要好好地仔細清理濾網。三種換氣方式中，第3類換氣方式比第1類換氣要來得簡單，價格也實惠，但務必對使用的保養、與換氣概念有所了解才好。

1/設備計畫開始之前

2/給‧排水‧熱水設備

3/通風、空調設備

4/電力、通信設備

5/辦公室‧其他設施的設計

6/挑戰節能的設計

7/設備圖與相關資料

◆ 進氣口與排氣口的位置

全面換氣時，進氣口與排氣口的位置應分散設置，盡可能相離遠些，以達到均衡通風。

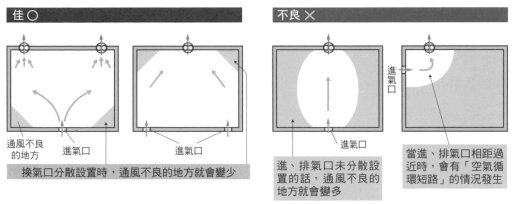

◆ 換氣路徑（兼具局部換氣與全面換氣的例子）

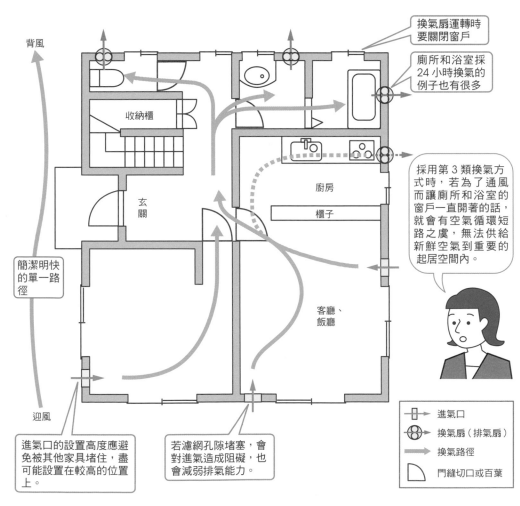

032 | 用水區域的通風規劃

Point

- 除油煙機的捕集效率約占廚房通風的60%。
- 浴室換氣量的基準在120m³／h以上。
- 廁所要經常保持在負壓狀態。

保養與更新	除油煙機容易附著油污，濾網務必好好清理。

廚房的換氣方式

日本建築基準法中的「火源使用室換氣量基準」（法令第20條第3項）規定了廚房必要換氣量的最低標準。不過，此基準僅適用於使用開放型燃燒機具（瓦斯爐）時，必要換氣量的標準須能維持室內含氧濃度在20.5％以上，且換氣量當中並不包含臭味、煙、以及水蒸氣等。[1] 所以說，如果只以這個標準選擇換氣扇（除油煙機）的話，並無法充分達到「完全換氣」，因此選擇比普通放能高、通風上更有餘裕的機種是十分重要的。

除油煙機也有所謂「捕集效率」的分別。一般除油煙機的捕集效率約會在60％上下，也就是說會有約40％的髒空氣漏出，而可能飄散到其他房間。

此外，也還有微波爐等其他家電產品的排熱、以及廚餘的臭味等，光靠一台除油煙機會應付不來，這些空氣要往哪裡排放，也應該納入建築整體的通風規劃一併思考。

浴室的換氣方式

從浴室產生出來的水蒸氣，會瞬間提高建築整體的濕度。而且，通風不良的浴室總是乾不了、而長時間處於潮濕狀態的話，也會變成長出霉菌的主要原因。

一般的浴室（1～1.5坪）在選擇換氣扇時，要選擇運轉三～四小時就能夠讓浴室乾燥的機種，風量應該達到120m³／h以上的基準。換氣扇的開關如果能加裝定時裝置，不僅有助於節能，也可避免忘記關掉的情形。

如果入浴時需要通風，選擇可切換強弱運轉功能的換氣扇也是很重要的。近來，也有在浴室換氣扇上附上暖氣、及噴霧式三溫暖功能等的浴室乾燥暖氣機，依據預算挑選使用也是很好的。

至於廁所的必要排氣量，在一般住宅方面雖沒有特別的規定，不過最重要的還是要能經常保持在負壓狀態。因此，廁所使用20～30m³／h的小型通風扇就可以了，但記得要能持續24小時換氣才好。

譯注：1 台灣對廚房的含氧濃度並未有所規定；惟依〈建築技術規則建築設計施工編〉廚房之有效通風開口面積，不得小於該室樓板面積十分之一，且不得小於0.8平方公尺，廚房樓地板面積在100平方公尺以上者，應另設排、除油煙設備。

◆ 使用除油煙機換氣

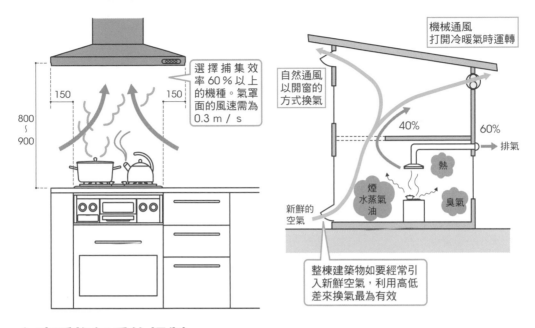

選擇捕集效率 60％ 以上的機種。氣罩面的風速需為 0.3 m／s

150　150

800～900

機械通風
打開冷暖氣時運轉

自然通風
以開窗的方式換氣

40%　60%

排氣

熱　煙 水蒸氣 油　臭氣

新鮮的空氣

整棟建築物如要經常引入新鮮空氣，利用高低差來換氣最為有效

◆ 廚房換氣扇的規制

V＝nKQ　V：有效換氣量
　　　　 n：依捕集氣罩型而定的係數
　　　　 Q：器具等的燃料消耗量
　　　　 K：理論值的廢瓦斯量（0.93）

係數	氣罩	
30	排風罩Ｉ型	← 一般的除油煙機
40	無罩	← 一般的換氣扇

◆ 浴室乾燥 · 暖氣 · 通風系統的五個功能

● 浴室乾燥

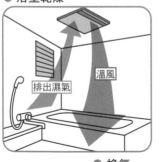

排出濕氣　溫風

● 衣物乾燥

排出濕氣　溫風

● 預備暖氣（溫風）

溫風

● 換氣

排氣

● 涼風

涼風　排出濕氣

1／設備計畫開始之前
2／給·排水、熱水設備
3／通風、空調設備
4／電力、通信設備
5／辦公室·其他設施的設備
6／挑戰節能的設計
7／設備圖與相關資料

033｜選擇換氣扇

Point

- 換氣扇要依設置場所和換氣目的靈活運用。
- 換氣能力由風量和靜壓決定。
- 噪音值也是選擇時的重要指標。

保養與更新	運轉聲若突然變大，有可能就是故障了，要盡快檢修才好。

換氣扇的種類

一般的換氣扇有以下幾種類型，可依設置場所和換氣目的不同做選擇。

● **一般用換氣扇**　是指在四角形框架上安裝螺旋槳式扇葉的換氣扇。有拉繩式和電源開關式二種，另外依防止逆風用的開閉器的不同，還分為「連動式開閉器」、「電動式開閉器」和「風壓式開閉器」等三種類型。

● **天花板內嵌型和中段通風管型換氣扇**

可使用於無法對外部換氣的房間。此類型的換氣扇是將換氣扇嵌入天花板，利用通風管將室內空氣排放到外部。也可調整換氣風量的大小。

● **管用風扇**　多使用於廁所及浴室等小空間。主要是使用螺旋槳式扇葉和渦輪風扇。廁所和洗臉台多半使用直徑100公釐，而浴室等稍大的空間則是使用直徑150公釐的機種。近來還有加裝溫・濕度、及人體感應裝置的機種。

● **除油煙機風扇**　是將瓦斯爐上的氣罩、風扇整合為一體化的換氣扇。依氣罩的構造和形狀、濾網清理的容易度，有各式各樣的變化機種。也有許多是附加在系統廚具上的類型。

● **風壓式通風扇**　用一句話來形容，就是「有強力螺旋扇葉的換氣扇」。一般住宅並不會使用到這種裝置，反而是室內停車場等需要強度換氣的地方才會選擇使用。

換氣扇的規格

換氣扇的效能是由輸送空氣量的「風量」、和空氣壓力的「靜壓」[2]來決定，可由「P－Q性能曲線圖」來評估。挑選換氣扇時，要先確認過此曲線圖，計算出必要排氣量，以及換氣路徑的空氣壓力損失。空氣壓力損失是指「從外部引入新鮮空氣、再經由換氣扇排出到外部的過程中，空氣在通過進氣口、門窗隔扇、通風管、及濾網・排氣罩時所承受的抗阻（空氣的摩擦、阻力）值合計」。通常產品目錄上所載的換氣風量多半是靜壓為零時的風量，這點要多加留意。

譯注：**2** 靜壓係指流體（風）通過物體表面時，與表面垂直、施加於單位面積上的力。

◆ 換氣扇的種類

一般用換氣扇
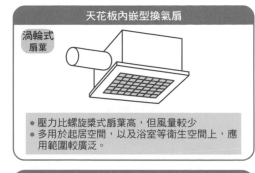
螺旋槳扇葉
- 直接安裝在對外的牆壁上
- 雖有一定的風量,但由於壓力小,在高氣密住宅、外部風強的場所、以及中高樓層並無法充分發揮其功能。

天花板內嵌型換氣扇

渦輪式扇葉
- 壓力比螺旋槳式扇葉高,但風量較少
- 多用於起居空間,以及浴室等衛生空間上,應用範圍較廣泛。

管用風扇
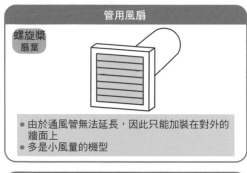
螺旋槳扇葉
- 由於通風管無法延長,因此只能加裝在對外的牆面上
- 多是小風量的機型

除油煙機風扇

渦輪式扇葉
- 能有效率地捕集烹調產生的油煙與蒸氣
- 氣罩的形狀、機體照明和保養性等各有不同的特徵

風壓式換氣扇
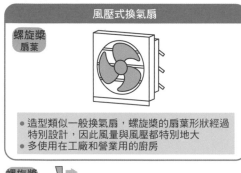
螺旋槳扇葉
- 造型類似一般換氣扇,螺旋槳的扇葉形狀經過特別設計,因此風量與風壓都特別地大
- 多使用在工廠和營業用的廚房

中段通風管型換氣扇
渦輪式扇葉
- 扇體與進、排氣的百葉窗板分開設置,內裝設計上的自由度高,也能有降低噪音的效果。

螺旋槳扇葉　風量多,靜壓低

渦輪式扇葉　風量較少,但靜壓高;噪音低

◆ 驗收換氣扇的效能

● P-Q 曲線圖

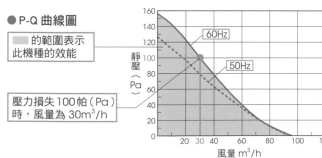

的範圍表示此機種的效能

壓力損失100帕(Pa)時,風量為30m³/h

靜壓 (Pa)

60Hz
50Hz

風量 m³/h

換氣扇的目錄上必須載明 P-Q 性能曲線圖

風量大、高靜壓的換氣扇,換氣效能較高。不過功能愈強,運轉聲也會愈大,因此要選擇最能合乎需求的機能。尤其兼做 24 小時換氣系統時,耳際才不會常有噪音傳入,這點要特別留意。另外,在起居室內、以及附近裝設換氣扇時,也要盡量選擇低噪音的機種。

1/設備計畫開始之前
2/給・排水、熱水設備
3/通風、空調設備
4/電力、通信設備
5/辦公室・其他設施的設備
6/挑戰節能的設計
7/設備圖與相關資料

034 | 中央換氣系統

Point

- 採第1類換氣方式的中央換氣系統以「熱交換型」為主流。
- 考量系統整體的空氣壓力損失後，再選擇適合的機種。
- 通風管的直管部分會因彎曲、分岐而造成壓力損失。

保養與更新	任何一個小地方的故障都會影響到整體的換氣效果；系統應設置在方便維修的地方，並設置檢查口。

何謂中央換氣系統

在各起居空間內設置進氣口，再利用通風管將空氣集中至中央風扇，最後將空氣一併排出戶外的系統就叫「中央換氣系統」。

但除了通風管外，若不將百葉板、濾網等對系統整體造成的壓力損失（空氣抵抗）一併考量的話，就無法確保一定的換氣量。因此，做好完善的通風設計、與慎選機種都是非常重要的。此外，當整棟建築物、或兩間以上的起居空間整合共用一部換氣扇的話，更要考量到震動和噪音等問題，風扇最好可以設置在遠離寢室的地方。

中央換氣系統的種類

中央換氣系統大致可分為以機械進氣、排氣的第1類換氣法、以及採自然進氣、機械排氣的第3類換氣法。

以第1類換氣、使用通風管的情形來說，幾乎都會裝備熱交換系統。此外，也有兼具冷暖氣空調功能的系統，不過要使屋內溫度保持均衡的話，就必須讓空氣循環達到必要換氣量以上。

因為如果髒空氣等污染物質無法透過換氣迅速排出屋外，很快地就會隨著室內的循環對流而發生問題，因此在規劃時，最好也盡可能將空調和換氣路徑分開比較好。

至於採第3類換氣的中央換氣系統，進氣是從各起居空間的自然進氣口引入，再透過中央系統的風扇排氣。由於各起居空間內都設有進氣口，因此可以更充分地換氣。不過也有因為建築物的氣密性不足，導致無法充分排氣的情形。

通風管路徑須知

使用通風管來換氣，固然可確實地輸送空氣，不過另一方面，通風管也會因延長、彎曲、或是在分歧的地方產生極大的空氣阻力，造成管內壓力的損失。

另外，通風管一般都裝設在天花板裡的空間中，有時也會配合收納而彎曲或延長管路，但這樣一來管內的壓力損失也會變大，而無法達到預定的風量，這點也要多加留意。

◆ 中央換氣系統

● 採第 1 類換氣方式的中央換氣系統（熱交換型）

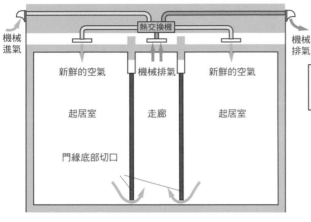

機械進氣

新鮮的空氣　機械排氣　新鮮的空氣

起居室　走廊　起居室

門緣底部切口

機械排氣

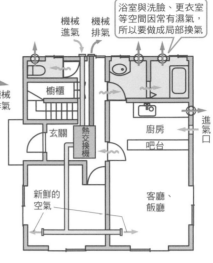

機械進氣　機械排氣

浴室與洗臉、更衣室等空間因常有濕氣，所以要做成局部換氣

櫥櫃

玄關　熱交換機

廚房吧台

進氣口

新鮮的空氣

客廳、飯廳

● 採第 3 種類換氣的中央換氣系統

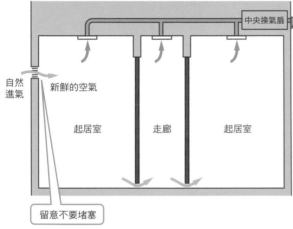

自然進氣

新鮮的空氣

起居室　走廊　起居室

中央換氣扇

機械排氣

留意不要堵塞

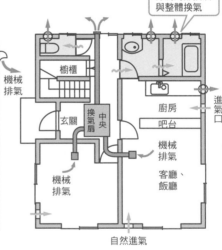

分為局部換氣與整體換氣

機械排氣

櫥櫃

玄關　中央換氣扇

廚房吧台

進氣口

機械排氣

機械排氣

客廳、飯廳

自然進氣

◆ 通風管產生壓力損失的主要部位

- 直管部
- 彎曲部
- 分岐部
- 合流

- 室內管道的末端（管嘴、吸氣口、網格金屬板等）
- 室外管道的末端（排風管罩等）

1 / 設備計畫開始之前

2 / 給・排水、熱水設備

3 / 通風、空調設備

4 / 電力、通信設備

5 / 辦公室・其他設施的設備

6 / 挑戰節能的設計

7 / 設備圖與相關資料

035│熱交換型換氣系統

Point

- 透過熱交換系統可減少換氣時對室內溫度的影響。
- 全熱交換型可回收、交換濕氣中的潛熱。
- 可過濾掉外部空氣中的塵埃或花粉。

保養與更新	注意熱交換裝置是否有發霉、或產生臭氣的情形。也可視安裝位置的情形加裝防污過濾器。

什麼是「熱交換型換氣系統」

依據24小時全天候換氣的原則，住戶有隨時將戶外新鮮空氣引入室內的義務。但是換個角度來看，這也意味著要把冷、暖氣調節好最適溫度的室內空氣捨棄排出，然後再引進戶外新鮮空氣讓冷、暖氣重新調節。而熱交換型換氣系統的核心概念，就是要在這個過程中將排出室內空氣時散逸的熱能回收，與引進的室外空氣進行熱交換，以減少換氣時造成室內溫度的波動。

熱交換系統主要分為顯熱交換型換氣扇、及全熱交換型換氣扇二種。前者是僅交換顯熱（隨著物質溫度變化而產生的熱，如照明器具的發熱等），後者則是顯熱與潛熱都會交換（隨物質狀態變化產生的濕氣中所含的熱，如氣化熱等。）。日本是以「零漏失」全熱交換型機種為主流，主要用於辦公大樓和商業設施等。過去因價格、及定期保養等問題，全熱交換系統難以全面地普及至一般住宅來使用。不過最近，一般住宅也有義務保持24小時全天候換氣，所以專供一般住宅用的全熱交換器也開始普及了起來。

全熱交換型的構造

全熱交換型換氣系統除了可再利用熱能外，也可以回收、交換濕氣內所含的潛熱。其中的熱交換裝置（熱交換構件）把進、排氣通路分開來，以避免戶外引入的新鮮空氣與室內已污染的空氣混合。這個裝置還可藉由水蒸氣的分壓差，將濕氣從高壓側往低壓側移動。

透過這樣的構造，通過排氣路徑的室內暖（冷）空氣，可使通過進氣路徑引入的室外冷（暖）空氣變暖（變冷）；同時還可以吸收、調節彼此的濕氣，使室外空氣變成適溫‧適濕後，再引入屋內。

另外，在進氣口加裝空氣過濾器，可以有效地除去室外空氣中的塵埃、花粉等雜質。此外，過濾器也具有良好的隔音功能，在外部噪音嚴重的地方，也經常被用來做為隔音用途。

◆ 熱交換型換氣系統的概念圖

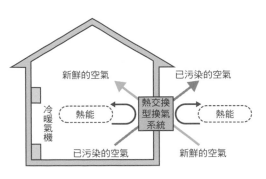

新鮮的空氣
已污染的空氣
冷暖氣機
熱能
熱交換型換氣系統
熱能
已污染的空氣
新鮮的空氣

◆ 全熱交換型熱交換的概念

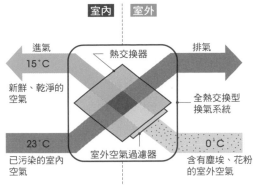

室內　室外

進氣
15°C
新鮮、乾淨的空氣

熱交換器

排氣

全熱交換型換氣系統

23°C
已污染的室內空氣

室外空氣過濾器

0°C
含有塵埃、花粉的室外空氣

◆ 全熱交換型的熱交換裝置構造

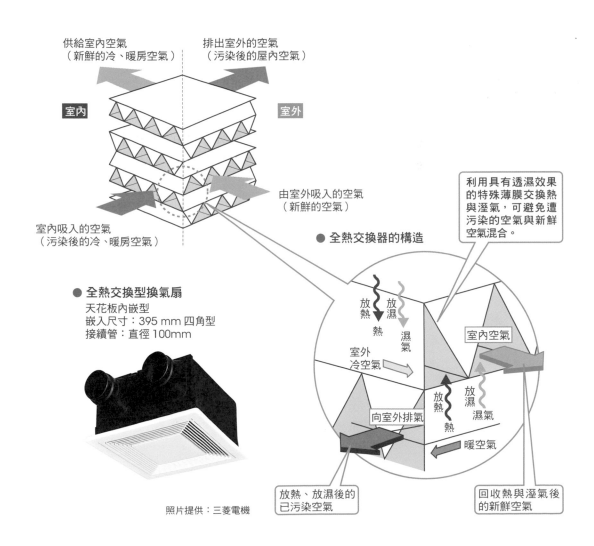

供給室內空氣
（新鮮的冷、暖房空氣）

排出室外的空氣
（污染後的屋內空氣）

室內　　　室外

由室外吸入的空氣
（新鮮的空氣）

室內吸入的空氣
（污染後的冷、暖房空氣）

利用具有透濕效果的特殊薄膜交換熱與溼氣，可避免遭污染的空氣與新鮮空氣混合。

● 全熱交換器的構造

放熱　放濕
熱　濕氣
室外冷空氣
室內空氣
放熱　放濕
熱　濕氣
向室外排氣
暖空氣

● 全熱交換型換氣扇
天花板內嵌型
嵌入尺寸：395 mm 四角型
接續管：直徑 100mm

放熱、放濕後的已污染空氣

回收熱與溼氣後的新鮮空氣

照片提供：三菱電機

1 設備計畫開始之前
2 給・排水、熱水設備
3 通風、空調設備
4 電力、通信設備
5 辦公室・其他設施的設備
6 挑戰節能的設計
7 設備圖與相關資料

036 | 空調的種類

Point

- 空調方式有對流式、傳導式及放射式三種類型。
- 傳導式和放射式有助於預防過敏。
- 使用中央空調可讓每個房間之間的溫差變小。

| 保養與更新 | 獨立空調比中央空調容易保養和換新。 |

空調方式的種類與特徵

空調方式分成對流式、傳導式及放射（輻射）式三種類型。規劃時，可依屋主的喜好、對舒適度的要求、以及預算考量後，再做決定。

對流式就像一般的冷氣機與暖氣機一樣，是以直接吹送出暖風或冷風的方式，強制空氣對流，使房間的溫度上升或下降。不過，對流式的空調雖然可迅速達到冷暖房的效果，但在使用暖氣時，往往只有天花板附近變暖了，腳邊卻還是冰冰涼涼的，而且，不管是冷風、或暖風直接吹在身體上，都會讓人覺得不舒服。此外，使用對流式空調也會有攪動室內塵埃與過敏源的問題。雖然就施工與成本的考量而言，對流式是較為簡單且容易採行的方式，但要能預防過敏及花粉症的話，採用傳導式與放射式的空調方式會比較好。

而傳導式就像電熱毯一樣，是透過設備中的部分裝置直接接觸身體，使人感到溫暖。如果要讓室內空間變暖的話，房屋面積的七成以上都需要鋪設放熱體，才能利用熱的放射效果提高室內溫度。

這裡所謂的「放射」，是指「不藉由空氣，溫度即可由高溫往低溫處傳導的熱傳導現象」。利用這種自然傳導的特性，透過設計出室內的溫暖區域與涼爽區域，不用冷、暖風直接對著身體吹，就能產生心曠神怡的溫暖或涼爽感。不過缺點是，要讓整個房間暖起來，會耗費較長的時間，因此多半會與空調設備並用。

獨立式空調與中央空調

以各種空調的使用方式來看，在各個居室、或區域分別設置空調設備，為獨立式的空調方式；而整棟建築物共用一套設備（系統）的話，就是所謂的中央空調。

使用中央空調的方式，即使走廊、或廁所，溫差都很小，很適合使用在照護高齡者的建築上。此外，中央空調也有像一對多分離式冷氣一樣，以一部室外機連結多台室內機的使用方式。

1/設備計畫開始之前

2/給‧排水‧熱水設備

3/通風、空調設備

4/電力、通信設備

5/辦公室‧其他設施的設備

6/挑戰節能的設計

7/設備圖與相關資料

◆ 決定空調方式的方法

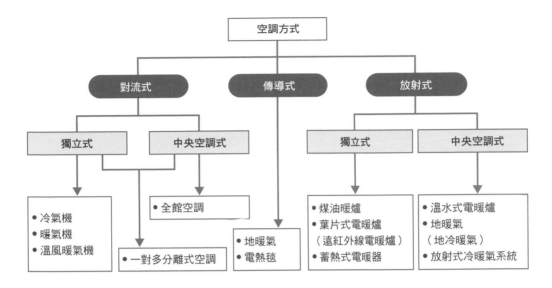

```
                          空調方式

        對流式              傳導式              放射式

   獨立式      中央空調式              獨立式      中央空調式

• 冷氣機      • 全館空調          • 煤油暖爐       • 溫水式電暖爐
• 暖氣機                        • 葉片式電暖爐     • 地暖氣
• 溫風暖氣機    • 一對多分離式空調   （遠紅外線電暖爐）  （地冷暖氣）
                     • 地暖氣      • 蓄熱式電暖器    • 放射式冷暖氣系統
                     • 電熱毯
```

◆ 空調方式的種類

對流式	傳導式	放射式
聚集熱氣		

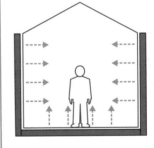

特徵

冷氣機和暖氣機直接吹出冷、暖風，以強制室內空氣對流，使房間溫度上升或下降。

特徵

如同地暖氣等，以直接接觸熱媒的方式感覺溫暖。利用了溫度會從高溫往低溫傳導的性質。

特徵

透過電暖設備、以及建築物的放射熱，減緩人體表面的熱放射量，達到溫熱傳導的效果。溫度較低的場所藉由熱傳導，也能使室內空氣均勻溫熱。

優點與需知

• 可急速達到冷、暖房的效果
▲ 天花板的附近能感到溫暖，頭部周圍雖可感覺溫熱，但靠地板的腳邊卻是冰的。
▲ 暖風、冷風直接吹著身體，有時會令人感覺不舒服。

優點與需知

• 暖風、冷風並不直接吹在身體上，是一種很舒適的溫暖或涼爽感。
▲ 與對流式相較，若要使整個房間變得溫暖，會需要多花一點時間。

▲ 購置成本較其他方式昂貴

037 | 熱泵式空調

Point

- 冷房能力是選購的優先考量。
- 在寒冷的地區，主要做為冷氣使用，暖氣則需另外考量。
- 需檢視基本的熱效率及節能性。

保養與更新	空調設備內部濕度愈高的話，就容易發霉。即使是具有抗菌效果的機種，也要定期清洗、保養。

空調的效能

各廠牌機種的目錄當中，都會記載空調設備的適用空間大小。例如，適用於6～9疊、向南的木造和室6疊（大約3坪）～向南的鋼筋混擬土造9疊（大約4.5坪），規劃、選購住宅空調設備前，第一件事就是要先確認空間大小。這裡要特別注意，即使房間大小相同，窗戶的開向、和屋內滯留空氣的情形，都可能改變空調可對應適用的坪數。尤其是房間有向西的大開口、以及很高的天花板時，都會造成較大的熱負荷，所以最好預留餘裕，選擇適用較大空間的機種。

其次要確認的是效能。空調的效能以kW[※]表示，冷房能力標示為2.2時，表示這台冷氣可以2.2kW的動力使房間變涼。

近來變頻式空調蔚為主流，由於可控制空調運轉的能力，所以當房間溫度變涼到一定程度時，就會自動調降運轉能力，而且還內建了可維持設定溫度的功能。

此外，一般的空調設備都是暖房能力優於冷房能力，因此在選購時，最好能從冷房的效果做考量。即使在寒冷的地方，把空調也只當做冷氣使用，再另外設置暖氣機會比較好。

應以節能基準做選擇

選擇空調時，也希望能考慮到節能的問題。至於參考基準，可以直接就節能型家電產品上所標示的節能標章加以確認、考量。日本的節能標章是在二○○○年八月依據JIS規格，將能源效率標準化的標示制度，可以看出該產品在國家所定的目標值上達成了多少程度，並且把達成的情形用標章標示出來。選購時，首先要確認的是該空調機種的年度能源消費效率（APF）（參照176頁）。若效率標示在6.0以上，即表示該機種的能源使用效率十分良好。在日本的節能法中，明確規定每種節能家電都應通過APF的目標值，並且訂定二○一○年所有家電的能源使用量都要達成規定的目標。達成率在100％以上者，以綠色標誌表示；未達成（未滿100％）者，則以橘色標誌表示。[3]

※ 原注：以往冷、暖房能力單位以kcal/h（仟卡／小時）表示，現今的國際統一單位則為kW（千瓦）。另外，用電時消耗的電力也以kW來表示（此為電功率），在標示上應留意不要混淆。W（瓦特），做為冷、暖房能力單位時，是指每單位時間從室內去除、或加入的熱能。

譯注：3 台灣方面，經濟部能源局也訂有節能標章制度。節能標章是由「電源、愛心雙手、生生不息的火苗」所組成的標誌；貼有節能標章的電器產品，代表能源效率比國家認證標準高10～50％。

1／設備計畫開始之前

2／給‧排水‧熱水設備

3／通風‧空調設備

4／電力‧通信設備

5／辦公室‧其他設施的設備

6／挑戰節能的設計

7／設備圖與相關資料

◆ 看懂空調型錄

● 空調配管的長度與最大高低差
確認連接空調室內機與室外機的配管長度、以及高低差是否在容許的範圍內。

● 空調設置房間的大小
一般而言，一開始都是先確認此部分

● 木造的基準
● RC 造的基準

 冷房時 約 **6** 疊的大小

① **S22PTRXS-W(-C)**

希望零售價格 **346,500** 日圓（未稅 330,000 日圓）

室內 F22PTRXS-W（-C）／重量 14 kg
140,700 日圓（未稅 134,000 日圓）
室外 R22PRXS／重量 33 kg
205,800 日圓（未稅 196,000 日圓）

室內電源 單相100V ⊕ 20A

配管 液體 φ6.4　天然氣 φ9.5

配管長度 **15** m（15m內不收費）　最大高低差 **12** m

塌塌米數基準	能力（kW）	消耗電力（W）
暖氣 6~7 疊 (9~11㎡)	2.5 (0.6~6.1)	450 (90~18,20)
冷氣 6~9 疊 (10~15㎡)	2.2 (0.7~3.3)	410 (115~960)

| 目標年度 2010 年 | 節能基準達成率 115% | 年度能源消費效率 6.7 | 期間消耗電力量合計（一年） 658kWh |

尺寸規定　低溫暖房能力 ※4.4kW

● 電源的種類
有室內電源和室外電源之分。電源有單相 100V 和單相 200V，若兩者皆可選擇，選擇 200 V 會比較好。

● 消耗電力
在計算契約容量與電費時，會使用到此數據。愈小表示運轉成本相對便宜。

● 運轉能力
表示空調動力的數值。變頻空調機可以（）內的能力幅度，有效率地運轉。

● 節能標籤
標示出年度能源消費效率（APF，參照172頁）

◆ 節能基準達成率

 此標章明確標示有該商品的能源消費率（APF），以及節能法規定目標基準值的達成率。可做為消費者在選購該產品時的參考依據。

● 表示符合節能法目標年度二〇一〇年及二〇一二年的機種
● 達成率未滿 100% 時，節能標誌顏色以橘色表示（也可以標章表示）

| 房間種類 | | | 電力負荷概算（W/㎡） | | 換氣次數（次/h） |
			冷氣	暖氣	
集合住宅 透天住宅（斷熱等級3以上，屋簷60cm）	起居室（上方為屋頂）	朝東	220	180	0.5
		朝西	240		
		朝南	200		
		朝北	180		
	起居室（上方為房間）	朝東	200	160	0.5
		朝西	220		
		朝南	180		
		朝北	160		
辦公室（斷熱等級3以上，屋簷60cm）	辦公室（頂樓）	朝東	240	160	0.5
		朝西	260		
		朝南	220		
		朝北	240		
	辦公室（中間樓層）	朝東	220	140	0.5
		朝西	240		
		朝南	200		
		朝北	180		
餐廳	用餐座位		280	160	5.0

注：狀況設定為東京地區冷氣26℃、暖氣22℃。
若考量夏天的異常高溫，可用上表的電力負荷概算數值為基準，乘上1.1～1.15倍來計算。
另外，有設置天窗的房間，電力負荷概算可用上表數值的1.5～1.6倍來計算。

038│認識空氣線圖與結露現象

Point

● 從空氣線圖可以了解空氣狀態與熱的變化。

● 當空氣變冷、呈飽和狀態時,產生多餘水分的現象就是結露。

● 為防止室內結露,不讓濕氣滲入住宅內部是很重要的。

保養與更新 會左右住宅壽命的結露對策,應該在新建房屋時就要慎重考量。

何謂空氣線圖

將空氣的溫度、濕度、焓(enthalpy)、以及比容積等之間的關係繪製成的線狀縮圖,就是所謂的「空氣線圖」(也稱為濕空氣圖)。

「空氣線圖」由許多代表空氣狀態的線條所組成,其中,較具代表性的有縱軸所代表的「絕對溼度」、斜軸的「相對溼度」、「焓」、「比容積」,以及橫軸所表示的「乾球溫度」。在這些空氣的狀態數值中,只要選定兩種數值,就能推算出其他的狀態。空氣線圖最主要的功能,是用來了解空氣的狀態,與其中熱的變化。

結露的原理

空氣的特性是,溫度愈高,空氣中所含的水蒸氣愈多,反之,溫度愈低,水蒸氣含量也會愈少。基於這個特性,就可利用空氣線圖來說明結露的原理。舉例來說,把冬季室內乾球溫度25°C、相對溼度50%的空氣,在一定的絕對溼度狀態下,降低溫度的話,相對溼度就會上升。然後大約會在14°C(露點溫度)時呈現100%的飽和狀態。接著已降溫的冷空氣會產生剩餘的水分,這種現象就是「結露」。

也就是說,當飽含了室內水蒸氣的暖空氣,碰到冰冷的玻璃窗、或金屬窗條時,會急速地冷卻,使得空氣中飽含的水蒸氣變成水滴。這種現象也稱為表面結露。為防止表面結露,可使用雙層玻璃、隔熱金屬窗條、或是各種隔熱材質,使建築物內部不會出現會導致這種情形發生的低溫區域。

注意肉眼看不見的內部結露

建築物除了表面會有結露現象之外,在牆壁內側也會有內部結露的現象發生。冬季時,如果室內的水蒸氣滲入牆壁內,這些進入牆壁內的水蒸氣會在比較接近外部低溫空氣的地方,變冷至露點以下,因而發生結露。反之,夏季時室外的潮濕空氣,受到冷氣房的冷空氣影響,也會有結露發生。牆壁內的結露不僅會腐蝕木造建築的木材,也會降低住宅隔熱材質的性能。為防止結露,最好的辦法就是在室內側貼上防潮板,另外在室外側鋪設通氣層。

譯注:4 焓(enthalpy),又稱熱焓(音同含),熱力學用語。表示1Kg濕空氣當中乾空氣的熱量。

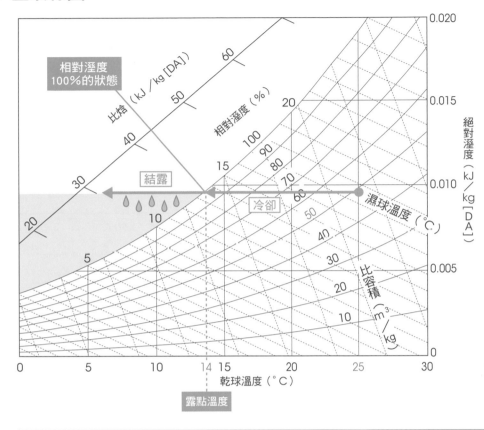

◆ 空氣線圖 [5]

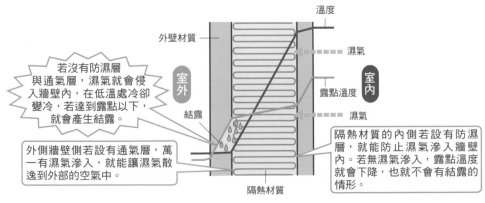

乾球溫度（°C）	指一般的「溫度」和「氣溫」（以溫度計測量）
相對溼度（%）	空氣中水蒸氣含量（水分量）的比例。也就是一般所指的「溼度」。
溼球溫度（°C）	指水分自然蒸發時（氣化）的溫度。在一般溫度計旁會有個包著溼紗布的溫度計，即是溼球溫度計。
絕對溼度（kg/kg）	空氣中的水分量與乾空氣總量的重量比例
比焓（kJ/kg）	表示某一狀態下，溼空氣中所含有的熱能單位。放熱時比焓值下降；受熱時比焓值則會上升。
比容積（m³/kg）	含有1kg乾空氣時溼空氣所占的容積。比容積的數值是比重量的倒數。

◆ 內部結露現象

譯注：5 J為焦耳，1 J ＝0.239cal（卡）；DA為0℃的乾空氣；比重量是指物體重量與體積的比值，為密度和重力的乘積。

039 | 不快指數與
除濕、加濕

Point

- 不快指數就是「悶熱感」的指標。
- 冬季房間內的濕度保持在50％以上，可有效預防感冒。
- 近來附有加濕、除濕功能的冷氣機備受關注，可考慮搭配空調使用。

保養與更新	除濕機、加濕器經常會處理到水和濕氣，在防汙抗菌方面，務必格外留心才好。

認識「不快指數」

不快指數是結合氣溫與濕度、針對「悶熱感」所訂的指標。以日本人的情況來說，當不快指數在86以上，絕大部分的人幾乎都會有「悶熱得很不舒服」的感覺。

舒服的濕度

濕度有絕對濕度與相對濕度二種。絕對濕度（kg／m³）是表示在1大氣壓之下1m³（立方公尺）空氣中所含的水蒸氣量。相對濕度（％）則是表示空氣中實際所含的水蒸氣量，也就是空氣在某溫度中所含的最大水蒸氣量的比值。

一般而言，讓人感到舒適的濕度大約在40～60％左右。不過在冬天時，因為絕對濕度比較低，如果直接引進室外的冷空氣加溫變暖的話，相對濕度會下降到20～30％，所以有必要再加濕。

而在夏天，將含有大量水蒸氣的室外熱氣冷卻時，相對濕度會一口氣上升到100％，這時反而需要除濕才行。

此外，冬天時的感冒病毒對濕度的抵抗力較弱（夏天時則不同），若能將房間內的濕度保持在50％以上，也可有助於預防感冒。

加濕器與除濕機

以加濕器來說，有與水壺燒開水相同原理的蒸氣式風扇型（加熱式）；利用風扇吹過含水的過濾器產生氣化水霧的無加熱器風扇型（氣化式）；以及當濕度降低時先加熱好，再透過無加熱器的氣化方式加濕的混合式（加熱氣化式）等。

在除濕機方面，則是有冷卻空氣、去除水分的壓縮式除濕機；利用吸水性優異的沸石去除水分，再以暖器加熱、吹出乾燥空氣的乾燥式除濕機；以及融合兩者優點的混合式除濕機等。另外，雖然在冷氣機上附加加濕、除濕功能近年來備受矚目，但因為側重的功能不同，最好能配合空調系統一併檢討比較好。

1／設備計畫開始之前

2／給‧排水‧熱水設備

3／通風、空調設備

4／電力、通信設備

5／辦公室‧其他設施的設備

6／挑戰節能的設計

7／設備圖與相關資料

◆ 不快指數的程度

86 以上 不舒服到難以忍受　85 ～ 81 不舒服　80 ～ 76 稍微不舒服　75 ～ 61 ☺ 舒服

◆ 空氣線圖

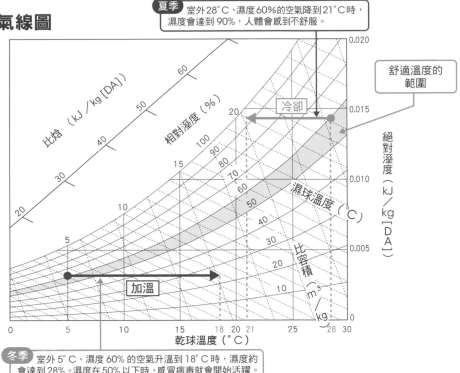

夏季 室外28°C、濕度60%的空氣降到21°C時，濕度會達到90%，人體會感到不舒服。

舒適溫度的範圍

比焓（kJ／kg〔DA〕）

相對溼度（％）

絕對溼度（kJ／kg〔DA〕）

濕球溫度（°C）

比容積（m³／kg）

冷卻

加溫

乾球溫度（°C）

冬季 室外5°C、濕度60%的空氣升溫到18°C時，濕度約會達到28%。濕度在50%以下時，感冒病毒就會開始活躍。

◆ 加濕器與除濕機的運作方式

● 加濕器

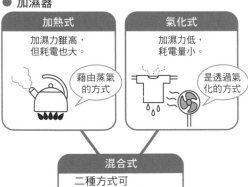

加熱式
加濕力雖高，但耗電也大。
藉由蒸氣的方式

氣化式
加濕力低，耗電量小。
是透過氣化的方式

混合式
二種方式可交替切換運轉（這是一般的主流）

● 除濕器

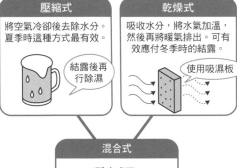

壓縮式
將空氣冷卻後去除水分。夏季時這種方式最有效。
結露後再行除濕

乾燥式
吸收水分，將水氣加溫，然後再將暖氣排出。可有效應付冬季時的結露。
使用吸濕板。

混合式
二種方式可交替切換運轉

040 | 放射式的冷暖房方式

Point
- 用冷氣時把溫度調高些、暖氣時則調低些，這樣會比較舒適。
- 因為是以24小時連續運轉的機種，節能效果相當好。
- 需符合新一代節能標準的隔熱與氣密性。

保養與更新	放射式冷暖氣機面板中的集水盤和散熱器，要定期清潔保養。

放射式冷、暖氣房

放射式冷暖房的方式，就是利用溫度會從高溫往低溫傳導的特性，達到冷暖房效果。透過鋪設在室內的暖面板、冷面板，不會像冷氣機那樣送出冷、暖風，而是能自然地形成溫度適中的室內環境。雖然說放射式冷暖房系統的購置成本比其他空調設備來得高，但得到的室內溫度品質也很高。不過，放射式的效果也會受到建築物本身隔熱性能的影響，因此在規劃時，選擇的機種要確保可符合新一代節能基準所要求的隔熱與氣密性。

放射式冷暖房系統有以下幾種類型：

放射式冷暖面板

把熱源調溫的冷、溫水送到發散器裡，使室內變涼、或變暖。做暖氣使用時，溫度就保持在體溫程度的中溫熱；用做冷氣時，只需要讓冷水循環，就能隨著放射作用，讓整個空間的溫度維持在穩定狀態

夏季時，利用發散器表面產生的結露，會有自然除溼的效果，不只是身體可以感覺到舒適，眼睛所看到的也都有舒爽清涼感。而且只需要很小的熱源就能連續運轉24小時，節能效果相當好。

天花板上的放射式冷暖房系統

夏天時，讓冷水流過天花板上的放射式面板，透過已降溫的天花板形成放射作用，可以吸收掉人體和室內壁面的熱氣，產生涼爽的感覺。冬天的話，就改讓溫熱的水流過天花板上的放射式面板，當天花板變暖時，人體表面的熱放射量就會減少，自然也就能感覺溫暖。

另外，因為放射熱也會傳導至地板和牆壁上，所以在低溫的室內中也能感覺舒適，體會到不管在房子內的哪個地方，都有均衡一致的溫暖感覺。

地板下的放射式冷暖房系統

地板下的放射式是將冷暖氣機吹出的冷、溫風，通過地板下方，從窗邊地板的出風口吹向室內，透過這個方式使地板變涼、或變溫暖。這個方式的效果，基本上與天花板放射式相同；不過，若把放射式與對流併用的話，有些地方就會與其他方式不同。

1/設備計畫開始之前

2/給・排水、熱水設備

3/通風、空調設備

4/電力、通信設備

5/辦公室・其他設施的設備

6/挑戰節能的設計

7/設備圖與相關資料

◆ 放射式冷暖氣機的特性

> 放射式冷暖氣機不會在送風時產生空氣對流,因此不會有場所不同而產生溫差的情形。

> 放射式的效果可使室內溫度均衡分布。

> 不會產生機械式的送風聲,能營造寧靜的室內環境。

> 使用冷氣時,提高設定溫度;暖氣時則調低溫度,既有舒適效果,節能效率也很高。

◆ 放射式冷、暖氣機面板的構造

夏天

遮蔽日照的話,能減輕冷房的熱負荷

放射出冷氣

可除濕結露水,也可讓結露水氣化降低室內溫度

讓15°C的水在面板內循環

設置讓結露水流出的集水盤

排水

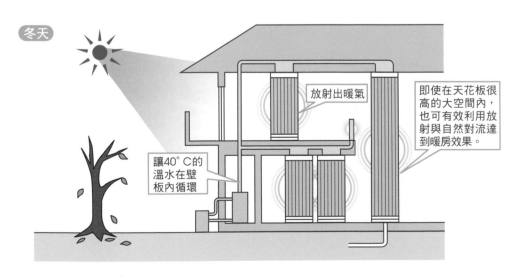

冬天

放射出暖氣

即使在天花板很高的大空間內,也可有效利用放射與自然對流達到暖房效果。

讓40°C的溫水在壁板內循環

地面放射冷暖氣空調系統

利用放射效應管理室內的溫度和濕度

選擇的重點

依據地板的構造方式，可選擇的類型不同。
有裝設需求時，務必和廠商事先溝通調整。

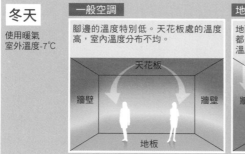

夏天

使用冷氣
室外氣溫34.5℃

一般空調：房間內部整體的空氣流通不佳，溫度分布不均。有些地方體感溫度不適，甚至會覺得冷。

地面放射冷暖氣空調：室內空間不會有溫度不均現象，整體都是舒適的冷氣。可以抑制窗邊讓人不舒服的冷氣流，氣流均一。

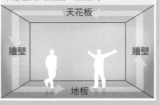

冬天

使用暖氣
室外溫度-7℃

一般空調：腳邊的溫度特別低。天花板處的溫度高，室內溫度分布不均。

地面放射冷暖氣空調：從腳邊到整個空間都是適當溫度。房間整體的氣流均一，溫度分布一致。

地面放射冷暖氣空調系統和目前常用的吹出冷風 暖風的對流式空調不同，是混合式的空調。利用冷溫水冷卻 加熱地面所產生的放射，以及靠牆邊地板的出風口送出冷暖氣，混合兩種方式，創造出對人和環境都很溫和的舒適空間。適當的溫度和安靜的環境，並且有節省能源的高效能。日本國內已有500處以上公共設施採用此空調系統。特別是針對解決大空間的空調問題，地面放射冷暖氣空調系統是唯一正解。

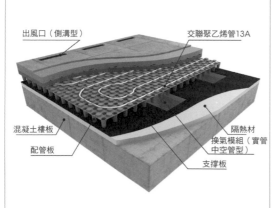

出風口（側溝型）　交聯聚乙烯管13A
混凝土樓板
配管板
隔熱材
換氣模組（實管中空管型）
支撐板

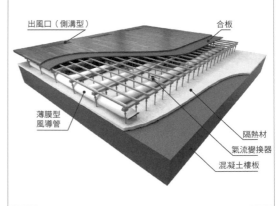

出風口（側溝型）　合板
薄膜型風導管
隔熱材
氣流變換器
混凝土樓板

1／設備計畫開始之前

2／給‧排水‧熱水設備

3／通風‧空調設備

4／電力‧通信設備

5／辦公室‧其他設施的設備

6／挑戰節能的設計

7／設備圖與相關資料

除濕型放射式冷暖房系統　PS HR-C

日本ps-group

利用冷、溫水的循環使室內空氣保持舒適

選擇的重點

利用放射方式的冷、暖房系統，完全不會感受到冷氣特有的冷、暖風。將系統安裝於室內中央，可採兩面放射，感覺上會比安裝在牆壁邊的效率更佳。

夏天用 15 ～ 20°C 的冷水、冬天則用 30 ～ 40°C 的溫水在系統內循環，系統表面就會在夏天放射冷、冬天放射熱。透過這種方式，可營造出有別於冷氣機等以空氣對流達到溫濕度（設定）的方式，以幾近於「自然變暖、變涼」的方式形成舒適的室內環境。若能搭配小型冷溫水熱泵機組使用的話，效果會更佳。

熱源系統（範例）

● 空氣不流通的場所
● 背陰處涼爽的地方（夏天）
● 強風吹不到的地方（冬天）
　將設備安裝在以上這些地方，
　系統更能有效率地運轉

1,800mm

1,800mm

450mm

300mm
（前方預留的空間）

041 | 地暖氣的種類

Point

- 地暖氣有電暖式及溫水循環式，可依使用方式做選擇。
- 使用地暖氣做為室內主要暖氣時，必須確保有良好的隔熱與氣密性能。
- 裝潢材料要選擇可因應地暖氣系統的才行。

保養與更新	溫水循環式系統要定期檢查及更換循環液。

地暖氣的種類

地暖氣可分為電暖式及溫水循環式兩種。

電暖式是將通電後會發熱的電暖器鋪設在地板下，優點是施工容易，即使是難以進行大規模工程的既有住宅，也可輕鬆導入。此外，電暖式地暖氣的熱度上升很快，很適合使用在外出頻繁、不斷開關，以及只有夜間與早上才使用的場合。可分為電熱線式、PTC電暖式，以及蓄熱式三種；近年來PTC電暖氣的使用率有增加的趨勢。

溫水循環式是把裝有溫水管組合的面板鋪設在地板下，優點是運轉成本較便宜。適合使用在面積寬敞、及長時間使用的場合。發熱熱源有可能是電力、瓦斯、或煤油等，但不管是哪一種，重要的是要選擇可對應地暖氣的熱水器。另外，也有利用熱泵來加熱水溫的類型，以及能兼做冷氣使用的類型。

地暖氣施工需知

地暖氣是從地板放熱產生溫暖的方式，放射出的熱能可均勻地溫暖整個房間，這點可說是地暖氣與其他電暖器最大的差異。不過，如果要將地暖氣用做為室內的主要暖氣設備時，必須留意以下幾點：①住宅的隔熱與氣密性能應要符合新一代的節能基準（參照180頁）。②地暖氣鋪設面積應占房間總面積的70％（最少也要有60％以上）。③要有防止熱氣從地板下散逸的隔熱措施。

另外，鋪設地暖氣時，也要留意裝潢所使用的材料。基本上，應選擇能夠對應地暖氣的地板材質。近來，即使無垢材的含水率也都可降低到5～8％，已成為可用於地暖氣的地板材料，可選擇的範圍可說相當廣。[6] 此外，還有只要一經升溫就能蓄熱、具有保溫效果的磁磚和石材等，應該也很適合使用在地暖氣的地板上。但不管怎樣，無論材質為何，地暖氣在加溫變暖時，都可能造成地板材質伸縮或變形，因此施工時，要多下工夫讓地板的各個接縫處留有餘裕才行。

譯注：6 無垢材，指的是保留木材木質感的「完整木料」，也就是未經打磨修飾的實木、原木。

◆ 地暖氣的種類與特徵

電暖式

熱源 電力

- 利用電流通過即能發熱的加熱器壁板使地板溫暖。
- 無需另外設置熱源設備。
- 施工容易、購置成本便宜。

● 電熱線式
以使用在電熱毯的電熱線圈做為發熱體。鋪上內藏恆溫裝置和保險絲的壁板。

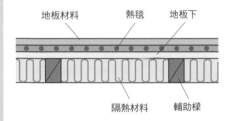

地板材料　　熱毯　　地板下

隔熱材料　　輔助樑

● PTC※電暖式
加熱器本身能藉由周遭的溫度控制發熱量。溫度較高的部分，電力會很難傳導，因此能抑制部分過度上升的溫度。

地板材料　　PTC 加熱面板　　地板下

隔熱材料　　輔助樑

※ 加熱器溫度一上升，電阻值也會上升。PTC 是 Positive Teperature Coefficient 的縮寫，即熱敏電阻。

● 蓄熱式
利用夜間電力來運轉加熱器，再於白天放熱使地板變暖。雖然溫度很難控制，但能夠以低成本，實現 24 小時全天候都可使用暖氣的效果。

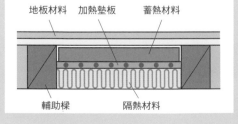

地板材料　　加熱墊板　　蓄熱材料

輔助樑　　隔熱材料

溫水循環式

◆ 以循環管內的溫水不凍液循環來達到溫暖
◆ 暖房能力強、成本低廉

熱源 瓦斯(煤油)

- 確保鍋爐有足夠的設置空間
- 鍋爐需要更換、及定期保養
- 注 使用煤油時，需要另外設置燃料槽與管線

● 暖氣專用型
設置地暖氣專用的熱源器，製造溫水使其循環。也有兼做冷氣的類型。

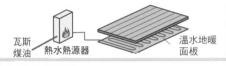

瓦斯煤油　　熱水熱源器　　　　溫水地暖面板

● 熱水兼用型
利用高效率熱水器製造溫水使其循環。是可兼做浴室熱水使用的多功能類型。

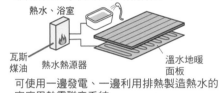

熱水、浴室

瓦斯煤油　　熱水熱源器　　　　溫水地暖面板

可使用一邊發電、一邊利用排熱製造熱水的家庭用熱電聯產系統

家用熱電聯產系統「Eco - WILL」　　熱水、浴室

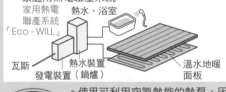

瓦斯　　發電裝置（鍋爐）　　熱水裝置　　溫水地暖面板

熱源 電力

- 使用可利用空氣熱能的熱泵，因此耗電量少。
- 使用夜間電力，也能夠控制運轉成本。

● 暖氣專用型
設置地暖氣專用的熱泵裝置（室外機），製造溫水來使地板溫暖。也有兼做冷氣的類型。

電力　　熱泵裝置　　溫水地暖面板

● 熱水專用型
以 Eco-Cute 等高效率熱泵熱水器製造溫水，使其循環。屬於供給熱水的多功能機型。可使用夜間價電力。

熱水、浴室

Eco - Cute

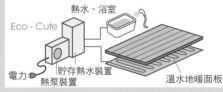

電力　　貯存熱水裝置　　溫水地暖面板
熱泵裝置

1／設備計畫開始之前
2／給・排水、熱水設備
3／通風、空調設備
4／電力、通信設備
5／辦公室・其他設施的設備
6／挑戰節能的設計
7／設備圖與相關資料

◆ 地暖氣的種類

選擇的重點

- 溫水地暖氣是在地板下方鋪設溫水壁板，透過使溫水循環讓整個地板達到溫熱效果的輻射型暖氣裝置。地板的裝修材質和地板組合的工法也會影響溫水墊板的規格。
- 部分地板的裝潢材料，會因溫度造成拱起、或發出不明聲響，因此要使用能夠耐受溫度上昇的材料。
- 溫水地暖氣的熱源有瓦斯熱源式、電力熱源式及煤油熱源式等。選擇時要考量燃料的取得、二氧化碳的排放量等環境面的問題、電力容量和電力的供給狀況、以及能源成本和使用性等問題。

溫水墊板（輔助樑，屬環保類型）

東京瓦斯公司

地板裝修材料

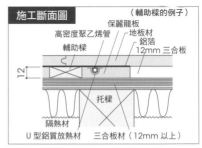

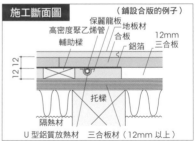

軟木裝修材料

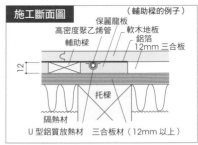

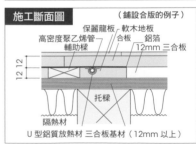

榻榻米地板

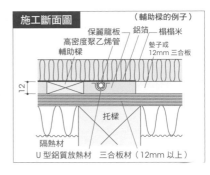

施工斷面圖 （輔助樑的例子）

保麗龍板　鋁箔　榻榻米
高密度聚乙烯管　墊子或
輔助樑　　　　　12mm 三合板

托樑

隔熱材
U 型鋁質放熱材　三合板材（12mm 以上）

聚氯乙烯板、聚氯乙烯地磚

施工斷面圖

保麗龍板
12 mm　聚氯乙烯板、　高密度聚乙烯管
三合板　　聚氯乙烯地磚　　輔助樑

托梁　　　隔熱材

三合板材
（12mm 以上）　U 型鋁質放熱材

磁磚（乾式工法）地板

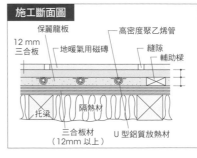

施工斷面圖

保麗龍板　　　高密度聚乙烯管
12 mm　地暖氣用磁磚　　縫隙
三合板　　　　　　　　輔助樑

托梁　　　隔熱材

三合板材
（12mm 以上）　U 型鋁質放熱材

1／設備計畫開始之前
2／給・排水、熱水設備
3／通風、空調設備
4／電力、通信設備
5／辦公室・其他設施的設備
6／挑戰節能的設計
7／設備圖與相關資料

電地暖氣設備　置地式（未加工的地板）

托樑
木質地板材
未經加工的地板
副材　　　　隔熱材
日本 MAX 公司的
Sun-Sunny 電地暖氣系統
格柵托梁
控制器
傳感器
繼電器

[適用的地板材質]
● 木質地板材質
● 二合板 12mm ＋塑膠地板
● 三合板 12mm ＋軟木地板
● 三合板 12mm ＋（其他指定）磁磚

施工斷面圖

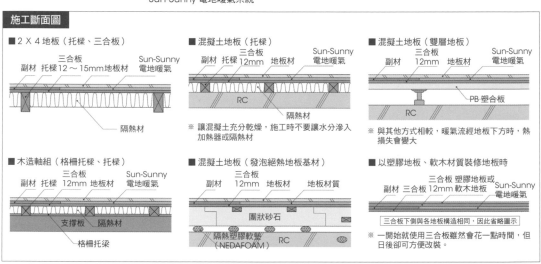

■ 2 X 4 地板（托樑、三合板）
三合板
副材　托樑 12～15mm 地板材
Sun-Sunny 電地暖氣
隔熱材

■ 混凝土地板（托樑）
三合板
副材　托樑 12mm 地板材
Sun-Sunny 電地暖氣
RC
隔熱材
※ 讓混凝土充分乾燥，施工時不要讓水分滲入加熱器或隔熱材

■ 混凝土地板（雙層地板）
三合板
副材　12mm 地板材
Sun-Sunny 電地暖氣
PB 塑合板
RC
※ 與其他方式相較，暖氣流經地板下方時，熱損失會變大

■ 木造軸組（格柵托樑、托樑）
三合板
副材　托樑 12mm 地板材
Sun-Sunny 電地暖氣
支撐板　隔熱材
格柵托梁

■ 混凝土地板（發泡絕熱地板基材）
三合板
副材　12mm 地板材　地板材質
團狀砂石
隔熱塑膠軟墊　RC
（NEDAFOAM）

■ 以塑膠地板、軟木材質裝修地板時
三合板 塑膠地板或
副材 三合板 12mm 軟木地板
Sun-Sunny 電地暖氣
三合板下側與各地板構造相同，因此省略圖示
※ 一開始就使用三合板雖然會花一點時間，但日後卻可方便改裝。

電地暖氣　埋設式

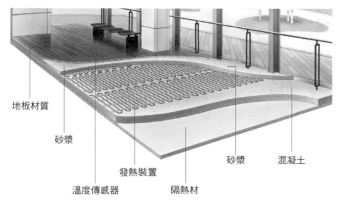

地板材質
砂漿
溫度傳感器
發熱裝置
隔熱材
砂漿
混凝土

使用夜間電力，可有效控制運轉成本
[適用的地板材質]

● 瓷磚
● 聚氯乙烯地磚
● 軟木地板
● 地毯
● 塑膠地板

● 木質地板（直貼用）
● 砂漿（可塗上顏色）
● 石材

■ 顯熱式 日本 Sun-Sunny Eco-Night 2 機型
可發揮混凝土一經溫暖、變熱，就不易變冷的蓄熱效果，地板也能夠充分蓄熱。由於建築物的地板都能夠蓄熱，所以蓄熱量也會很充足。若地板厚度適當，設備費算起來也會比較便宜，且更有效益。

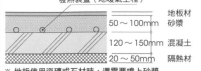

發熱裝置（地暖氣工程）
地板材
50～100mm 砂漿
120～150mm 混凝土
20～50mm 隔熱材
※ 地板使用瓷磚或石材時，還需要噴上砂漿

注意
● 有鋪設地暖氣的部分，與沒鋪設的部分中間容易有溫差產生，因此鋪設時盡量不要留空隙。
● 為了使用時能感覺到較舒適的溫暖，透天住宅在鋪設地暖氣時，鋪設面積最好占房間面積的 70%，集合住宅則為 60%。

1／設備計畫開始之前
2／給‧排水、熱水設備
3／通風、空調設備
4／電力、通信設備
5／辦公室‧其他設施的設備
6／挑戰節能的設計
7／設備圖與相關資料

地毯專用溫水墊

東京瓦斯公司

施工斷面圖

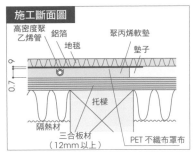

高密度聚乙烯管　鋁箔　　聚丙烯軟墊
地毯　　　墊子
托樑
隔熱材
三合板材（12mm 以上）　PET 不織布罩布

混凝土埋入式工法的地暖氣機

東京瓦斯公司

施工斷面圖

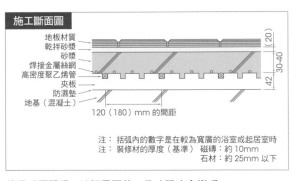

地板材質
乾拌砂漿
砂漿
焊接金屬絲網
高密度聚乙烯管
夾板
防濕墊
地基（混凝土）

120（180）mm 的間距

注：　括弧內的數字是在較為寬廣的浴室或起居室時
注：　裝修材的厚度（基準）磁磚：約 10mm
　　　　　　　　　　　　　　　石材：約 25mm 以下

使用時要記得，地板需要花一段時間才會變暖。

042 | 蓄熱式的暖氣機

Point

- 蓄熱式可在夜間蓄熱，白天再行放熱。
- 以24小時全天候都能使用暖氣為考量。
- 蓄熱式電暖氣的機體重達200～300公斤，有必要補強地板強度。

保養與更新	在不使用的季節要拆下蓄熱式電暖氣的空氣吸入口，用吸塵器清除灰塵。

認識蓄熱式的暖房方式

先在磚塊或混凝土等蓄熱體上蓄熱，再放熱使房間溫暖的方式就叫「蓄熱暖氣」。

由於蓄熱式暖氣機是以放射熱溫暖空氣，因此不會產生氣流，這種變暖的方式會讓身體的感覺相當舒服。此外，利用深夜的電力來運轉，可大幅降低運作成本也是蓄熱式暖房方式的特點。這種暖房方式在寒冷地區相當普及，不過，因為蓄熱式可以無溫差地達到舒適的暖房效果，所以近年來非寒冷地區使用低廉的蓄熱式暖房也有增加的趨勢。

蓄熱式暖氣有以下幾種類型：

蓄熱式電暖氣機

蓄熱式電暖器能利用低成本做24小時全天候的運轉，特別適合用在全電氣化的住宅。在蓄熱式的暖氣機當中，這種類型也是最容易引進使用的機種，也可依用途需求選擇有風扇、或無風扇的機種。規劃時，要以24小時全天候都能夠使用為前提做考量。

在設置方面，應先算出房間內的熱損失量，然後再選擇適合的容量。此外，由於蓄熱式電暖器的機種可重達200～

300公斤，因此設置場所也要加強地板強度才行。如果能確保有合適的設置空間，就不必再施行配管等大規模的工程。

蓄熱式地暖氣

蓄熱式地下暖氣有濕式和乾式兩種。濕式是將溫水管、和電熱線等發熱體直接埋入混凝土樓板中，再把儲存在混凝土中的熱放射出來達到暖房效果。而乾式的話，則是把加熱和蓄熱的裝置直接鋪設在地板上。

蓄熱式地下暖氣

蓄熱式地下暖氣有在地板下方鋪設蓄熱材的方式，也有直接在地板上設置蓄熱裝置的方式。讓地板下方的空間變暖的暖房方式，地板的放射熱，也可與來自地下百葉扇板的暖氣並用形成對流效果。而且，與地暖氣相較，地面溫度會在22˚C左右，因此不用擔心會有低溫燙傷的問題。

◆ 蓄熱式電暖氣機的構造

● 有風扇型

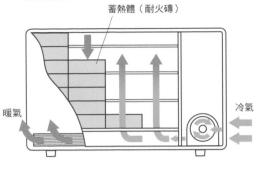

蓄熱體（耐火磚）

暖氣

冷氣

● 無風扇型

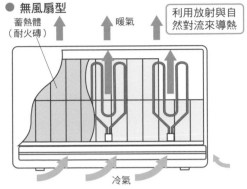

蓄熱體（耐火磚）

暖氣

利用放射與自然對流來導熱

冷氣

◆ 蓄熱式電暖氣機的構造

● 濕式

在敷整地板的泥漿裡埋設溫水面板和加熱器，利用砂漿直接蓄熱。

● 乾式

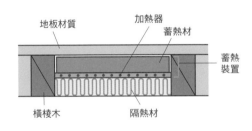

地板材質　加熱器　蓄熱材

蓄熱裝置

橫棱木　　隔熱材

鋪設適合地暖氣的蓄熱材、及蓄熱裝置

◆ 蓄熱式地下暖氣機的構造

● 設置蓄熱裝置的系統

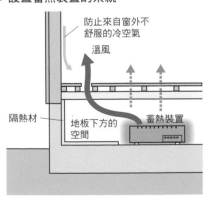

防止來自窗外不舒服的冷空氣

溫風

隔熱材　地板下方的空間　蓄熱裝置

● 可讓混凝土地板蓄熱的系統

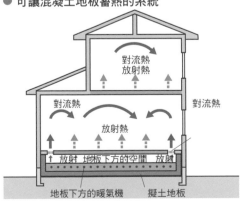

對流熱
放射熱

對流熱　　　　　　對流熱

放射熱

放射　地板下方的空間　放射

地板下方的暖氣機　　擬土地板

1 / 設備計畫開始之前

2 / 給・排水、熱水設備

3 / 通風、空調設備

4 / 電力、通信設備

5 / 辦公室・其他設施的設備

6 / 挑戰節能的設計

7 / 設備圖與相關資料

◆ 蓄熱式暖氣機

蓄熱式電暖氣機「Sun-ledge」

利用夜間電力蓄熱來減少運轉成本

夜間利用高溫將耐火磚加熱後蓄熱，白天再行放熱，即能降低運轉成本。

選購需知

因為是利用夜間廉價電力的電暖氣機，所以比較推薦使用在全電化住宅。由於機體頗有份量，還需留意地板的荷重才行。

AX 系列

附風扇（強制放熱式）

微電腦操作

型號	AX200	AX300	AX400	AX500	AX600	AX700
放熱方式	強制對流、輻射式					
額定電流	蓄熱電源 單相200V ／控制、放熱電源100V					
消耗電力 蓄熱回路Kw[※3]（加熱器單體W）	2.0（333）	3.0（500）	4.0（667）	5.0（1000）	6.0（1000）	7.0（1167）
消耗電力 放熱回路W	23W		39W			
標準蓄熱時間	8					
總投入電力	16	24	32	40	48	56
蓄熱量[※1] kJ/8h（kcal/8h）	57,600（13,760）	86,400（20,640）	115,200（27,520）	144,000（34,400）	172,800（41,280）	201,600（48,160）
外型尺寸 mm 寬L	660	842	1024	1206		1388
外型尺寸 mm 高H	646					
外型尺寸 mm 深W	280					
質量約kg 本體	50.3	57.9	65.5	73.1		80.7
質量約kg 磚	66.4	99.6	132.8	166		199.2
質量約kg 合計	116.7	157.5	198.3	239.1		179.9

型號	AX200	AX300	AX400	AX500	AX600	AX700
電纜 200V 用	3.5SQ-3C			5.5SQ-3C		
電纜 100V 用	2SQ-2C					
長 m	1.0			1.5		
管狀電熱管（NAR-AH-1）	6 根			5 根		6 根
蓄熱磚	氧化鎂系磚 M100					
蓄熱磚個數	16（4箱）	24（6箱）	32（8箱）	40（10箱）		48（12箱）
蓄熱磚列數	2	3	4	5		6
主要隔熱材	熱指數儀（Microtherm）、硅酸鈣板					
安全裝置	防止溫度過高的裝置（防止過熱的安全裝置）防止傾倒時電源 OFF 開關，防止溫度過高的開關					
操作部 蓄熱調節	微控制器（通電控制型）					
操作部 室溫調節	微控制器（5～32℃・Hi：連續運轉）					
暖氣的規格標準[※2]	4.5～10個榻榻米	6～14個榻榻米	8～18個榻榻米	10～22個榻榻米	12～26個榻榻米	14～30個榻榻米

※1 蓄熱量包含自然放射熱量（約7～10%）　※2 高氣密、高絕熱性住宅的暖氣規格標準，會因地區、房間的隔熱材質，氣密性和使用時間等而有所差異。
※3 加熱器單體的消耗電力是取小數點後第一位四捨五入的參考值

ZX 系列

無扇式（自然放熱式）

微電腦操作

型號	ZX852	ZX170	ZX250	ZX340
放熱方式	自然對流、輻射式			
額定電源 蓄熱回路 ACV	單相 200			
額定電源 控制回路 ACV	100			
額定消耗電力 kW	0.85	1.7	2.5	3.4
標準蓄熱時間	8			
總投入電力	6.8	13.6	20	27.2
蓄熱量[※1] kJ/8h（kcal/8h）	24,480（5,800）	48,960（11,600）	72,000（17,200）	97,920（23,300）
外型尺寸 mm 寬L	475	705	935	1,165
外型尺寸 mm 高H	640			
外型尺寸 mm 深W	165			
質量約kg 本體	13	17	22	26
質量約kg 磚	30	60	90	120
質量約kg 合計	43	77	112	146

型號	ZX852	ZX170	ZX250	ZX340
管狀電熱管	耐熱鎳鉻合金管狀電熱管			
電熱管根數	1 根	2 根	3 根	4 根
蓄熱磚	氫氧化鐵材質No.53			
蓄熱磚個數	4	8	12	16
主要絕熱材	熱指數儀（Microtherm）			
安全裝置	防止溫度過高的裝置（防止過熱安全裝置）			
操作部 蓄熱調節	微控制器（通電控制型）			
操作部 室溫調節	放熱量控制器			
暖氣的大致標準[※2]	2～4.5個榻榻米	4.5～8個榻榻米	6～12個榻榻米	8～16個榻榻米

※1 蓄熱量包含自然放射熱量（約22～28%）
※2 高氣密、高絕熱性住宅的暖氣規格標準，會因地區、房間的隔熱材質、氣密性和使用時間等而有所差異。

1 / 設備計畫開始之前

2 / 給・排水、熱水設備

3 / 通風、空調設備

4 / 電力、通信設備

5 / 辦公室・其他設施的設備

6 / 挑戰節能的設計

7 / 設備圖與相關資料

地下放熱暖氣系統（以隔熱為主的住宅專用）

日本SUNPOT公司製品

合併使用地下暖氣的放射熱能與自然對流的熱能

選購需知

地暖氣有放射熱與空氣自然對流的效果，工程費用便宜，也能達到舒適的暖房效果。

UFN-200（標準型）

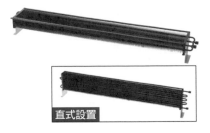

直式設置

UFN-190S（直列配管）

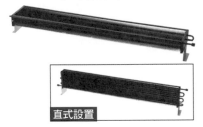

直式設置

UFN-130（小型）

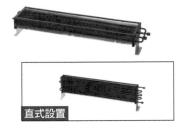

直式設置

系統範例

在窗戶或牆面設置墊板暖氣裝置，使室內充滿暖氣。

墊板暖氣裝置

液晶控制器 UHC-24
可在室溫下控制地下放熱器

百葉扇板（上側開口）
約為起居室地板面積的20cm²/m² 以上 ※1

※1 開口側要依外氣溫度來設計。

基礎隔熱

地底放熱 UFN-200
設置在百葉窗（上側開口）的正下方。

地底溫暖的空氣透過地面的開口即可在室內循環。

百葉扇板

溫水鍋爐

百葉扇板（下側開口）
約為起居室地板面積的10cm²/m² 以上

UFN-200

活用氣密性與絕熱效果佳，具有基礎隔熱特性的地下暖氣，藉由腳底的放射熱與地底溫暖的空氣循環，來有效活用熱源，即能使室內維持舒適的溫度。

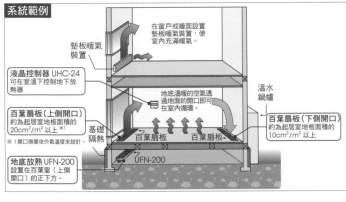

品名	本體外形尺寸（高×寬×深）	質量（重量）	設置方法	放熱能力kW（kcal/h）				保有水量（L）	額定通水量（L/min）	水頭損失[1] kPa（mH₂O）	配管接續口
				△=30°C	△=40°C	△=50°C	△=6°C				
UFN-200（標準型）	106×1,630×228mm	6.5 kg	橫式設置（標準）	1.03（886）	1.52（1,307）	2.06（1,772）	2.65（2.279）	1.21	2.9	3.42（0.35）	
			直置設置	0.75（645）	1.15（989）	1.60（1,376）	2.09（1,797）				
UFN-190S（直列配管）	106×1,660×228mm	6.3 kg	橫式設置（標準）	0.96（826）	1.42（1,221）	1.93（1,660）	2.48（2,133）	1.06	2.8	2.87（0.29）	1/28（15A）內螺紋
			直置設置	0.76（654）	1.17（1,006）	1.63（1,402）	2.13（1,832）				
UFN-130（小型）	106×1,130×228mm	4.9 kg	橫式設置（標準）	0.66（568）	0.97（834）	1.31（1,127）	1.68（1,445）	0.91	1.9	1.28（0.13）	
			直置設置	0.52（447）	0.77（662）	1.05（903）	1.35（1,161）				

※1 放熱能力是依據北海道公立北方建築綜合研究所的測定資料　　　※△1＝平均溫水溫度與室內溫度之差

譯注：7 水頭損失是指：流動中的流體，因摩擦、擾動或產生渦漩等因素，所造成的能量損失。

043│使用壁爐

Point

- 進氣的規劃務必仔細。
- 包括煙囪等，購置成本大約為爐體價格的2～3倍。
- 使用於街道住宅時，需考量到二度燃燒的問題。

<table>
<tr><td>保養與更新</td><td>換季時務必清掃煙囪。鑄件和琺瑯有損傷時，也要立即修補。</td></tr>
</table>

壁爐的特徵與種類

壁爐是以燃燒為主要熱源的暖氣設備。爐體和煙囪都有放射熱的效果，能使室內溫度均勻分布地變暖，相當舒適。此外，由於爐內炭火持續燃燒就能維持暖房效果，每天使用就能讓住宅變溫暖。

壁爐的種類除了有爐體可自行發熱的「放射式」、以及可釋放暖風使房間變暖的「對流式」之外，還有暖爐式等。

設置需知

設置壁爐時，為防止周圍的木造建材發生低溫碳化的情形，壁爐處的地板和牆壁必須以磚塊、石材、或鐵做為隔熱板包覆起來。壁爐的爐台本身也能夠蓄熱，可藉由熱放射達到二次的暖房效果。

煙囪是提高壁爐設置成本的最主要原因。不過，即使造價再怎麼昂貴，若不使用隔熱性高的隔熱雙重管的話，排放的煙霧一旦冷卻，焦油就會黏著在煙囪內壁，而容易造成上升氣流不順的煙霧滯留問題。此外，爐台加上煙囪等，需要花費掉相當於爐體本身2～3倍的成本，因此規劃上要更為仔細才行。

在使用上，壁爐燃燒時必須消耗大量的氧氣，所以換氣的規劃必須極為審慎才行。若進氣量不足，會造成一氧化碳中毒；若是在起居室內安裝通風扇，讓煙囪變成了進氣口的話，雖然空氣能夠進入，但屋內卻可能出現煙霧逆流的情況。如果將壁爐想像成有大量的空氣從煙囪排出的大型通風扇，以此來思考如何確保充分的進氣路徑，應該就會比較容易思考了。

考量對周遭環境的影響

壁爐內如果只是燃燒木柴的一次燃燒，在殘留的煙霧中還有尚未燃燒完全的物質（如一氧化碳、焦油等）。把這些物質再燃燒一次，才能讓排出的氣體接近乾淨狀態，這就叫做二次燃燒。若是街道上的住宅想要設置壁爐的話，在考量附近鄰居之下，有必要做好二次燃燒再排氣。

1 設備計畫開始之前

2 給・排水、熱水設備

3 通風、空調設備

4 電力、通信設備

5 辦公室・其他設施的設備

6 挑戰節能的設計

7 設備圖與相關資料

◆ 壁爐的種類

● 放射式
蓄熱性高，以鑄鐵為主要的材質。燃燒室的熱可直接傳到外層，具有遠紅外線的效果，可讓身體從內部暖和起來。

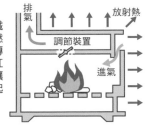

● 對流式
燃燒室的周遭設有空氣層，外側設有外板。利用燃燒室與外板之間溫暖空氣的釋放，使房間變溫暖。

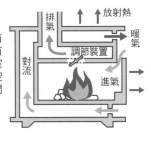

● 暖爐式
燃燒室沒有密閉的門，煙囪與燃燒室直接連接。與暖爐的模式一樣，須不斷地供給氧氣，維持燃燒狀態。

◆ 二度燃燒的方式

● 非觸媒方式（完全燃燒）
以耐火磚包覆燃燒室，並配置可輸送二度燃燒用管路；在高溫下，能使焦油與空氣混合燃燒。

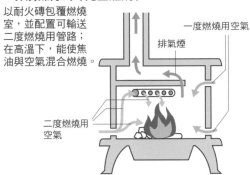

● 觸媒方式
當煙霧通過陶瓷和金屬等材質的觸媒時，煙裡含有的焦油和一氧化碳等物質就能進行二度燃燒，使煙霧變乾淨。

◆ 效率佳的火爐與煙囪

煙囪愈高，愈能提升效果；不過也要注意煙囪過高，也會造成清掃困難。

煙囪的位置

● 有煙囪管的煙囪
煙囪的周圍設有圍牆。在寒冷地區，煙囪內部的排氣不會冷卻，煤炭也不易附著，是效率極佳的一種煙囪。

● 牆壁上的煙囪
雖然使用效率不佳，但施工簡單；日後若再設置壁爐，也可以好好利用。

● 屋頂的煙囪
貫通屋頂，能立即將壁爐內的煙霧排到煙囪。容易產生上升氣流，熱效率極佳。

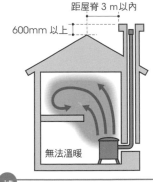

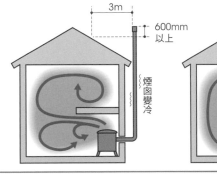

爐子的位置

設置在上下樓挑高的部位時，暖氣無法在室內循環，只會流向樓上。

避開設置在挑高處時，暖氣就容易在整個室內循環。

若必須設置在挑高處時，在相反側設置空氣對流開口的話，就能提升暖氣的效果。

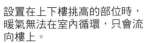

設置空調的位置

應考量冷媒管的長度與高低差

選好空調、以及安裝台數後，接著就要決定設置的地方。一般都是在外牆的內側安裝室內機，外牆側則安裝室外機，再以冷媒管連接。在空調機上，除了為進行交換熱而需要配有冷媒管連接室內機與室外機之外，還需要用來排出冷氣結露水的排水管等，共有二種配管。

這些配管在將來更新新機時，如果舊的冷媒管無法再利用，更換時就必須破壞牆壁，因此在一開始配管時最好能採用明管。如果明管看起來不美觀，可以用百葉等加以美化。

室外機如果無法設置在外牆附近時，也要盡量設置在冷媒管不會拉得太遠的地方。如果只能設置在遠離室內機及室外機的地方時，也要確認冷媒管的長度與最大高低差，務必設置在容許值之內。

容易觸法受罰的原因

空調室內機設置的位置，要面朝容易受到外部熱影響（窗戶旁等）、冷‧暖風能夠吹進來的地方，並且確保設置的位置可以讓空調的風吹送到室內各角落。即使空調冷氣的效能極佳，但如果冷‧溫風無法吹送到每個角落，廠商在施工後就可能被客訴。此外，室外機也有排水的問題，這一點請不要忘記。從排水管排放冷氣水到集水井時，為避免臭氣散逸，務必記得設置存水彎。

室外機安裝的位置發出的熱氣與噪音，也很容易招致客訴，安裝空調時還是謹慎考量周遭環境為宜。

隱藏空調設備的方式

近來有許多將空調設備隱藏、收納在富有設計感家具當中的案例。但這些收納方式，幾乎都會造成設備短路，無法正常運作。

不過，若以百葉來掩藏，只需考量尺寸與加裝位置，還是能完整發揮出空調的性能。在此請特別留意右頁圖解的重點。

①確保裝飾用的百葉窗扇有70％以上的開口率。

②可利用擋板來防止短路。

③由於室內機的空氣過濾器，一年最少要清理2～3次，因此室內機要盡量設置在方便進行保養的地方。

此外，有些廠商會將隱蔽型熱泵裝置搭配空調用百葉一起銷售，這部分可依照起居空間的條件、以及屋主的要求來靈活運用。

◆ 空調設備巧妙的隱藏方法

● 壁掛型

剖面圖

（數值單位：mm）

裝飾用百葉

設置擋板防止短路

擋板

15～20

冷氣

空調主機若距離前面的百葉150mm以上，暖氣與冷氣就很難吹送到房間內。

暖氣

100 以上

500 以上

150 以下

平面

前面的百葉能夠被卸下

150 以下

100 以上

100 以上

● 置地型

剖面圖

冷氣

百葉窗扇開口率70%以上。小於此比率時，容易發生短路，要特別注意。

15～20

裝飾用百葉

設置擋板防止短路

擋板

暖氣

100 以上

150 以下

平面

前面的百葉能夠被卸下

150 以下

100 以上

100 以上

● 室外機

剖面圖

150 左右

150 以上

前面要有450mm以上的維修空間。

450 以上

百葉窗扇開口率要確保有70%以上，前面的百葉窗維修時要能夠卸下。

冷氣水會經由室外機來排放，要考量到處理冷氣水的方法。

150 以上 150 以上

平面

150 左右

100 以上

250 以上

確保空調室外機體前後約有150mm、左右100mm以上的施工空間。此外，空調因有噪音和排熱等問題，應避免設置在鄰居窗戶附近的開口部。

確保有250mm以上的冷媒管連接空間。設置空調室外機的最大配管長度以15～20m為基準。

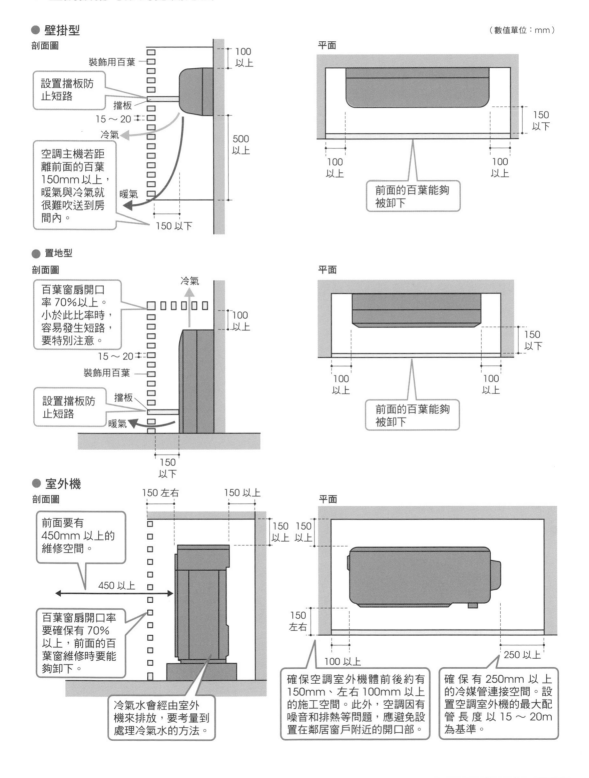

109

除濕劑型空調系統

Desiccant，也就是所謂的「乾燥劑」或「除濕劑」。

將室外空氣導入室內時，以往的空調方式是讓空氣通過盤管經冷媒冷卻後，使空氣中的水分結露，藉此先除去、或減低空氣中的濕度，也可視實際情況先行加溫。

而除濕劑型空調系統，則是利用乾燥劑直接除去空氣中水分的空調系統。

換句話說，相對於以往的空調方式在除濕時，是將空氣的潛熱與顯熱一併處理，除濕劑型空調系統的除濕方式，則是將潛熱與顯熱分開處理，透過這樣的方式可以享有節能效果與其他好處。（潛熱與顯熱詳參第78頁）

除濕劑型空調機、及除濕機的運轉模式，包括了將目標空氣除去水分的「除濕側」、以及透過可吸收（吸附）水分的除濕轉輪再生水分的「再生側」兩大部分。除濕轉輪的材質有，即使低溫之下再生水分能力亦佳的「高分子吸附劑」、以及以往常用的「矽凝膠體」「沸石」等材質。另外還有在熱泵熱交換器上附裝上除濕劑吸附材質的方式。

除濕力極佳

這種除濕劑型空調系統即使是在處理極大的潛熱時，溫度也很容易控制。夏季時，可以除濕來使體感溫度下降；冬季則能加濕，提高體感溫度，透過這樣可調控濕度的方式將環境設定在舒適狀態，自然也能夠有節能的效果。

DESICA HOME AIR
中央調濕換氣裝置

照片提供：DAIKIN 大金空調

◆ **除濕劑型空調系統的構造**

● 除濕劑方式

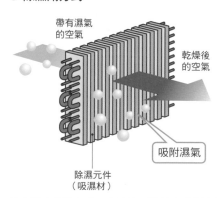

帶有濕氣的空氣

乾燥後的空氣

吸附濕氣

除濕元件（吸濕材）

並非採冷卻的方式，而是以吸附的方式來除濕。

● 潛熱、顯熱分離式空調系統

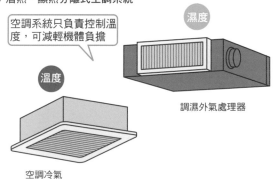

空調系統只負責控制溫度，可減輕機體負擔

濕度

溫度

調濕外氣處理器

空調冷氣

將空調的除濕與加濕（控制溫度）功能分離，改以專用的調濕外氣處理器來處理。

資料提供：DAIKIN 大金空調

Part 4
電力、
通信設備

044 | 電力與電費

Point

- 電力計量單位有伏特、安培與瓦特。
- 「契約容量」是依電力使用量來付費的契約方式。[1]
- 依季節與時間之別，電費的使用單價也會有不同的契約方式。[2]

| 保養與更新 | 契約容量可依電器數與電容量來做調整。 |

安培・伏特・瓦特

安培（A）是指電線內電流量的大小，分為直流（DC）與交流（AC）二種性質。直流電是指電流往一定、或單方向的流動；而交流電的電流方向則會有周期性的變化。電流改變方向的頻率稱為周波數（單位是赫茲，Hz）。日本電力公司供應的電力主要是採交流電，周波數以靜岡縣富士川到新潟縣系魚川附近為界，東側使用50Hz，西側則是使用60Hz的電源。[3]

伏特（V）是指讓電流流動的電力（壓力），有單相100V、單相200V、及三相200V三種區別。其中，三相200V一般又稱為「動力」，主要使用在讓大型機械運轉時。

瓦特（W）和伏特安培（VA）都是指電流要執行的工作大小，工作愈大的話需要消耗的電力就愈大。伏特安培（VA）可以電壓（V）×電流（A）計算出來，表示必須投入電器設備的電力量。瓦特（W）是以伏特安培再乘上功率因數（縮寫為PF，表示能被有效利用的

電力數值），表示實際使用掉的電力量。

用電與電費

一般電力契約都訂有依電力的使用量支付電費的「契約容量」，日本稱為「從量電燈」（相當於台灣的「表燈用電」）。例如日本電力契約中的「從量電燈B」規範安培數在10～60A的範圍內，多半是用於一般住宅規模的用電契約。「從量電燈C」則是6kVA以上時的用電契約，多用於需使用數台大型設備機器的住宅等。[4]契約容量上的單位雖然用VA來計算，而不是用A，不過只需記得10A＝1kVA（1,000VA）即可。

除此之外，還有依季節和時間區段等用電單價不同的「季節、時間帶電力」契約，可依生活方式、或是導入的的電力設備來做選擇。此種契約內容，尤其適合以夜間較便宜電力運作的「全電化住宅」使用。

另外，開放電力自由化後，有許多供電業者可以讓用戶選擇。合約內容和電力公司等都可以多方比較再決定。

譯注：**1** 我國依〈台灣電力公司營業規則〉之規定，契約容量又可分為：裝置契約容量（契約上得使用之最大裝置容量，以仟伏安計）、以及需量契約容量（契約上得使用之最大用電需量，以15分鐘平均瓩數計）。電力公司可按契約容量要求用戶依約使用電力，超出限值稱為「超約用電」，可依加收超約費用。

2 依台灣電力公司規定，「時間電價」可分成尖峰、半尖峰、離峰、以及週六半尖峰等時間區段；尖峰時間電價較高，離峰則較低。「季節電價」則在於反映不同季節供電成本的差異，主要是用以抑低夏季尖峰用電，來降低供電成本。

3 我國不分地區均為60（Hz）。

4 我國住宅用電皆採表燈用電，電價以契約容量計。而具生產性質等用電場所，契約容量未滿100瓩者，則是以低壓電力用電供電；100瓩以上者，則是以高壓電力用電供電。非住宅及生產性質之場所，如學校、醫療院所、以及各營利事業，用電設備合計容量未滿100瓩者，得以表燈用電供應。

1／設備計畫開始之前

2／給・排水、熱水設備

3／通風、空調設備

4／電力、通信設備

5／辦公室・其他設施的設備

6／挑戰節能的設計

7／設備圖與相關資料

◆ 日本的周波數分布

富山
長野
新瀉
群馬
埼玉
山梨
靜岡
靜岡

60Hz 地區	50Hz 地區
富士川・糸魚川 以西 ←	→ 富士川・糸魚川 以東

◆ 電力 ・ 電壓 ・ 電流

Ⓥ功率 ＝ Ⓥ 電壓 × Ⓐ 電流

Ⓦ電力 ＝ Ⓥ 電壓 × Ⓐ 電流 × 功率因數

因為電器產品消耗的電力以瓦特（W）表示，所以當電壓為 100V 時，電力 100W 可換算成 1A。例如 1,000W 的微波爐

電力（W）÷ 電壓（V）＝電流（A）
→ 1,000（W）÷100（V）＝ 10（A）

◆ 電費（東京電力：2013 年 12 月）

● 基本費（從量電燈 B）

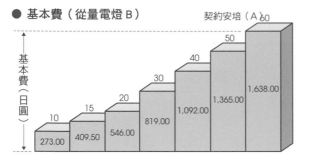

契約安培（A）

基本費（日圓）

10　273.00
15　409.50
20　546.00
30　819.00
40　1,092.00
50　1,365.00
60　1,638.00

● 電量費用

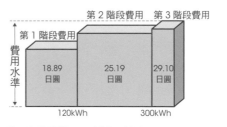

費用水準

第 1 階段費用　18.89 日圓
第 2 階段費用　25.19 日圓
第 3 階段費用　29.10 日圓

120kWh　300kWh

注　此為從量電燈 B・C 時的情形（數字為 1kWh 的電費單價）

● 基本費（從量電燈 C）

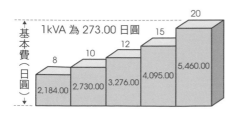

1kVA 為 273.00 日圓

基本費（日圓）

8　2,184.00
10　2,730.00
12　3,276.00
15　4,095.00
20　5,460.00

● 電費明細（從量電燈 B・C）

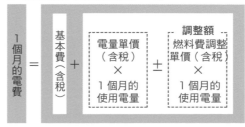

1 個月的電費 ＝ 基本費（含稅）＋ 電量單價（含稅）× 1 個月的使用電量 ± 調整額 燃料費調整單價（含稅）× 1 個月的使用電量

045│電力的引進方式

Point

● 引進電力的方式可與轄區內的電力公司協議後再行決定。

● 住宅的配電方式以單相三線式為主流。

● 規劃之初就要確認會不會使用到需要動力（三相200V）的機器設備。

| 保養與更新 | 單相三線式可利用100V與200V的電壓，也可加大契約容量安培數。[5] |

以低壓引入、或以高壓引入

電力設備是將「強」電的電力、與「弱電」[6]的電話、電視及光纖電纜等通信設備，引進建築物中使用。

引進的方式有低壓引入和高壓引入二種，契約容量不滿50kVA為低壓；50kVA以上則為高壓。有時雖然超過50kVA，也有可能會以低壓引入，這部分要及早與轄區內的電力公司確認清楚才好。[7]

低壓引入是利用電線桿上的變壓器降低電壓，將電力引進用地內，再透過電錶計量器導入各住戶內使用。集合住宅則是透過進線盤引進後再分配給各住戶使用。

由於契約容量在25kVA以上時，一般的電錶無法計算，這時候就必須設置比流器（CT）。此外，如果從進線位置到配電盤距離在7公尺以上時，也要在電力引進處直接設置開關裝置。

高壓電流引進建築用地後，需用箱櫃型配電箱、和集合住宅用變壓器等降為低壓電流，再分派到幹線與配電盤。由於裝設變電設備時，屋內的換氣設備、防火區域、以及維修空間等都有相關規定必須遵守，事前和轄區的電力公司確認後再做規劃比較好。

一般用電以單相三線式為主

住宅電力輸送的配電方式有單相三線式200V／100V、與三相三線式200V（動力）二種。

一般住宅以單相三線式為主。100V使用在照明與插座，200V則使用在冷氣、電磁爐與洗碗機等。單相三線式分別會使用二條電壓線與一條中性線，能利用100V與200V兩種電壓。由於單相三線式中有多條回路，將來也能夠因應需求擴增契約安培數。

三相三線式主要是供應大型空調設備、泵浦與升降機等動力機器使用的電源，因此在規劃階段中，要事先確認好住宅內是否會使用到這類動力機器。

譯注：**5** 台灣一般住宅亦以單相三線110V與220V為主。

6 強電與弱電之別，在於工作電壓的強弱不同。強電是一般插座、照明設備、以及電器產品使用的電流；弱電指的則是通訊設備、電視、警報等的「訊號」。

7 台灣也以50瓩為界。低壓受電、契約容量達50瓩以上者是指工廠、礦場、供公眾使用之建築物、或受電電壓屬高壓以上之用電場所。

◆ 低壓引入

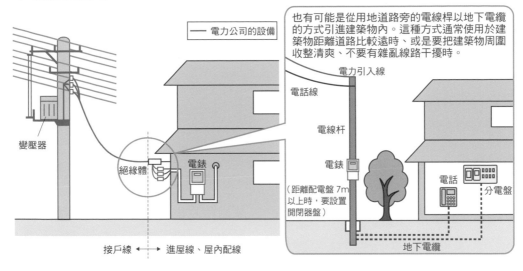

電力公司的設備

變壓器

絕緣體

電錶

接戶線 ←→ 進屋線、屋內配線

也有可能是從用地道路旁的電線桿以地下電纜的方式引進建築物內。這種方式通常使用於建築物距離道路比較遠時、或是要把建築物周圍收整清爽、不要有雜亂線路干擾時。

電力引入線

電話線

電線桿

電錶

（距離配電盤 7m 以上時，要設置開閉器盤）

電話

分電盤

地下電纜

◆ 高壓引入

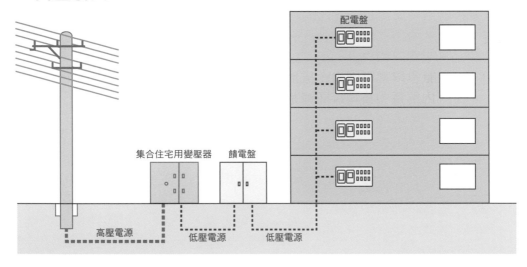

配電盤

集合住宅用變壓器

饋電盤

高壓電源

低壓電源

低壓電源

◆ 單相三線式的配電方式

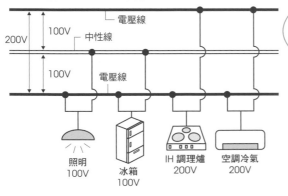

電壓線

200V

100V

中性線

100V

電壓線

照明 100V

冰箱 100V

IH 調理爐 200V

空調冷氣 200V

200V 雖然與 100V 的耗電量相同，但因為 200V 可將配線內、及機器的電流損失從 100V 的 1/2 減少為 1/4，所以用電的時間較短、效率較高。

1 設備計畫開始之前

2 給・排水、熱水設備

3 通風、空調設備

4 電力、通信設備

5 辦公室・其他設施的設備

6 挑戰節能的設計

7 設備圖與相關資料

046 | 配電盤與回路數

Point

- 消耗電力大的機器要設專用回路。
- 智慧型電表問世後，不需要使用安培斷路器。
- 一個回路能同時使用的電流以12～15A為基準。

保養與更新	因應日後可能需增設，規劃時可先多設2～3個備用回路。

什麼是配電盤？

把安培斷路器（電流限制器）、漏電斷路器、配線用斷路器（電路斷路器）組裝在一起的箱（櫃）子叫做配電盤。

安培斷路器是屬於電力公司所有的一種裝置，當流過的電流量超過契約訂定的安培數時，開關就會自動切斷（因電力公司不同而異）。而漏電斷路器是預防萬一漏電時可自動切斷電流的安全裝置。另外，單相三線式的電流回路，也會附有中性線欠相保護裝置。[9] 配線用斷路器能確保流至各房間時的電流通路（回路）安全，一旦有異常即可自動切斷電流。當特定回路的電流量變大時，與其對應的一個斷路器就會自動啟動，阻擋這條回路的電流通過。

電流回路數的基準

所謂的回路，是指電流從配電盤通到各房間的配線通路，通常是一個房間一個電流回路，有時也會數個房間共用一個回路、或是設置照明專用回路等。

老舊住宅大多是回路數少、數個房間共用一個回路，容易發生電力負荷集中在同一回路，導致遮斷器容易被啟動的情形。

一般來說，一個回路上能同時使用的電流以12～15A左右為基準。配線用遮斷器通常會使用20A的額定斷路器，能將電流負荷控制在額定的80％。冷氣、洗烘碗機和微波爐等，只要使用其中一台機器所需的電量就會超過1,000W，因此無法二台機器同時使用。尤其是有多種烹調電器的廚房，微波爐應設有一個專用回路，其他的電器也要依用途分設單一回路，透過分設多條回路以符合使用需求。

此外，200V與100V也需要分開設置專用的回路，因此需要使用電磁爐等200V的電器時，就得單獨使用一個回路。電流的回路數要依據房間數和家庭成員決定所需的數量，而且最好能事先多設置2～3個回路備用比較安心。

譯注：**8** 日本電力公司的安培斷路器（アンペアブレーカー），是可在電流安培量超過契約容量時自動切斷電流的斷路器。其功能類似於台灣的無熔絲斷路器，可控制用電時的額定電流。

9 當單相三線式有一線喪失電壓、或電壓不平衡時，會導致另外二線產生過量的電流，使得用電的機器馬達損傷、燒毀。欠相保護裝置即可在此時啟動斷路保護。

1 / 設備計畫開始之前

2 / 給・排水、熱水設備

3 / 通風、空調設備

4 / 電力、通信設備

5 / 辦公室・其他設施的設備

6 / 挑戰節能的設計

7 / 設備圖與相關資料

◆ 配電盤的構成（以單相三線式為例）

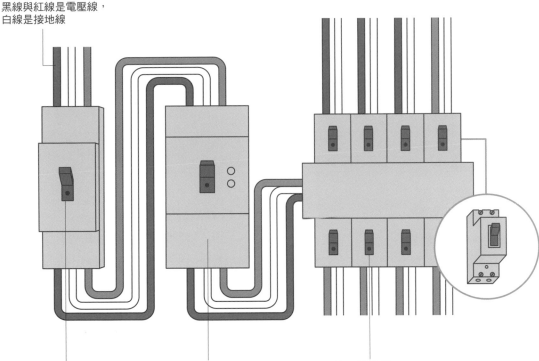

黑線與紅線是電壓線，
白線是接地線

安培斷路器
電流一旦超過契約
訂定的安培數時，
就會自動切斷開關。

漏電斷路器
萬一漏電，能自動切斷
電流的安全裝置。單相
三線式附有中性線欠相
保護機能。

配線用斷路器
能確保電力輸送到各房
間時的安全。一旦有異
常，就會自動切斷回路。

◆ 電路數的基準

住宅面積（m²）	一般回路			專用回路	合計
	插座回路		照明回路		
	廚房	廚房以外			
50（15坪）以下	2	2	1	α	5＋α
70（20坪）以下	2	3	2	α	7＋α
100（30坪）以下	2	4	2	α	8＋α
130（40坪）以下	2	5	3	α	10＋α
170（50坪）以下	2	7	4	α	13＋α

047│設置配電盤

Point

- 設置高度最好在1,800公釐左右。[10]
- 配電盤直接裝設於RC壁上時,注意配管不要損傷到建築結構。
- 加裝峰值電力削減裝置可有效節能。

保養與更新	在斷路器切斷電流回路前,可先警告電力使用過度的尖峰警示裝置,也可安裝於既有的配電盤上。

配電盤裝設須知

　　配電盤最好設置在水氣、濕氣少,容易操作斷路器、高度在1,800公釐以下的地方。一般都會設置在玄關附近或是儲藏室內,盡量選在停電時也可容易操作的地方設置比較好。另外,配電盤的標準尺寸以高度325公釐為基準,寬度則是依電力回路數決定。

　　在設置時,要將配電盤組裝至配電盤收納箱中,盡量不要裝設在太醒目的地方。上下左右、以及前方,都要確保有100公釐左右的施工空間。附有箱蓋的配電盤在安裝時,也要以不妨礙到蓋子及收納箱蓋的開關為前提。

　　配電盤前方空間若有收納雜物,也要以不妨礙操作斷路器為宜;也要留意安裝的位置不要嵌進太深。配電盤背面會有電纜與電路配管匯集,應預先保留進深100公釐以上的配置空間。直接將配電盤安裝在RC壁上時,也要注意配管及內箱不要損傷到建築結構。

各種機能的配電盤

　　最近幾年,搭載多種機能的多功能型配電盤,不斷被開發出來。

　　在一定契約容量的範圍內,如果想要有效率地使用電力,最好能使用附有峰值電力削減裝置的配電盤。附有這項裝置的配電盤,可在集中用電尖峰時自動停止像空調設備這種即使停止運轉也無妨的電器,以減低電力負荷,避免一旦電力過度使用突然發生跳電。

　　另外還有專門因應全電化住宅需求的配電盤,已另外分設出IH廚房電磁爐的專用回路,也內建了30A╱200V斷路器和電熱水器用的斷路器。

　　此外,也有可將電話、電視等通信配線用的機器收納在一起的多媒體配電盤,以及內建感震裝置、一旦偵測到地震波可立即強制切斷斷路器的配電盤。也有可因應太陽能發電系統、以及附裝有避雷裝置等各種不同機能的配電盤等。

譯注:**10** 台灣方面:屋內配電場所之淨高度須維持2.5公尺以上,最窄處不得小於3公尺,惟樑下部分不影響供電設備設置,高度可酌予降低。

1／設備計畫開始之前

2／給・排水、熱水設備

3／通風、空調設備

4／電力、通信設備

5／辦公室・其他設施的設備

6／挑戰節能的設計

7／設備圖與相關資料

◆ 配電盤的設置

● 正面

上下、左右、前方，要確保有 100mm 以上的施工空間

配電盤　（單位：mm）

以收納 26 回路用的住戶配電盤為例

100
100
100
100
325

收納

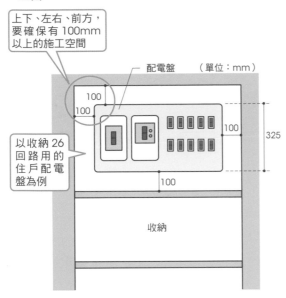

● 剖面圖

前方空間盡量不要用來收納，設置的深度也要以配線空間做調整。

100 75　配電盤　（單位：mm）

100
325
100

配線空間

150以上

收納

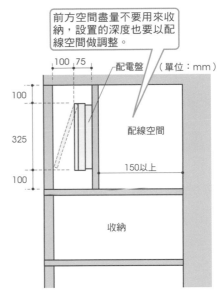

◆ 配電盤的回路數與寬度基準

回路數	寬度尺寸（mm）※
6以下	314
8～12	348
12～14	382
14～20	416
20～24	450
24～28	484

※ 不含安裝電流限制器的空間

◆ 配電盤的設置

將配電盤與弱電盤收納在同一空間的例子。

◆ 有各式各樣機能的配電盤

● 可以測定電力的配電盤（對應 HEMS 的配電盤）

發電電力（燃料電池、太陽能發電等）、主要電力（賣電・買電）、瓦斯自來水等狀況會顯示在各個分歧回路，配電盤會自動計算消耗的電力，透過區域網路傳達到家庭能源管理系統（Home Energy Management System）。

● 對應全電化住宅的配電盤

內建對應斷路器，連結 Eco-Cute 熱水器、IH 調理爐等全電化住宅的機器。

● 瓦斯發電・燃料電池系統對應配電盤

內建對應斷路器，連結 Eco-Will 熱電聯產系統或是家用燃料電池。

● 保全機能對應配電盤

・斷路器跳脫時，室內變暗，保安燈會自動點燈。
・用電過度時，會發出聲響警告。
・發生震度 5 以上的地震時，會自動感知，最初的 3 分鐘會以燈、警報器或是聲響發出警告，之後會強制切斷主幹漏電斷路器。
・內建避雷裝置機能。

*雷擊感應電壓：因為雷擊而短時間感應產生過大電壓和電流的現象。

048 | 插座

Point

- 一個電流回路上以6～8個插座為基準。
- 插座的設置基準，起居室大約二個榻榻米左右設置一個基座；走廊則是以每間隔10～15公尺設置一個。
- 消耗電力在1,000W以上的電器需設置專用回路。

| 保養與更新 | 附接地線的家電愈來愈多，應多加利用附接地端子的接地插座。 |

插座的回路數

由配電盤分送出的電力，會供給至各個房間內的插座。每一個電流回路上以6～8個插座為基準，同一回路上的插座可同時使用的電力容量在1,200～1,500W之間。冷氣機、衣物烘乾機、洗烘碗機、以及廚房與洗臉台附近等處的插座，機器的耗電量多會在1,000W以上，應以一個回路單獨對應一個插座（專用回路）。

規劃插座配置的重點，在於事前具體確認插座的用途。耗電量大的家電製品所使用的插座，全部都要設置為專用回路；在各房室、廚房、洗臉更衣室也要個別設置一個200V用的插座。

另外，插座的數量方面，各房室以二個榻榻米設置一個插座為基準；走廊則以每10～15公尺設置一個插座。分配插座的位置時，也要事先了解該房間的用途、大小和會使用到的電器，同時也要考慮到將來可能增加的設備再做決定。

鋪設接地線

日本在二〇〇五年修訂的內線規程中，加強了有關住宅用電的配線器具、以及必須鋪設附接地線插座的規定。這個做法等於是朝向電力安全前進了一步，洗衣機、微波爐、冰箱、洗烘碗機、電視、以及電腦等，大部分家電製品的插頭也都已經配合這項規定、附有接地線的插座。因此今後，在預定設置家電設備的地方，也要採用接地插座，或是附接地端子的接地型插座才好。[11]

插座的種類

插座的種類方面，除了用水區域家電製品所使用的接地型、在室外使用的防水型之外，還有設置在遠離牆壁、或桌子底下等地方、需要時可拉出使用的地板型插座。另外也還有插入插頭後、再將插頭扭轉一下就無法拔起的止拔型插座，以及絆到電線時容易鬆脫、以免跌倒的磁性插座。

譯注：11 我國〈屋內線路裝置規則〉亦規範有接地線鋪設須知，惟該規則尚未全部生效。

1 設備計畫開始之前
2 給・排水、熱水設備
3 通風、空調設備
4 電力、通信設備
5 辦公室・其他設施的設備
6 挑戰節能的設計
7 設備圖與相關資料

◆ 插座設置數目的標準

電路容量	廚房	餐廳	個人房間、起居室				廁所	玄關	盥洗室	走廊
			7.5～10m² （4.5～6疊 榻榻米）	10～13m² （6～8疊 榻榻米）	13～17m² （8～10疊 榻榻米）	17～20m² （10～13疊 榻榻米）				
100V	6	4	3	4	5	6	2	1	2	1
200V	1	1	1	1	1	1	—	—	1	—

◆ 附接地端子的接地插座

● 接地插座（100V）　● 附接地插座（200V）

為了避免 100V 與 200V 插座誤用，插口的形狀並不相同。

◆ 需要接地的電器・地點

- 洗衣機
- 烘乾機
- 微波爐
- 冰箱
- 烤箱
- 外部照明、外部插座等
- 洗烘碗機
- 空調冷氣
- 免治馬桶座
- 電熱水器
- 熱水供應機

◆ 插座的種類

● 地板插座

只有使用時才拉出來。

● 防水插座

在庭院或陽台等處使用電器用品時很方便。

● 電動汽車充電用的室外專用插座

考慮未來發展趨勢，最好能先預備著。

● 磁性插座

當高齡者絆到電線時容易鬆脫插頭，以免跌倒。

◆ 插座的高度

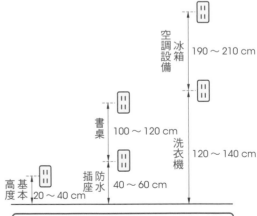

空調設備・冰箱　190～210 cm

洗衣機　120～140 cm

書桌　100～120 cm

插座・防水　40～60 cm

基本・高度　20～40 cm

- 基本上，插座的高度應距離地面 15cm 左右。
- 在固定的地方使用電器時，插座要設置在容易操作的位置。
- 也要為蹲下有困難的高齡者設想插座設置的高度。

049│全電化住宅

Point

- IH烹調電熱器與Eco-Cute熱水器的組合已是一種常態。
- 使用熱泵熱水器做為主要的熱源設備，可減輕環境的負擔。
- 使用夜間廉價電力更為經濟實惠。

保養與更新	全電化的新式設備種類繁多，需要經常定期保養才行。

什麼是全電化住宅？

　　一般所謂的全電化住宅，是指廚房、熱水器、和冷暖氣機等，全都使用節能電力的住宅。近年來，廚房改用IH烹調電熱器、熱水的供應也改為使用高效能的熱泵熱水器「Eco-Cute」所組合而成全電化住宅模式，已經變成是一種常態。

　　冷暖氣方面，除了高效能的空調機種外，也可選購熱泵熱水式的地暖系統、或電熱式蓄熱暖器等符合全電化住宅使用的暖氣機種。這些設備可減少加熱燃燒運作時，由室內排出的水蒸氣及二氧化碳，也能抑制結露現象、保持室內空氣清新。

供應暖氣與熱水的熱泵熱水器

　　在家庭消耗的能源中，暖氣和熱水的供應就占了全體的一半以上。如何減少這些能源的消耗，可說是環境保護上必須思考的對策。全電化住宅使用熱泵熱水器做為熱源設備（參照202頁），熱泵可產生的熱能是使用電力的3～6倍，可明顯減少消耗的能源量。

利用夜間的便宜電力

　　當房子做成全電化住宅時，用電契約最好也能選擇不同季節、和時間區段有不同電力單價的「季節、時間區段電價制度」。特別是，夜間電力單價相對便宜，採用Eco-Cute和蓄熱式電暖器等夜間蓄熱設備的話，更是好處良多。此外，一般最常使用烹調、空調等家電用品的時間是早上和晚上，如果要讓這些設備也能利用便宜電力的話，就要盡可能不使用日間的電力，而是改用夜間、或是尖峰時間以外，分散在一天中的其他時間使用，如此就能節省更多的光熱費。

　　建築物本身也要盡可能規劃為不使用日間的電力。白天時應該多利用自然光，盡量可以不需在日間使用照明設備；另一方面，也要將斷熱與氣密性提高到新一代省能源的標準，多加思考如何可以再提升冷暖氣機的使用效能。

1 / 設備計畫開始之前

2 / 給・排水、熱水設備

3 / 通風、空調設備

4 / 電力、通信設備

5 / 辦公室・其他設施的設備

6 / 挑戰節能的設計

7 / 設備圖與相關資料

◆ 全電化住宅的電力設備

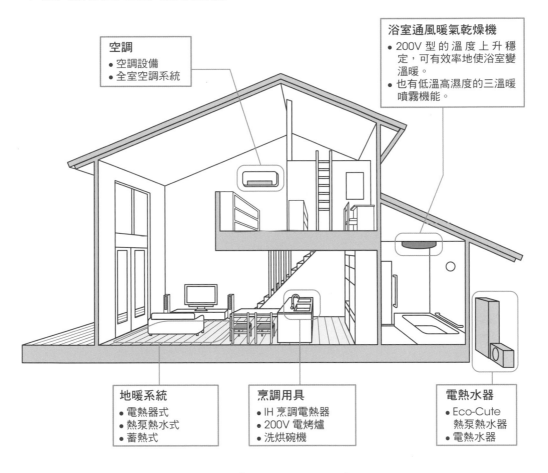

空調
- 空調設備
- 全室空調系統

浴室通風暖氣乾燥機
- 200V 型的溫度上升穩定，可有效率地使浴室變溫暖。
- 也有低溫高濕度的三溫暖噴霧機能。

地暖系統
- 電熱器式
- 熱泵熱水式
- 蓄熱式

烹調用具
- IH 烹調電熱器
- 200V 電烤爐
- 洗烘碗機

電熱水器
- Eco-Cute 熱泵熱水器
- 電熱水器

◆ 全電化住宅的配線範例（單相三線式）

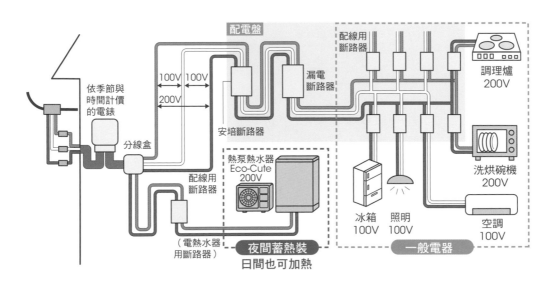

依季節與時間計價的電錶

分線盒

配線用斷路器

100V 100V
200V

配電盤

漏電斷路器

安培斷路器

配線用斷路器

熱泵熱水器 Eco-Cute 200V

（電熱水器用斷路器）

夜間蓄熱裝
日間也可加熱

調理爐 200V

洗烘碗機 200V

冰箱 100V　照明 100V　空調 100V

一般電器

050 | 照明的基礎知識

Point

- 日本部分大廠已停止生產白熾燈。**12**
- 螢光燈依色溫的不同，可分為畫光色、畫白色和暖白光等種類。
- 耗電量較低的LED照明已相當普及。

保養與更新	壽命長的LED適合使用在燈管較難更換的地方。

光源的種類

　　白熾燈的光色帶著偏紅的柔和色溫，很接近白天日光的感覺。具有可瞬間點亮、容易調光的特徵，適合用在頻繁開關燈的房間。不過，白熾燈耗電量大、且壽命短，在考量環境保護之下，日本從二〇一二年十二月底至今，幾乎各大廠商都已停止製造了。

　　螢光燈依色溫的不同，可分為畫光色（青白光色）、畫白色（白光色）及暖白光（稍微泛紅的光色）等種類。具有可以一致的光線照明大範圍、以及燈泡壽命長、耗電量小的特徵。不過螢光燈從開燈到燈亮較費時，也有無法調光的缺點，需要透過高周波安定器來解決。若能搭配螢光燈專用的Hf燈具，也能很好的節能效果。**13**

LED照明

　　近幾年，應用了半導體技術所研發出的低耗電LED（發光二極體）照明已日漸普及。以相同亮度做比較，LED的耗電力大約只有螢光燈的1／2，在一般的使用情況下，壽命可長達4萬小時左右，因此燈源也不需常更換，這些都是LED的魅力所在。

　　在安裝方面，LED光源除了有適用於E26、E17等既有燈具的燈帽外，還有全方向、廣配光、下方向等各式各樣類型的燈泡，也能夠嵌入建材內。不過要注意的是，由於LED光源的發光點很小，容易刺眼，規劃時要多加留意。

生活中的必要亮度

　　生活必要的照明亮度基準，以螢光燈來說，大約是一個榻榻米10～15W；白熾燈的話，則是需要一個榻榻米30～40W。不過，由於單位符號「Ｗ（瓦特）」代表了耗電量，可見不同光源的明亮度是不一樣的。螢光燈和LED燈可以很低的耗電量，達到相當於白熾燈的亮度，節能效果會比較高。

譯注：**12** 台灣與日本都在二〇一二年相繼停產最常見的E26型白熾燈。
　　　 13 Hf燈具為日本地區螢光燈專用的燈具。

1／設備計畫開始之前
2／給・排水、熱水設備
3／通風、空調設備
4／電力、通信設備
5／辦公室・其他設施的設備
6／挑戰節能的設計
7／設備圖與相關資料

◆ 照明用語

照度（lx：lux 或 lm/m²）	即光照面的亮度，也就是照射在面上的光通量。
光通量（lm：lumen）	光源可發出的光量，為光的基本單位。
發光強度 （cd：candela 或 lm/sr）	光源的發光強度。從點光源發出的光通過空間時，會隨著空間大小形成不同的光通量密度。
輝度（cd/m²）	即明亮的程度。也就是從某個角度看光照面的明亮程度。
色溫（K：Kelvin）	光源的顏色。隨著顏色溫變高，會有偏紅→黃→白→藍等的變化。
演色性	從被照射的物體顏色所看到光源性質。物體愈接近在白天的自然光（白晝光）下看到的效果，表示演色性愈佳。
眩光	眩目、刺眼。很難看清想看的東西，讓人眼睛有不舒服的現象。
燈效率（lm/W）	指燈的光通量與耗電量的比值，也稱為發光效率。表示照明燈具在一定的電力下，能有多少明亮度。
光通量發散度（lm/m²）	即每平方公尺單位面積的光通量發散程度。照射在面上光會被吸收、反射、穿透。實際上所見的亮度都是由反射的光通量所決定的。
均等擴散面	是指從各個方向照射來的明亮度（輝度）都相同，是理想的受光面。
照度分布	是指在同一次的照射面積下所測定的實際明亮度、與光線均勻度。
配光	光源在放光時，光在空間上的分布情形。
壽命	一般是指光源開始衰減 70% 左右光通量的時間。

●同樣亮度的瓦數比較

螢光燈	白熾燈	LED
9W	相當40W	7W
13W	相當60W	9W
18W	相當80W	—
27W	相當100W	—

◆ 白熾燈、螢光燈、LED 的構造

● 白熾燈

拋光的玻璃球
燈絲
雙重線圈
灌入氮、氬氣
固定金屬
銅包鎳鐵線（又稱杜美絲）
固定座
燈帽

球體玻璃有透明及白色二種，內部裝有反射裝置，能夠反射光源；也有使用壽命長、效率佳，已小型化的鹵素燈泡等。

● 螢光燈

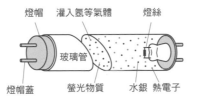

燈帽　灌入氬等氣體　燈絲
玻璃管
燈帽蓋　螢光物質　水銀　熱電子

有需安定器、點燈管的啟動器式（FL、FCL），以及可即時燈亮的漏磁變壓器啟動式（FLR），還有以變流器啟動電路的逆變器式。

● LED

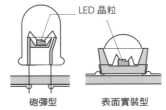

LED 晶粒
砲彈型　表面實裝型

LED 晶粒會發光，由 P 型半導體和 N 型半導體構成。

◆ 照明的基準

照度 （lX）	起居室	書房 兒童房	和式 客廳	餐廳 廚房	寢室	浴室、 更衣室	廁所	走廊 樓梯	儲藏室 置物室	玄關 （內部）	入口 （外部）	車庫	庭院
2,000 1,500 1,000	手藝 裁縫												
750	讀書 化妝 講電話	讀書			讀書 化妝					鑰匙			
500				餐桌 流理台		刮鬍子 化妝 洗臉						打掃 檢查	
300 200	團聚 娛樂	遊玩	地板間			洗衣				脫鞋 裝飾架			
150 100		所有 情境				所有情境				所有 情境			餐會 用餐
75 50	所有 情境		所有 情境	所有 情境			所有 情境	所有 情境	所有 情境	門牌 信箱 對講機	所有 情境	陽台 全部	
30 20					所有 情境								
10										通道		通道	
5 2													
1					深夜		深夜	深夜		防盜		防盜	

051|住宅照明

Point

- 利用補助照明或間接照明，而非一室一燈的概念營造空間氣氛。
- 明亮度也會影響到內部裝潢的顏色及質感。
- 挑高或傾斜式天花板的間接照明，能營造出開放的空間感。

| 保養與更新 | 照明的效果會因燈具髒污、或是光源的光通量減弱而變差。 |

空間整體的規劃

一般住宅的照明，多半只會在天花板上安裝一個主照明燈。但是單一的光源，往往會顯得單調沉悶的印象，最好能夠有一個可照亮全體的主照明，再加上能營造空間氣氛的補助照明（立燈、聚光燈、壁燈等）或間接照明一起搭配使用比較好。

另外，還有利用調光開關、或有記憶功能的調光器改變亮度、呈現不同照明效果的方法。人的眼睛所看到的明亮度並不是由燈的亮度來決定，而是會受到地板、牆壁和天花板裝潢材料的顏色和質感所反射的光所影響。白色系裝潢的光反射率特別高，較適合使用在強調明亮度的地方。

間接照明的應用

規劃間接照明時，首先要考量的是，想要呈現出怎樣的空間感。通常挑高、或傾斜式天花板等空間寬廣的地方，透過間接照明的話，會顯得更有開放感。但反過來，若天花板很低，採用間接照明反而會暴露出天花板很低這項缺點，進而形成壓迫感，在做規劃時要特別留意到這點。關於間接照明的應用，主要有以下三種。

- **反射式照明** 是將光投射到天花板的一種間接照明。可讓光源能在天花板上擴散下來。考量到從上往下看會看到光源時，可以加裝蓋板。
- **平衡式照明** 是將燈光投射到天花板、壁面、窗簾等的一種間接照明。像是把燈安裝在窗戶上方等，就可以同時朝上、下照射。
- **遮光式照明** 是將光源投射到牆壁，讓光從牆面上方往下方照射的一種間接照明。如果從下往上容易看到光源的話，最好以透光性的素材遮擋視線比較好。用來擋住光源不會直接被看到的遮光板必須配合光源的高度，另外，把光板安裝在內側也能夠達到理想的亮度。

此外，間接照明也可兼做窗簾盒使用，與內部裝潢合為一體，藉由調整光源擴散的程度營造出具整體感的空間氛圍。

◆ 間接照明的種類

● 反射式照明

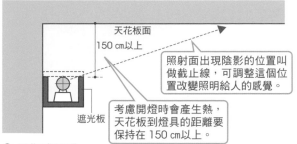

天花板面
150 cm以上

照射面出現陰影的位置叫做截止線，可調整這個位置改變照明給人的感覺。

遮光板

考慮開燈時會產生熱，天花板到燈具的距離要保持在 150 cm以上。

● 平衡式照明

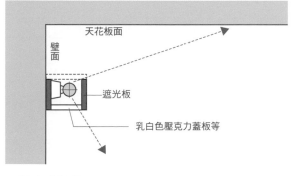

天花板面

壁面

遮光板

乳白色壓克力蓋板等

● 遮光式照明

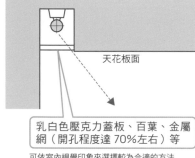

天花板面

乳白色壓克力蓋板、百葉、金屬網（開孔程度達 70%左右）等

可依室內視覺印象來選擇較為合適的方法

● 地板的間接照明

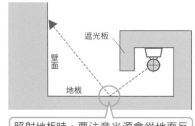

遮光板

壁面

地板

照射地板時，要注意光源會從地面反光。地面淡色無光澤等最好選用比較不會反光的材質。

◆ 間接照明的種類

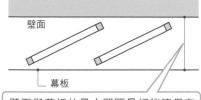

壁面

幕板

壁面與幕板的最小間隔最好能確保有 150 mm。螢光燈斜向重疊配置，能有效改善間隔內產生陰影的情形，光的分布才不會不均勻。此外，也可用一整排的無縫燈條來連續安裝。

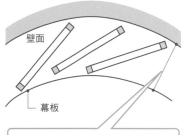

壁面

幕板

天花板為曲面時，應將彎曲用照明燈具或短燈管的螢光燈做斜向配置。

1 / 設備計畫開始之前
2 / 給・排水、熱水設備
3 / 通風、空調設備
4 / 電力、通信設備
5 / 辦公室・其他設施的設計
6 / 挑戰節能的設計
7 / 設備圖與相關資料

052|收訊方式與地面數位電視

Point

- CS與BS能夠共用東經110°的廣播衛星，CS則需單獨的天線。
- 數位化的發展，也提升了無線電視的品質。
- 數位電視是以不易產生受信障礙的方式播送，可望大幅改善收訊品質。

保養與更新	要定期確認接收天線是否牢固。

電視的種類

目前收看電視的主要方式有，利用天線接收從地面電波塔傳來的地上波訊號（無線電視）、以衛星天線接受電視台透過衛星傳送訊號（衛星電視）、將電視電纜引入建築物內（有線電視、CATV），以及把電視電纜改為光纖電纜引入等的收看方式。

無線電視是透過安裝VHF・UHF天線來接收電視訊號。以衛星放送有CS、東經110°CS、以及BS，天線要朝向衛星的方向設置。東經110°CS與BS的天線能共用，CS則是需要使用單獨的天線。[14]

日本地區自二〇一一年七月二十四起正式將無線電視類比訊號全面轉換成數位訊號。[15]地面數位電視使用UHF電波播送，隨著數位化的發展，也能夠擁有高畫質、高音質的雙向機能、還有傳輸資料、用手機看電視，大大提高了附加價值。

地面數位電視的原理

地面數位電視是將訊號數位化，比起過去無線類比訊號，可以傳送更大量的訊息。像是收看一個節目時，也能同時切割畫面收看別的頻道的連續劇。

另外，地面數位電視有雙向機能，如觀看答題節目也可以直接參與答題獲得獎品；即時線上購物，也可以參加直播節目。

有線電視的接收方法

加裝有線電視專用的受信機器，即可以使用有線電視來收看地面數位電視。若有收看需求，要詢問所在區域的有線電視公司。同樣的，光纖寬頻也可以收看數位電視。

譯注：14 台灣住宅也能夠架設天線，透過接收衛星訊號來收看電視。因為距離日本很近的關係，也能收看到日本的衛星電視。
15 台灣地區已於二〇一二年七月一日零時起關閉類比總機訊號，類比電視正式走入歷史。

◆ 電視訊號的種類

種類		要點
無線訊號	VHF	日本於2011年7月24日，除了部分地區，已完全轉換成數位訊號。
	UHF（13〜62ch）	
衛星訊號	BS	NHKBS1、NHKBS Premium、WOWOW、Hi-Vision ch、BS日本、BS-TBS、BS-FUJI、BS朝日等
	東經110°CS	SKY PerfecTV!（約70ch）
	CS	SKY PerfecTV! Premium Service
有線訊號	有線電視（CATV）	全國各地區的CATV公司
	光纖電纜	光纖TV、SKY PerfecTV! Premium Service光纖

※ 光纖電視必須先確認該服務所及的區域

◆ 架設天線須注意的地方

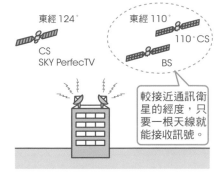

東經124°　CS　SKY PerfecTV

東經110°　110°CS　BS

較接近通訊衛星的經度，只要一根天線就能接收訊號。

◆ 接收訊號的概念

● 地面數位電視

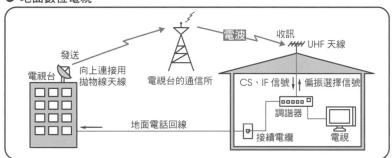

● CS

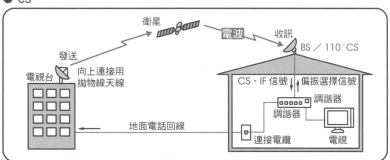

● CATV（光纖電纜）

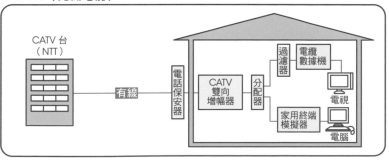

1 / 設備計畫開始之前
2 / 給‧排水、熱水設備
3 / 通風、空調設備
4 / 電力、通信設備
5 / 辦公室‧其他設施的設備
6 / 挑戰節能的設計
7 / 設備圖與相關資料

053│建構室內區域網路

Point

● 建構室內區域網路時可使用便利的多媒體插座。

● 只要將電力線（PLC）網路數據機插入電源插座就能夠連接網路。

● 利用弱電盤可減少複雜的配線與施工上的失誤。

保養與更新	就速度、穩定性、安全性等性能而言，有線區域網路的確是非常優異。在興建房屋時，最好能夠預先配線才好。

什麼是室內區域網路？

　　LAN是Local Area Network（區域網路）的英文縮寫，是指連接多台電腦、或印表機等設備的網路。建構在住宅內的LAN，就稱為「室內區域網路」。

　　以往對區域網路的認識，是指家人間可共享多台電腦中的資訊而言。但隨著利用光纖的FTTH、及利用類比電話線的ADSL和CATV等寬頻的普及，近年來可輕鬆透過網路使用電腦、電視和IP電話（網路電話）的人數已大為增加。

　　建構室內區域網路的方式有很多種，基本上就是從進線位置、到使用連網機器的房間，以電纜將數據機、路由器與集線器連通起來，配置成區域網路。

　　網路的連接方法，除了有線區域網路與無線區域網路之外，近來還有利用電源線做為區域網路電纜使用的PLC（電力線網路）。這種連接方式只

要將PLC數據機插入電源插座中，就能輕鬆使用。不過這種方式容易洩漏電磁波、或產生電氣噪音，也有影響其他機器正常運作之虞。因此，如果不想日後只能以露出配線的方式進行區域網路工程的話，就要及早檢討施工的方式。

弱電盤的構造

　　弱電盤（資訊配電盤）是由區域網路接線端子、集線器和收看電視的增幅器、電話端子等組合而成的裝置。雖然如果已經分別將把這些裝置都個別安裝好了的話，就不需要弱電盤，但相較之下，使用成套的弱電盤，可避免複雜的配線，也可降低施工的失誤，外觀上也簡潔清爽許多。

　　此外，在各房間中只要裝設可將電視、電話、以及網路用端子接頭整合在一起的多媒體插座，要將各房間的電腦建構成區域網路也會容易許多。

1／設備計畫開始之前

2／給・排水、熱水設備

3／通風、空調設備

4／電力、通信設備

5／辦公室・其他設施的設計

6／挑戰節能的設計

7／設備圖與相關資料

◆ 室內區域網路的構成

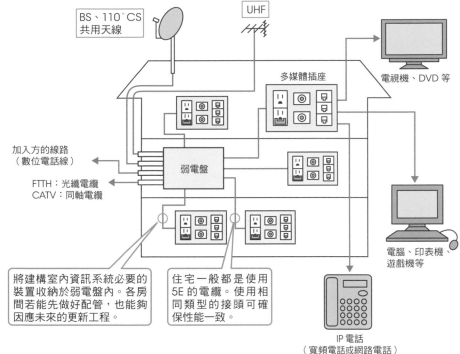

BS、110°CS
共用天線

UHF

多媒體插座

電視機、DVD 等

加入方的線路
（數位電話線）

弱電盤

FTTH：光纖電纜
CATV：同軸電纜

電腦、印表機、
遊戲機等

將建構室內資訊系統必要的
裝置收納於弱電盤內。各房
間若能先做好配管，也能夠
因應未來的更新工程。

住宅一般都是使用
5E 的電纜。使用相
同類型的接頭可確
保性能一致。

IP 電話
（寬頻電話或網路電話）

◆ 便利的電力線網路（PLC）方式

路由器

PLC 數據機

透過電源插座即能進行資料傳遞的
通訊技術。不易發生電波無法傳送、
速度變慢等問題。無線區域網路同
樣必須注意網路安全的問題。

◆ 弱電盤的構造

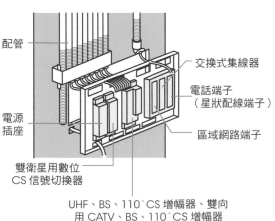

配管

電源
插座

交換式集線器

電話端子
（星狀配線端子）

區域網路端子

雙衛星用數位
CS 信號切換器

UHF、BS、110°CS 增幅器、雙向
用 CATV、BS、110°CS 增幅器

◆ 多媒體插座

電視機用插座
（CS 數位）
CS 數位電視接收
用插座

區域網路用插座
與弱電盤的集線器連接，能
與各房間的電腦建構成網路。
需注意，區域網路用插座無
法使用 ISDN 線路。

電源插座
內線規定已變更，
建議現在所有的
插座都要附地線

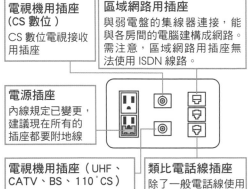

電視機用插座（UHF、
CATV、BS、110°CS）
電視機插座。與 CATV 用
插座可雙向使用。

類比電話線插座
除了一般電話線使用
外，還可連接 FAX、
數位調諧器等。

054│對講機與防盜系統

Point

- 對講機也可與火災警報器連動。
- 對講機與電鎖連接時，要先向廠商確認可行性。
- 導入家庭安全防護系統時，事先做好配管可避免日後施工時管線外露。

保養與更新	要注意各個機器的電池是否已經沒電。

安裝對講機

對講機的組合包括了安裝在玄關外、用來呼叫用的玄關子機、以及安裝在室內的母機。

母機會裝設在客廳、或飯廳等經常有人在的房間內，也可視情況增設。裝設的位置要選在容易操作的地方，如果是有攝影功能的玄關子機，母機的安裝位置就要避免選在逆光的地方。

通話方式有按一下按鈕後就能夠通話的免手持型、可移動式的無線型、以及手持話筒型等。

附有攝影功能的玄關子機，除了能以母機的液晶螢幕確認訪客的影像外，還有可在畫面上操作的觸控式螢幕，以及可將與訪客的互動錄音、錄影，或是家人的留言錄音等各種功能。

另外，還有各種功能選項，例如與住宅用火災警報器連動的警報鳴笛功能、與天然氣漏氣檢測器連動的警報通知功能，以及連結玄關門、門上的電鎖開閉等強化住宅安全方面的功能，也都在陸續推陳出新中。不過，若要與電門鎖連結的話，務必先向廠商確認是否可行。

家庭安全防護的要點

日本人的防盜意識逐年高漲，尤其是這幾年來，對自家防盜等家庭安全防護更是關心。

家庭安全防護一般都會委由保全公司在住宅內外設置防盜、火災、天然氣漏氣監視、以及緊急通報鈕等各種感應裝置。當感應裝置感知到異常情況時，就會立刻將異常信號傳送到保全公司的控管中心。控管中心再以電話向住戶確認狀況的同時，緊急處理的人員也會趕赴現場，做適當的處置。

將安全防護系統導入新建住宅時，為避免感應裝置的配線露出，事先就做好配管作業是很重要的。

1 設備計畫開始之前

2 給・排水、熱水設備

3 通風、空調設備

4 電力、通信設備

5 辦公室・其他設施的設備

6 挑戰節能的設計

7 設備圖與相關資料

◆ 對講機的組成

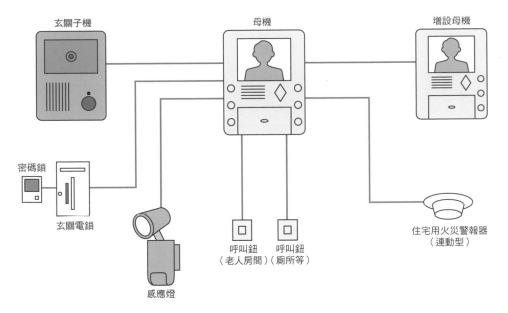

玄關子機　母機　增設母機

密碼鎖

玄關電鎖

感應燈

呼叫鈕（老人房間）　呼叫鈕（廁所等）

住宅用火災警報器（連動型）

◆ 附相機的玄關子機安裝位置

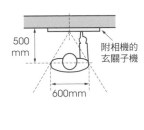

相機鏡頭的中心　450mm

1,450mm

500mm

500mm

600mm

附相機的玄關子機

考量過操作的便利性與攝影機可拍攝的範圍後，再決定安裝哪一種機型。

◆ 電鎖的種類

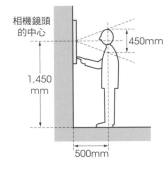

●密碼式　●IC 卡式　●IC 標籤式　●人體認證式

是最常見的電鎖。能設定 4～12 組左右的密碼，也能和鑰匙及 IC 卡併用。此外，還有可改變數字排列、以提高解碼難度的類型。

只要 IC 卡一靠近就能開鎖的非接觸型。也有可登錄專用 IC 卡以外卡片的類型。

只要 IC 標籤一靠近就能解鎖。也有遙控型。

有指紋認證、虹膜認證、以及臉部認證（以輪廓、嘴角動作等識別）等。需要預先登錄使用者的人體資料，較不適合使用在居住者經常改變的出租住宅。

055│家庭自動化系統

Point

- 透過遠端操作，住戶可即時應付家裡的異常狀況。
- 應採用可因應HA端子（JEM-A端子）的設備。
- 為有效整合室內區域網路，網際網路須隨時保持連線狀態。

保養與更新	新建住宅先預備好最低限度的設備導入，以因應日後增設的需求。

家庭自動化系統

家庭自動化系統是透過室內區域網路與外部伺服器的連結，管理或遠端操控住宅內家電設備的系統，具有安全與便利等機能。

在安全機能上，除了可在外出時確認電鎖是否有上鎖、能操控門鎖開閉的功能外，也可在外出時隨時掌握火災警報器、瓦斯漏氣檢測器、以及防盜攝影裝置所偵測到的異常情形。

便利性方面，自動化系統可確認、並透過遠端操作來掌握照明、空調、地暖氣、熱水器及烹調機等的運作。例如，從外出地點可確認是否忘了關掉冷氣、或是回家前可先啟動地暖氣，使房間先調整到舒適的狀態。此外，從遠端控制屋內夜間的照明，也有助於居家防盜。由於自動化系統既可確認電器用品的使用狀態、又可自動開關電源，這些機能對於防災及節能而言，都是非常有幫助的。

針對防災、防盜等異常狀況，住戶的因應是居家的自動化系統；而對保全公司來說，用來對應各種狀況的，則是家庭安全防護系統。

隨時保持連網狀態

導入家庭自動化系統，首先必須使速度500kbps以上的網路隨時保持連線狀態，所以室內必需有已整備好區域網路的通信環境。接著要與提供該服務的系統商簽約，導入服務項目的專用機器（母機）、以及可對應HA端子（JEM-A端子）的機器（空調與照明等）。

各設備發出的訊息會先透過室內區域網路，由專用母機接收，再利用網際網路將訊息傳送到住戶的手機或電腦等。而從手機發送出的指令，則會先透過系統商的伺服器，傳送至專用母機，再由母機將指令傳達到各機器使系統運作。

在住宅剛新建好時，就訂定自動化系統的導入及使用計畫是很重要的，雖然可以在一開始就先選好最低限度的必要機器，但也要留意日後也可能擴充設備。

◆ 家庭自動化系統的組合

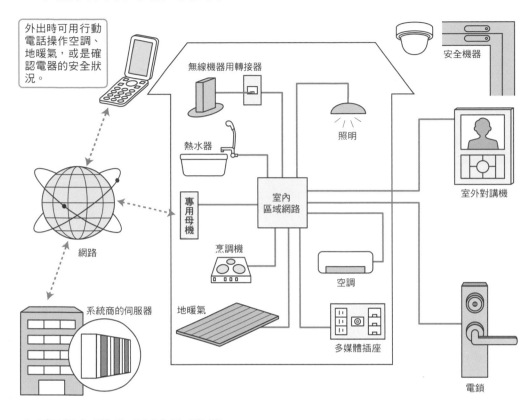

外出時可用行動電話操作空調、地暖氣，或是確認電器的安全狀況。

無線機器用轉接器

安全機器

照明

熱水器

室外對講機

網路

專用母機

室內區域網路

系統商的伺服器

烹調機

地暖氣

空調

多媒體插座

電鎖

◆ 家庭自動化系統的機能

● 安全機能

通知玄關・窗戶發生異常	玄關門、窗感應器一偵測異常，立刻發信至用戶手機。
遠端控制照明設備	外出時利用手機，即可打開客廳的照明。裝成有人在家，防止宵小闖空門。
通知回家的訊息	發信通知家人自己已在回家途中。
在家的警備模式	在家時也可以選擇玄關門、窗感應器的部分功能，啟動警備狀態。
確認上鎖	能透過手機或電腦，確認玄關的上鎖狀態。
監視設備	監視火災、漏電、漏水、故障等設備的異常情形。
通知室內異常情形	利用感應器監視侵入者，將室內異常情形發信至住戶手機。
遠端操作電鎖	外出時可以手機確認上鎖情形，也能遠端操作上鎖。

● 便利機能

遠端操作家電設備	能遠端開關空調和地暖氣，也可控制熱水器和浴室暖氣等。
傳送訪客影像到用戶手機	無人在家時有客造訪，可發信通知用戶手機。進入伺服器內就可看到訪客影像。
通知送貨	貨物到達時，發信通知用戶手機。
因應緊急地震速報[17]	從 2007 年 10 月開始，因應日本氣象廳提供的緊急地震速報，也有地震通報系統。

譯注：**17** 緊急地震速報，是日本氣象廳提供的警報系統之一。當推測地震的最大震級會達到5級以上時，該系統就會向有可能發生4級以上強震的地區發出警報。日本的廣播電視在收到氣象廳發出的警報後，會立即透過電視和收音機進行播報，並透過手機系統業者發送給手機用戶。

056｜家用電梯

Point

- 原則上，家用電梯僅供同一住戶使用。
- 適合裝設電梯的垂直空間必須有梯升降通道防火區劃。
- 裝設電梯設備時需要提出申請、以及完成相關檢查。

| 保養與更新 | 依建築基準法規定，屋主有義務定期檢查電梯設備的安全。 |

家用電梯

家用電梯是指裝設在透天住宅、供2～3人搭乘的電梯，可做為因應高齡化、及打造無障礙空間的設施。

家用電梯規定，從電梯最底層到最上層的升降行程在10公尺以下、升降速度應在每分鐘30公尺以下、積載荷重200公斤以下、電梯內地板面積要在1.1m²以下。而且，家用電梯必須與業務用的電梯有所區別。[18]雖然與店面合併的住宅也能設置電梯，但原則上還是僅能提供同棟的住戶使用。為了確保不開放給住戶以外人士使用，電梯也必須做好區分規劃，比方說上鎖的管控等。

在運作方面，驅動電梯升降的方式有利用鋼纜捲放將電梯車廂拉上或放下的鋼繩式，以及從電梯車廂下方以油壓支撐千斤頂使電梯移動的油壓式。

此外，為了節省電梯升降通道的空間，也可以裝設只占一個榻榻米空間大小的小型電梯，以及電梯門較寬的長型電梯等類型。

規劃須知

規劃家用電梯的裝設時，除了確保有足夠的空間、以及檢討建築構造之外，還需要依建築物規模和樓層做好防火區劃（電梯升降通道屬於「豎道區畫」）。在這當中，升降通道應使用合乎防火標準的地板或牆面，電梯搭乘口前要設置具有「防火」及「防煙」性質的門窗等防火設備，或是將電梯門做成具有防火及防煙性能的門。此外，電梯內也要安裝能與外部聯絡的電話，萬一被困在電梯等緊急狀況時，可做為對外的聯絡手段，因此電梯內也要拉入電話線才行。在電源方面，電梯的驅動電源採單相200V（動力），照明電源則是用單相100V。

最後，電梯裝設時，還需要確認設備已完成申請作業及相關檢查流程。要特別留意的是，依據建築基準法，設備所有人有定期檢查電梯安全的法定義務。如果日後住宅有可能裝設電梯，那麼在新建住宅時就應先要規劃好所需的設置空間。

譯注：**18**台灣方面家用電梯載重可依3～5人乘坐，分有200～300公斤不等；使用單相或三相式電源。建議升降速度約在每分鐘12公尺～25公尺。

◆ 家用電梯的規畫

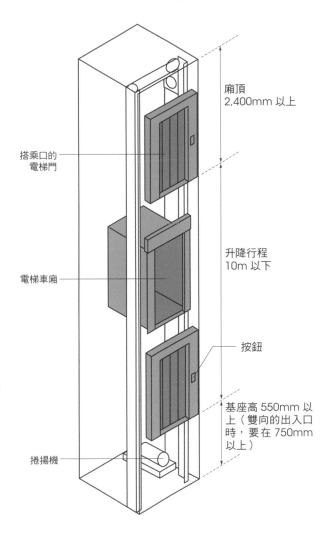

廂頂
2,400mm 以上

搭乘口的
電梯門

升降行程
10m 以下

電梯車廂

按鈕

基座高 550mm 以
上（雙向的出入口
時，要在 750mm
以上）

捲揚機

◆ 尺寸的基準

● 3 人搭乘

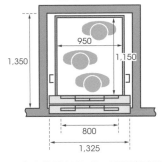

950
1,350
1,150
800
1,325

如有使用輪椅者，正面寬度至少需在
750mm 以上、進深 1,100mm 以上。
最好選用可供 3 人乘坐的電梯。

● 2 人搭乘

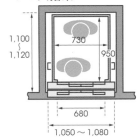

1,100
~
1,120
730
950
680
1,050 ～ 1,080

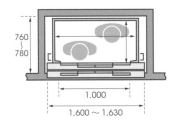

760
~
780
1,000
1,600 ～ 1,630

◆ 雙向出入口的電梯

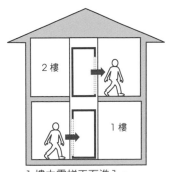

2 樓

1 樓

1 樓由電梯正面進入，
2 樓由電梯背面離開。

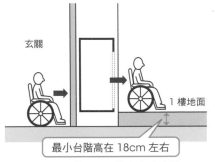

玄關

1 樓地面

最小台階高在 18cm 左右

也可用鋪設地框等方式消除電
梯與玄關之間的高低差

1／設備計畫開始之前

2／給・排水、熱水設備

3／通風、空調設備

4／電力、通信設備

5／辦公室・其他設施的設備

6／挑戰節能的設計

7／設備圖與相關資料

057│家庭劇院

Point

- 要將揚聲器左右對稱地裝設在5.1環繞聲道系統的圓周上。
- 為避免共振,需將承載音響設備的櫃子牢牢固定好。
- 音響設備用的電源應設置專用回路,以避免受其他設備干擾而產生雜音。

保養與更新	裝設音響設備時,也要考量到設備角度的調整、插座位置、以及將來更換所需的作業空間。

家庭劇院的組成

由於家用影音設備的普及,喜歡在家享受家庭劇院的人也愈來愈多。

家庭劇院的影像裝置有,將房間變暗後可投影的放映機與螢幕、以及在亮燈下使用的大尺寸電視機。投影的螢幕有壁掛式、置地式或垂吊式等可供選擇。考量到放映機會有機體發熱與噪音等問題,可盡量設置在房間最裡面的位置。螢幕最好放低一點,螢幕距離視聽者的最適標準是大型電視機畫面高度的2~3倍、或是螢幕高度的1.2~1.5倍。

音響設備方面,以五個揚聲器、搭配一個可增加臨場感的5.1環繞音場重低音揚聲器最為普及。設置在螢幕畫面兩側的左、右聲道揚聲器,若設置在距離地面300~500mm的高度,將可提高對外部的隔音效果,音質也會變好。高聲道揚聲器要設置在比收聽者耳朵高的位置上。主聲道的中央揚聲器,則要設置在螢幕中央的下方。

後方的左右環繞音響若是用懸掛、或直立式固定時,為避免音波震動的傳導,要盡量離牆壁或天花板遠一點比較好。而重低音揚聲器因為會發出重低音,所以要設置在櫃子上,不要直接放置在地面上。另外,DVD、擴音器等設置在架上時,為防止運轉音波震動使架子發出聲響,可以在周圍鋪上吸音墊。

這些家庭劇院的設備,通常都是在建築物完成後才開始設置與配線,事先決定好各個器材的擺放位置,確保有足夠的配線空間及路徑也是非常重要的。

家庭劇院的內部裝潢

RC造(鋼筋混凝土)建築的確能有某種程度上的隔音效果,但裝潢上若是採GL工法(將石膏板直接貼覆在混凝土牆面的裝潢工法)的話會損及隔音效能,因此一般多會採LGS(Light-gauge Steel,輕鋼構)等的間柱工法。如果是木造建築時,由於很難抑制住音波對下方樓層造成震動,因此視聽設備最好設置在一樓,在房間內裝上也可以多使用具分量的石膏板做為裝潢材料,會有不錯的效果。

◆ 家庭劇院的格局

● 電影院型

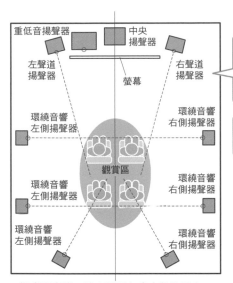

重低音揚聲器　中央揚聲器
左聲道揚聲器　　　右聲道揚聲器
螢幕
環繞音響左側揚聲器　　環繞音響右側揚聲器
觀賞區
環繞音響左側揚聲器　　環繞音響右側揚聲器
環繞音響左側揚聲器　　環繞音響右側揚聲器

- 觀賞區寬廣，適合運用在多人數的場合。
- 環繞音響右側的三個揚聲器、與左側的三個揚聲器，均為相同的音頻。

揚聲器左右對稱地配置在欣賞區環繞音效的圓周上，效果更佳。

隔音效果差，也可以放置在揚聲器後面。

● 錄音室型

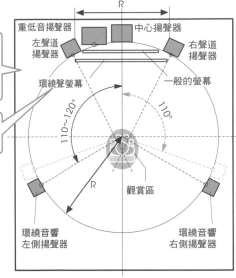

重低音揚聲器　　中心揚聲器
左聲道揚聲器　　　右聲道揚聲器
環繞聲螢幕　　　一般的螢幕
110~120°
110°
觀賞區
R
環繞音響左側揚聲器　　環繞音響右側揚聲器

- 觀賞區狹窄，但聲音的平衡度最佳。
- 環繞音響右側揚聲器與左側揚聲器的角度要調整在 110～120°間。

◆ 鋪設吸音層的位置

鋪設吸音材料（吸音墊板）
- 雖然家庭劇院音效的迴音時間短一點比較好，但即使在底座大面積鋪上一層薄吸音層，也只能吸走中高音域的聲音。
- 將吸音材料鋪設在地板、牆壁及天花板也可以隔音。

樑型吸音層
- 在天花板和牆壁內側的交會處以角材做成樑框，中間放入玻璃纖維等吸音材料，再用吸音層從上面覆蓋下來。

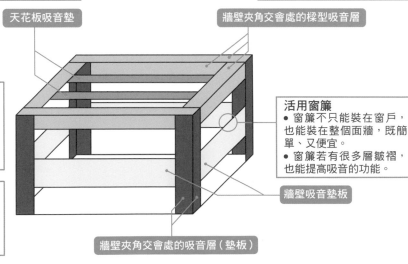

房間的形狀
- 長方形（直方體）房間的聲效比正方形（立方體）來得悅耳。
- 愈是狹小的房間，愈要注意橫向與縱向的比例。

選擇吸音材
- 各種聚氨酯（PU）製的隔音泡棉外觀乍看一樣，但因發泡形狀不同，吸音率也會有所不同。

天花板吸音墊
牆壁夾角交會處的樑型吸音層
活用窗簾
- 窗簾不只能裝在窗戶，也能裝在整個面牆，既簡單、又便宜。
- 窗簾若有很多層皺褶，也能提高吸音的功能。
牆壁吸音墊板
牆壁夾角交會處的吸音層（墊板）

1 / 設備計畫開始之前
2 / 給・排水、熱水設備
3 / 通風、空調設備
4 / 電力、通信設備
5 / 辦公室・其他設施的設備
6 / 挑戰節能的設計
7 / 設備圖與相關資料

058│聲音的基本常識

Point

- 聲音的三要素為：音調、音量、音色。
- 音速在氣溫15°C時，1秒間約可傳達340公尺。
- 相同分貝值（dB）的二個聲音合成時，會變大3dB。

保養與更新	隔音‧遮音材料在施工時不能留有間隙，要充分確保氣密性。

什麼是聲音？

聲音是物體與物體之間相互碰撞、在表面產生振動，振動再以空氣為媒介形成「音波」的樣子來傳導的現象。從音波的圖形來看，波動相鄰的兩峰、或兩谷之間的距離叫做「波長」，而波動的大小起伏就叫做「振幅」。振幅表示聲音的大小程度，振幅愈大聲音聽起來就愈大。

聲音的三要素

- **音調** 指的就是聲音的高低，以周波數（Hz：赫茲，1秒間來回的波數）來表示，高音的周波數大、波長短（或稱為短波長）。反之，低音周波數小、波長長（或稱為長波長）。人類聽覺的範圍約在20Hz～20kHz之間。
- **音量** 指發生音源的聲音大小，單位以分貝（decibel：dB）來表示，數值愈大表示聲音愈大。分貝以人類能聽到的最小聲為基準，用「聲音的強度比」來表示聲音強弱的程度。

- **音色** 即使是同樣大小、高低的物體發出的聲音，人類的耳朵也能分辨出音源為何。這是因為人類能判斷音質的不同。各種聲音予人的印象（感覺上的特質）就叫「音色」，音色主要會依聲音波形的不同所形成的變化。

此外，聲音的速度在氣溫15°C時約為每秒340公尺，氣溫每升高1°C每秒就加快0.6公尺。聲音也能夠合成，相同分貝值的二個聲音合成時，會比一個聲音時大3dB。

隔音對策

規劃建築設備時，要考量隔音的問題，這一點很重要。建築物的隔音效果會受到牆壁、天花板和地板等吸收聲音後，所反射出的聲音影響。當吸收音和反射音都很小時，就表示聲音的穿透率很大，聲音很容易通過，因此隔音性也就比較差。

◆ 聲音的三要素

●音調

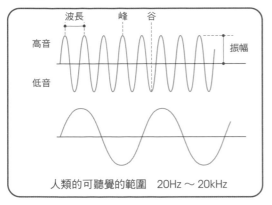

高音
低音

波長　峰　谷

振幅

人類的可聽覺的範圍　20Hz ～ 20kHz

●音量

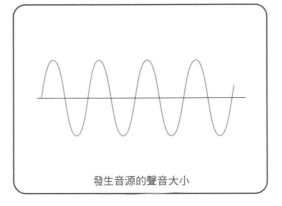

發生音源的聲音大小

●音色

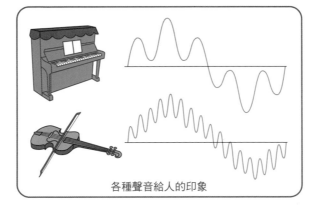

各種聲音給人的印象

◆ 隔音

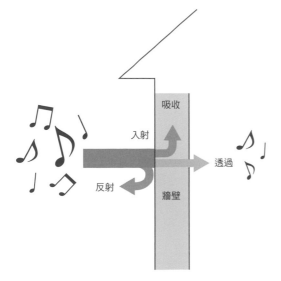

吸收
入射
反射
透過
牆壁

◆ 噪音值的基準

120dB	噴射機的噪音
110dB	汽車的警笛聲
100dB	電車通過的鐵路高架橋下
90dB	大聲獨唱、吵雜的工廠中
80dB	電車車廂內
70dB	吵雜的街頭、吵雜的辦公室中
60dB	安靜的房車、一般的對話
50dB	寧靜的辦公室
40dB	圖書館或寧靜的住宅、白天蟋蟀的叫聲
30dB	深夜在郊外的竊竊私語聲
20dB	樹葉的摩擦聲

1／設備計畫開始之前

2／給‧排水、熱水設備

3／通風、空調設備

4／電力、通信設備

5／辦公室‧其他設施的設備

6／挑戰節能的設計

7／設備圖與相關資料

COLUMN / 運用自如的開關

如果事前無章法地配置電源開關，會造成日後家電用品使用上的困難，甚至造成無法合意地擺放家具。因此，在規劃時，就開關的種類和機能、以及設置地點等加以檢討，是很重要的事。

住宅中操作照明等各種機器設備的開關形式，可分為手動操作、計時器啟動、以及感應式開關ON／OFF等三個種類。

採手動型開關時，要選擇機能好、且方便操作的類型。附拉繩的拉式開關、或壓式的按鈕開關等，一旦家中長輩遇到什麼事時，也可以在簡便的操作下很容易地與家人聯繫。若是想要利用調光開關把白熾燈調整到喜歡的亮度，就要選用刻度盤式或滑座式開關。

有些計時器開關可用來設定浴室、廁所的換氣時間，也有些計時器對防止忘關電源和節能很有效。至於感應器開關，則是能藉由感知人體動向自動開關ON或OFF，如此一來，就不必苦惱在漆黑中摸索開關。這類能感應周遭明暗的自動點燈器，多被用做室外燈的開關。

由於一整天下來，開關的使用次數頻繁，因此開關要選擇裝設在適當高度上。最好能配合屋主的年齡、以及生活型態來訂定適當的規劃。

◆ 開關的種類

● 手動開關

滑座式螢光燈雙開關
紅燈表示開、綠燈表示關，可提醒避免忘記關電源。

拉式開關的按鈕開關
當身體突然感到不適時，即使坐著也可以很容易地操作。

調光開關
想改變寢室等照明的亮度時非常方便，也是一種節能的方式。

刻度盤式　　滑座式

遙控器式開關
能從開關上取下遙控器，即使在就寢時也能夠躺著操作。

壓式按鈕開關
躺在床上就能聯絡家人。

● 計時器開關

浴室換氣開關
入浴後要排出浴室內的濕氣，使用數小時後再關掉電源。

廁所用換氣開關
排出使用後的臭氣，數分鐘後自動停止電源。

● 感應式開關

在玄關、走廊和樓梯等處，一感知人體動向，照明設備可立刻亮燈。

◆ 開關設置的高度

● 一般　　● 高齡者　　● 輪椅

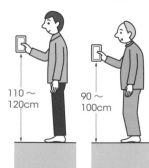

110～
120cm

90～
100cm

90～
120cm

Part 5
辦公室・
其他設施
的設備

059 | 受變電設備

Point

- 使用50kW以上電力的工廠和建築物需要立定契約電力。[1]
- 採用閉鎖型配電箱的高壓受電設備時,要將電力公司的高壓櫃設置在用地內。
- 集合住宅方面,則是使用集合住宅用變壓器。

| 保養與更新 | 閉鎖型配電箱的箱體、配電盤、以及各設備等需依規定例行檢查。 |

什麼是受變電設備?

以高壓電輸送電力,能減少輸送過程中的電力耗損、也較為經濟。透過高壓電力的輸送,可將遠離都市外從水力、核能及火力發電廠所產生的電力,以50萬伏特的超高壓配送到都市附近,再透過變電所降低電壓後,供給用戶使用。

一般家庭的電器產品,是使用100V(或200V)的電源來啟動,因此經由變電所降壓後的電力在進入住宅前,還需要再藉由設置在電線桿上的變壓器降低電壓後,才能輸送到用戶家中。

不過,使用契約電力在50kW以上的工廠和建築物等,則須依電力公司規定,直接以高電壓送電。而將高電壓的電力降低到必要電壓的設備,就是所謂的受變電設備。

閉鎖型的高壓受電設備

受變電用的機器經簡化後,將相關配線緊密收納在金屬製箱子內的受變電機器,就稱為閉鎖型高壓受電設備(自用受變電設備)。

閉鎖型的高壓受電設備所需的設置空間很小,且容易維修保養,交貨驗收所需要的時間也短、可降低成本預算,最適合中小規模的工廠和大樓來裝設。還有,在設置時,用地內務必要設有電力公司的高壓櫃才行。

其他受變電設備

除了閉鎖型高壓受電設備之外,還有下列二種主要的受變電設備:

- **箱型變壓器** 屬於電力公司所有的設備之一,可供四十戶大小的集合住宅使用。不過現在已經多改為使用改良型的集合住宅用變壓器,裝設前,須和電力公司協議後再行設置。
- **集合住宅用變壓器** 多為集合住宅使用,適合七十戶大小的住宅。與箱型變壓器一樣,是屬於電力公司所有的設備;由於集合住宅用變壓器進深約為箱型變壓器的2倍,重量也較重,因此裝設的位置也要按照電力公司的條件及標準來設置。

譯注:1 50kW動力用電的契約電力方面,台灣與日本的規定相同。另外,台灣高壓用戶與契約容量50kW(含)以上的工廠、公共建築物,也必須依規定設置專任電氣技術人員。

◆ 電力輸送的流程

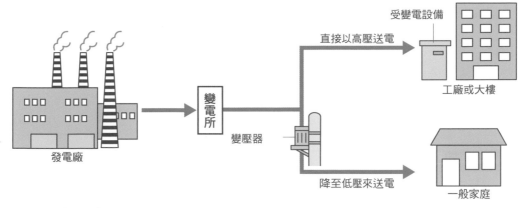

受變電設備

直接以高壓送電

工廠或大樓

變電所

變壓器

發電廠

降至低壓來送電

一般家庭

◆ 閉鎖型高壓受變電設備的特徵

● 開放型

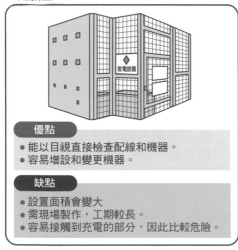

優點
- 能以目視直接檢查配線和機器。
- 容易增設和變更機器。

缺點
- 設置面積會變大
- 需現場製作，工期較長。
- 容易接觸到充電的部分，因此比較危險。

● 閉鎖型

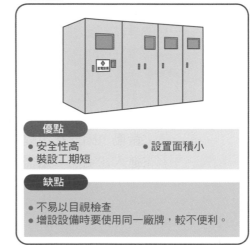

優點
- 安全性高
- 設置面積小
- 裝設工期短

缺點
- 不易以目視檢查
- 增設設備時要使用同一廠牌，較不便利。

◆ 設置集合住宅用變壓器

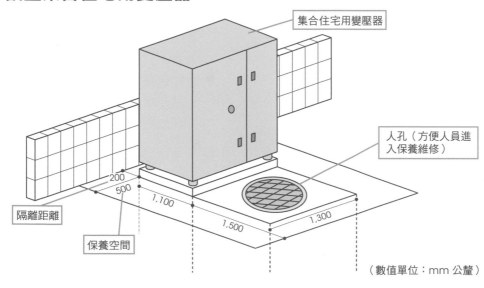

集合住宅用變壓器

人孔（方便人員進入保養維修）

200

500

1,100

1,500

1,300

隔離距離

保養空間

（數值單位：mm 公釐）

1 / 設備計畫開始之前

2 / 給・排水、熱水設備

3 / 通風、空調設備

4 / 電力、通信設備

5 / 辦公室・其他設施的設備

6 / 挑戰節能的設計

7 / 設備圖與相關資料

060 | 空氣調和設備

Point

- 日本「大樓衛生管理法」規定有空氣品質的管理標準。[2]
- 空氣調和的方式可分為中央熱源與個別分散熱源二種。
- 選擇空氣調和方式時要考量成本及維修保養的空間。

保養與更新	鍋爐設備要依據建築基準法第12條規定，一年至少定期檢查一次。[3]

什麼是「空氣調和」？

辦公室、及店面等，當樓地板面積在三千平方公尺以上（學校為八千平方公尺以上）時，依日本的「大樓衛生管理法」規定有空氣品質的管理標準。空氣品質的管理標準有：①溫度（17～28℃）②相對溼度（40～70％）③氣流（0.5m／秒以下）④二氧化碳（1,000 ppm以下）⑤一氧化碳（10 ppm以下）⑥浮游粉塵（0.15mg／m³以下）⑦甲醛（0.1mg／m³以下）等七個項目。為符合品質標準，建築物有必要導入空氣調和的設備。

透過空氣調和設備，主要是要將外部空氣引入室外時，先以過濾器除去空氣中的塵埃。然後，夏季時將引入的空氣冷卻、除濕，冬季時則加熱、加濕，營造出舒適宜人的室內空氣環境。

空氣調和的方式

中央熱源方式

在地下室、閣樓等的中央控制室內設置空調機與熱源機，然後利用風管和配管等，將熱和新鮮的外部空氣統一分送至各房間。中央式主要會使用在中、大規模的建築物，還分有以下兩種方式：

- **單風管式** 在整棟建築物、或是數個個別區域，設置一部空調機，再利用風管將冷風、暖風供給到各個房間。
- **送風機方式** 在各房間設置內裝有送風機、冷溫水線圈和過濾器的送風設備，將送入的空氣利用從冷溫水產生器等供給冷溫水至各房間，來調節室內空氣。

個別分散熱源方式

將個別的空調機、或自納式裝置（可收納式冷凍裝置）設置在空調室內。這方式主要使用在中、小規模的建築物或住宅，分別有以下二種方式：

- **套裝設備方式** 將已內建有冷凍機、風扇、空氣過濾器、加濕機和自動控制器的套裝式裝置裝設在各樓層，個別進行空氣的調和。
- **複合型熱源空調方式** 在屋頂上設置一台熱泵式室外機，然後利用冷媒管連接到數台室內機，個別進行空氣調和。

譯注：**2** 台灣方面訂有〈室內空氣品質管理法〉。二氧化碳、一氧化碳、甲醛、總揮發性有機化合物、細菌、真菌、粒徑小於等於10微米之懸浮微粒（PM10）、粒徑小於等於2.5微米之懸浮微粒（PM2.5）、臭氧及其他經中央主管機關指定公告之物質，皆須符合相關規定標準。

3 我國規定，應就鍋爐燃燒時之空氣量、排氣溫度、爐壁溫度、排氣中二氧化碳濃度、燃燒是否完全等事項，進行查核及異常調校，並做成紀錄，留存1年備查。

◆ 空調的概念圖

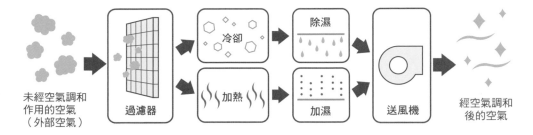

未經空氣調和
作用的空氣
（外部空氣）　過濾器　冷卻　除濕　加濕　送風機　經空氣調和
後的空氣

加熱

◆ 空調方式的種類

中央熱源方式

● 單風管式

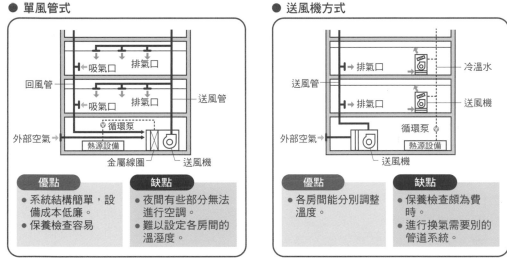

吸氣口　排氣口
回風管
吸氣口　排氣口　送風管
循環泵
外部空氣→　熱源設備
金屬線圈　送風機

優點	缺點
● 系統結構簡單，設備成本低廉。 ● 保養檢查容易	● 夜間有些部分無法進行空調。 ● 難以設定各房間的溫溼度。

● 送風機方式

排氣口　冷溫水
送風管
排氣口　送風機
循環泵
外部空氣→　熱源設備
送風機

優點	缺點
● 各房間能分別調整溫度。	● 保養檢查頗為費時。 ● 進行換氣需要別的管道系統。

個別分散色熱源方式

● 套裝設備方式

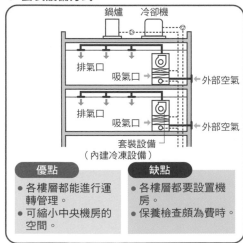

鍋爐　冷卻機
排氣口
吸氣口　外部空氣
排氣口
吸氣口　外部空氣
套裝設備
（內建冷凍設備）

優點	缺點
● 各樓層都能進行運轉管理。 ● 可縮小中央機房的空間。	● 各樓層都要設置機房。 ● 保養檢查頗為費時。

● 複合型熱源空調方式

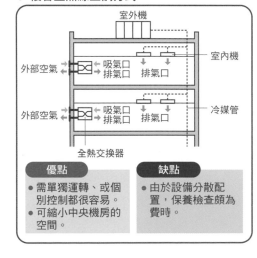

室外機
室內機
外部空氣　吸氣口　排氣口
排氣口
外部空氣　吸氣口　排氣口　冷媒管
排氣口
全熱交換器

優點	缺點
● 需單獨運轉、或個別控制都很容易。 ● 可縮小中央機房的空間。	● 由於設備分散配置，保養檢查頗為費時。

1/設備計畫開始之前
2/給・排水、熱水設備
3/通風、空調設備
4/電力、通信設備
5/辦公室・其他設施的設備
6/挑戰節能的設計
7/設備圖與相關資料

061│必要換氣量與換氣次數

Point

- 一個人的必要換氣量約為25～30 m^3／h。
- 病態建築法規定的換氣次數應為0.5次／h。
- 以置換空氣的方式進行換氣，不僅效率高，也有助於節能。

保養與更新 空氣過濾器一旦髒了，換氣效率就會下降，因此必須定期清理。

通風的方式

辦公大樓的通風方式，可依是否使用機械，分為自然換氣與機械換氣二種。（參照66頁〈通風的種類及方式〉）

建築基準法中對於自然換氣的規定為，「一般居室須設置的有效開口部，應為樓地板面積的1／20以上」，也就是說，設置窗戶等的排氣口與給氣口，利用風等自然方式進行換氣。不過與機械換氣相較，自然換氣雖然可以節省能源，可是要經常保持一定換氣量的話卻不太容易。

因此，辦公室大樓一般都會採用機械設備，進行機械換氣。不過，結合自然與機械二種方式的混合式換氣，近年來的需求也有愈來愈高的趨勢。

必要換氣量與換氣次數

辦公室大樓與住宅不同，每天都有很多人在裡面工作。因此，在機械式的換氣規劃中，會以人類呼吸時二氧化碳污染濃度做為基準，在必要換氣量上確保一人的新鮮空氣量可在25～30m^3／h的程度（建築基準法規定為20m^3／h以上）。另外，還需考量到辦公設備（OA設備）、照明設備等排出熱的處理，為避免成為病態建築，依病態建築法規定，換氣次數必須達到0.5次／h以上。

所謂的換氣次數是指將換氣量除以房間容積後的值，表示「一小時內，室內空氣的替換次數」。

機械換氣的方式

- **全面換氣（混合換氣）方式** 是一般最常見的換氣方式，也就是以日常生活的整體室內空間為對象，進行空氣替換。
- **局部換氣方式** 將廚房、浴室和廁所等會產生熱、煙、濕氣和臭氣的場所，集中進行換氣。藉此使已被污染的空氣可以在擴散至室內前就能排出室外。
- **置換換氣方式** 將已被污染的空氣，利用將外部空氣引進氣室內所產生的空氣密度差，讓室內空氣上升或下降來排出空氣。與全面換氣（混合換氣）方式相較之下，置換空氣的「空氣齡」（指空氣的新鮮度，愈低表空氣愈新鮮）較低，換氣效率較佳，同時也有助於節能。

◆ 機械換氣的方式

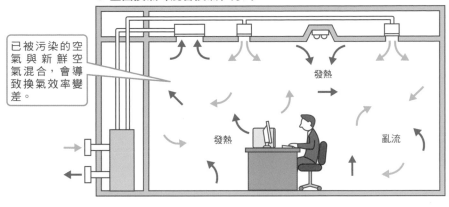

● 全面換氣（混合換氣）方式

已被污染的空氣與新鮮空氣混合，會導致換氣效率變差。

發熱

發熱　　　　亂流

● 置換空氣方式

因為已被污染的空氣與新鮮空氣不會混合，換氣效率較佳，居住區域能經常充滿新鮮空氣。

發熱

上升氣流

緩慢的氣流

發熱

空氣齡高

居住區域

空氣齡低

◆ 必要換氣量的計算方式

$$必要換氣量（m^3／h）＝\frac{20×居室樓地板面積（m^2）}{1 人所占的面積 N（m^2）}$$

建築物類型	1 人占有面積 N（m²）
事務所	5
餐廳・咖啡廳	3
日式酒家・出租座位	3
店鋪・超市	6
旅館・飯店	10
集會場所・禮堂・劇場	0.5～1

注：1 人所占的面積超過 10 m² 時，以 10 m² 表示即可。

1／設備計畫開始之前

2／給・排水、熱水設備

3／通風、空調設備

4／電力、通信設備

5／辦公室・其他設施的設備

6／挑戰節能的設計

7／設備圖與相關資料

062｜排煙設備

Point

- 走廊的排煙口應遠離逃生梯。
- 為防止煙霧擴散，防煙垂壁的玻璃要使用線網入膠合安全玻璃。
- 機械排煙分別有三種方式。

保養與更新	必須定期檢查排煙窗的電纜線材是否有斷裂、感應器是否可正常運轉。

什麼是排煙？

　　將火災時產生的煙霧、或一氧化碳等有毒氣體排出建築物外，以確保避難路徑的安全就叫做「排煙」。在建築基準法所規定的建築物、或部分地點，必須設有排煙設備。

　　設置排煙設備時，一般都會以防煙壁或防煙垂壁將建築物劃分成數個區域，並在每一區劃的天花板及牆上設置排煙口或排煙窗。設置排煙口的位置必須注意，防煙區劃中任一位置與排煙口的水平距離都應保持在30公尺以內。排煙口的操作上，必須在離地面0.8～1.5公尺的位置上設置手動開啟裝置。

　　關於排煙方式，則可分為自然排煙及機械排煙二種方式。

自然排煙方式的要件

　　自然排煙方式是指透過設置有效的排煙開口部（排煙窗），將煙等直接排出到室外的方式。建築基準法規定有效開口部要設置在距離天花板80公分以內，有效開口的面積也必須是防煙區域樓地板面積的1／50以上。還有，防煙垂壁必須從天花板向下突出50公分以上。

　　當火災時，打開排煙窗就能夠自然排煙。不過，自然排煙雖然不會受火災停電的影響，但卻會受到外部風壓的影響。

機械排煙有三種方式

　　機械排煙是指利用機械，把煙等經由排煙機與排煙口排放出去的方式，主要可分為以下三種：

- **排煙口方式**　這是最普遍使用的排煙方式。火災發生時，利用排煙機將失火的房間變為負壓，使煙霧不致瀰漫到其他房間裡。不過這時候，若空氣流動時的給氣量不足，效果也會大打折扣。
- **天花板排煙室方式**　把天花板內的空間做成排煙室，並設置排煙閘門。啟動排煙機後可利用天花板內部的吸氣口進行排煙。這個做法不只是排煙的用途，也可當做空調循環使用。
- **加壓排煙方式**　利用排煙機在失火的房間進行排煙，同時在逃生的走廊等處換入新鮮空氣，以避免煙霧侵入逃生路徑。

◆ 自然排煙方式的有效開口

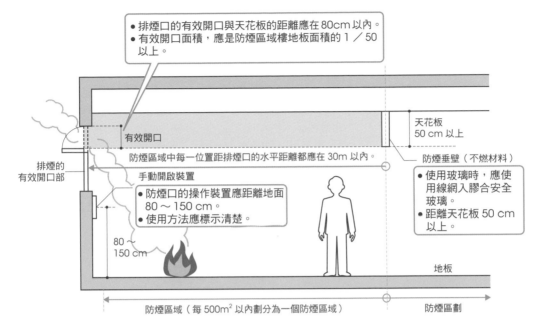

- 排煙口的有效開口與天花板的距離應在 80cm 以內。
- 有效開口面積，應是防煙區域樓地板面積的 1／50 以上。

天花板
50 cm 以上

防煙垂壁（不燃材料）

有效開口

排煙的
有效開口部

防煙區域中每一位置距排煙口的水平距離都應在 30m 以內。

手動開啟裝置
- 防煙口的操作裝置應距離地面 80～150 cm。
- 使用方法應標示清楚。

- 使用玻璃時，應使用線網入膠合安全玻璃。
- 距離天花板 50 cm 以上。

80～
150 cm

地板

防煙區域（每 500m² 以內劃分為一個防煙區域）

防煙區劃

◆ 機械排煙的方式

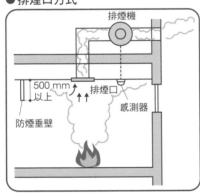

● 排煙口方式

排煙機

500 mm
以上

排煙口

感測器

防煙垂壁

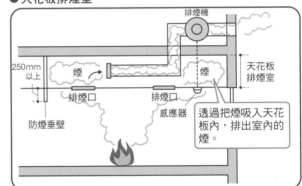

● 天花板排煙室

排煙機

250mm
以上

煙

排煙口

排煙口

煙

天花板
排煙室

感應器

防煙垂壁

透過把煙吸入天花板內，排出室內的煙。

機械排煙方式要先與火災自動警報器連動起來，一旦感應火災，才能啟動裝置使排煙機運作。

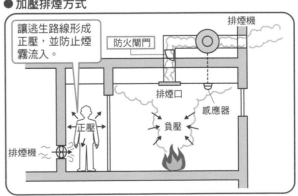

● 加壓排煙方式

讓逃生路線形成正壓，並防止煙霧流入。

排煙機

防火閘門

排煙口

感應器

正壓

負壓

排煙機

1／設備計畫開始之前

2／給‧排水、熱水設備

3／通風、空調設備

4／電力、通信設備

5／辦公室‧其他設施的設備

6／挑戰節能的設計

7／設備圖與相關資料

063 | 室內消防栓與 特殊消防設備

Point

- 室內消防栓要設置在操作方便的地方。
- 警戒區域半徑是指1號消防栓為25公尺、2號消防栓為15公尺。
- 套裝型消防設備可有效取代舊式的室內消防設備（須確認設置標準）。

保養與更新 室內消防栓的噴水管在設置十年後，需每隔三年進行耐壓測試。

什麼是室內消防栓？

室內消防栓是指透過噴水的冷卻效果滅火的移動式設備。將消防栓、噴水管、水管噴嘴、以及軟管掛架等收納在箱內，在牆壁上安裝好，就可以提供居住者初步滅火使用。

室內消防栓的種類

室內消防栓有1號及2號兩種。1號消防栓的噴嘴和開關閥要分別操作，因此通常需要2人以上才能夠使用。由於放水量多，一般都設置在工廠和辦公室等。2號消防栓的噴嘴處就能操作開關閥，雖然放水量較少，但即使女性或年長者都只要一人就能使用，主要會設置在醫院、社福機構和飯店等。[4]

以室內消防栓的警戒半徑來看，1號消防栓是25公尺就必須設置一個，2號消防栓則是15公尺，因此在必要設置的數量上，2號消防栓會比較多。

此外，依建築物的用途不同，也會設置套裝型的消防設備來代替室內消防栓。但由於室內消防栓不需要設置特定的水源、泵浦、配管、動力電源和緊急電源，既可以縮短工期，也能降低設置費用。

特殊消防設備的種類

室內消防栓若無法因應建築物規模和用途需求時，就得設置以下的特殊消防設備：

- **水噴霧消防設備** 利用水噴霧噴頭將水以霧狀噴出。利用水滴粒子遇高熱會變成水蒸氣的冷卻效果和窒息效果（遮斷燃燒的需氧）撲滅火源。此方式多半會使用在貯藏特定可燃物的處理場和停車場等。
- **泡沫消防設備** 將泡沫滅火藥劑和水混合，以大量的泡沫覆蓋火源，利用窒息效果和冷卻效果來滅火。大多會使用在停車場和汽車修理廠等。
- **惰性氣體消防設備** 從氣瓶中釋放出已加壓液化的二氧化碳和氮等惰性體，減少燃燒時必要的氧氣，藉由抑制效果撲滅火源。這種設備經常使用在無人操作的電氣室和鍋爐室等。

譯注：**4** 台灣室內消防栓的分類與日本相同。1號消防栓需分開操作，通常需要二人以上才能夠使用；而2號消防栓即使是一人也能夠操作。

1 / 設備計畫開始之前
2 / 給・排水、熱水設備
3 / 通風、空調設備
4 / 電力、通信設備
5 / 辦公室・其他設施的設備
6 / 挑戰節能的設計
7 / 設備圖與相關資料

◆ 滅火的三要素

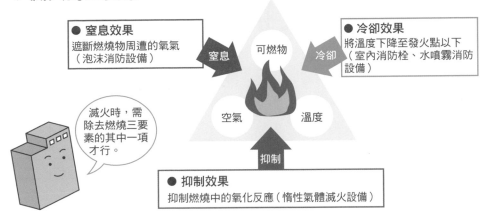

● 窒息效果
遮斷燃燒物周遭的氧氣
（泡沫消防設備）

● 冷卻效果
將溫度下降至發火點以下
（室內消防栓、水噴霧消防設備）

窒息　可燃物　冷卻

空氣　溫度

滅火時，需除去燃燒三要素的其中一項才行。

抑制

● 抑制效果
抑制燃燒中的氧化反應（惰性氣體滅火設備）

◆ 室內消防設備的構造

● 設置方法

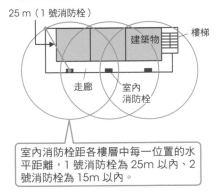

25 m（1 號消防栓）

樓梯
建築物
走廊　室內消防栓

室內消防栓距各樓層中每一位置的水平距離，1 號消防栓為 25m 以內、2 號消防栓為 15m 以內。

● 各樓層配置消防設備的情形

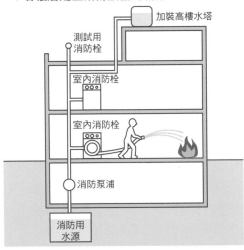

加裝高樓水塔
測試用消防栓
室內消防栓
室內消防栓
消防泵浦
消防用水源

◆ 室內消防栓的種類

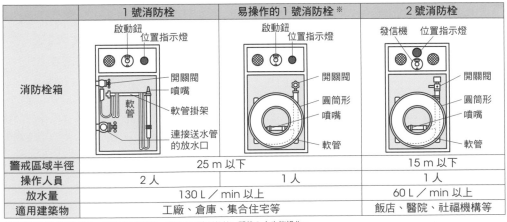

消防栓箱	1 號消防栓	易操作的 1 號消防栓 ※	2 號消防栓
	啟動鈕　位置指示燈　開關閥　噴嘴　軟管掛架　連接送水管的放水口　軟管	啟動鈕　位置指示燈　開關閥　圓筒形噴嘴　軟管	發信機　位置指示燈　開關閥　圓筒形噴嘴　軟管
警戒區域半徑	25 m 以下		15 m 以下
操作人員	2 人	1 人	1 人
放水量	130 L／min 以上		60 L／min 以上
適用建築物	工廠、倉庫、集合住宅等		飯店、醫院、社福機構等

※ 性能與 1 號消防栓相同，但與 2 號消防栓一樣做成圓筒形軟管，即使 1 人也能操作。

064 | 灑水設備

Point

● 一般建築物使用閉鎖型，劇場等空間需使用開放型。
● 無法以灑水設備滅火的房間就應使用特殊消防設備。
● 無法裝設灑水噴頭時，應以輔助灑水栓替代。

保養與更新 空間改裝時，要注意因隔間重新配置後出現無法警戒的地方。

什麼是灑水設備？

　　灑水設備是由水源、加壓送水裝置、配管、流水檢測裝置、以及灑水噴頭所構成。主要是用在火災發生時進行初步滅火，由裝設在天花板每2～3公尺為間隔的灑水噴頭自動灑水，藉由冷卻作用來滅火。灑水設備又可分成開放型與閉鎖型。[5]

開放型

　　灑水噴頭的放水口平時就保持開放，噴頭沒有感熱的部分，而是以操作啟動閥使放水閥一起開放灑水。多半會使用在劇場舞台之類天花板很高、感應器難以感測到的場所，或是火勢容易快速擴大延燒的地方。開放型可以自動、或手動放水，不管哪一種啟動方式，都是以全面開放灑水為主流。

閉鎖型

　　灑水噴頭的放水口平時為關閉狀態，火災時因噴頭感熱（保險絲因熱熔化，噴頭即會開放），灑水口即可自動開放灑水。另外，依噴頭對安裝處所周邊的火警感應溫度，還可分成普通溫、高溫和超高溫。閉鎖型自動灑水主要有以下三種類型：

● **濕式** 開關閥到噴頭的配管內充滿加壓水。是一般最為常見的方式，一旦灑水噴頭因因感熱而開放，立刻就有水噴灑下來。

● **乾式** 開關閥到噴頭的配管內充滿著壓縮空氣。當灑水噴頭感熱而開放，壓縮的空氣會被排出，隨即讓水噴灑出來。此方式適合用在水有凍結之虞的寒冷地區。

● **預設啟動式** 灑水噴頭受感熱後只會開放，並不會灑水，必須與另外設置的感熱器連動，打開預先設定好的啟動閥才能進行灑水。此裝置可避免因誤判火警造成水害損失，適合使用在有電腦設備等的場所。

灑水噴頭的設置

　　灑水噴頭的位置、設置間隔及同時開放灑水的數目，依建築物用途的不同，消防法均有所規定。至於無法設置灑水噴頭的地方，則需以輔助灑水栓替代。

譯注：5 我國消防灑水設備也分成閉鎖型式及開放型二種；依〈消防法〉規定，各噴水頭間隔不得大於3公尺。

◆ 灑水噴頭的構造

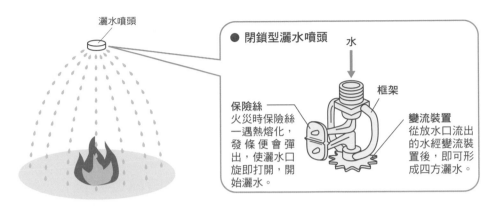

灑水噴頭

● 閉鎖型灑水噴頭

水

框架

保險絲
火災時保險絲
一遇熱熔化，
發條便會彈
出，使灑水口
旋即打開，開
始灑水。

變流裝置
從放水口流出
的水經變流裝
置後，即可形
成四方灑水。

◆ 開放型與閉鎖型的特徵

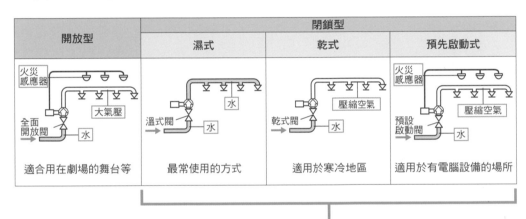

開放型	閉鎖型		
	濕式	乾式	預先啟動式
火災感應器 全面開放閥 大氣壓 水	濕式閥 水	乾式閥 壓縮空氣 水	火災感應器 預設啟動閥 壓縮空氣 水
適合用在劇場的舞台等	最常使用的方式	適用於寒冷地區	適用於有電腦設備的場所

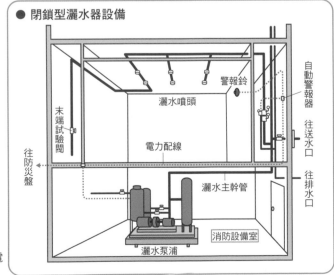

● 閉鎖型灑水器設備

警報鈴

自動警報器

灑水噴頭

往送水口

末端試驗閥

電力配線

往排水口

往防災盤

灑水主幹管

消防設備室

灑水泵浦

灑水泵浦應設有緊急電
源與雙口型專用送水口

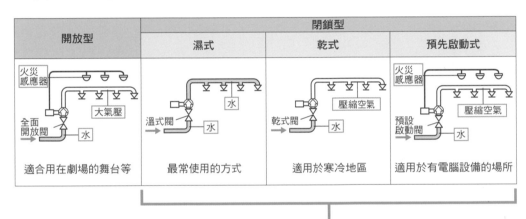

1 設備計畫開始之前

2 給・排水、熱水設備

3 通風、空調設備

4 電力、通信設備

5 辦公室・其他設施的設備

6 挑戰節能的設計

7 設備圖與相關資料

065│緊急照明與指示燈

Point

- 緊急照明的地面水平面照度，白熾燈是1lx以上，螢光燈為2lx以上。
- 停電時的亮燈時間，緊急照明須能維持30分鐘以上，指示燈則在20分鐘以上。
- 指示燈的設置位置要和消防機關確認後再行決定。

| 保養與更新 | 緊急照明的電池壽命通常約在四～六年，需要定期更換。 |

緊急照明與指示燈的作用

緊急照明與指示燈是在火災等災害發生而造成停電時，可供居住者安全、且能迅速逃生的照明設備。依建築基準法※和消防法規定，居住者皆有裝設的義務。[6]

緊急照明有二種

緊急照明是裝設在起居室、或逃生通路等處的照明設備，有白熾燈型和螢光燈型。做為直接照明使用時，照度上要確保地面必須有1lx（螢光燈為2lx）以上，緊急照明裝置的電力配線迴路也必須與其他照明回路分開。此外，還需要預備電源，使緊急照明可持續亮燈30分鐘以上。

緊急照明設備可分為以內藏蓄電池點燈的「內建電池型」、以及在燈具外使用緊急電源點燈的「外接電源型」二種；不只可供緊急使用，也可兼做一般照明使用。

規劃緊急照明的配置時，也要參考照明器具型錄中標示出的器具配置間隔標準。

指示燈平時就要亮燈

指示燈是為了指示逃生出口的位置、及逃生方向而設置的，依據消防法※規定，住戶有意義依建築物的用途和規模設置指示燈。由於指示燈的主要作用是指示逃生方向，在平常非災害時也應盡可能讓人熟悉逃生出口與逃生方向的考量下，基本上要一直保持亮燈狀態。

指示燈的種類有逃生出口指示燈、通路指示燈、樓梯通路指示燈、客席指示燈、以及附有指示音效的閃爍型指示燈（煙感應器連動型）等。這些指示燈都需因應建築物的用途選擇使用，以能達到安全逃生的目標進行配置計畫。另外要注意的是，指示燈最終設置的位置，必須和轄區的消防機關確認後再行裝設。

指示燈的緊急電源是使用蓄電池，原則上亮燈時間要能夠維持20分鐘，而需要較長時間逃生的大規模建築物（防火對象物），需維持亮燈的時間則為60分鐘。此外，指示燈依防火對象物的用途與規模，還可分為A、B、C三個等級。[7]

原注：※1日本建築基準法126條第4項及第5項
　　　※2日本消防法施行規則28條第3項

譯注：**6** 我國依消防法〈各類場所消防安全設備設置標準〉規定，集合住宅應有義務裝設緊急照明設備。獨棟透天住宅則未有強制規定。

　　　7 我國未有等級之別，惟依照明指示燈泡種類可分有(1)一般燈泡(2)反射燈泡(3)鹵素燈泡三類。

◆ 緊急照明裝置的組合

● 緊急時亮燈型
（只有緊急時才亮燈）

設置預備電源

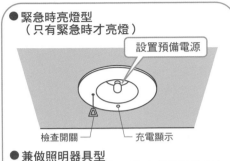

檢查開關　　　充電顯示

● 兼做照明器具型
（平時亮燈可做為一般照明器具使用）

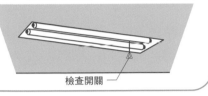

檢查開關

停電時　　　　　　　緊急照明兼做直接照明使用

天花板

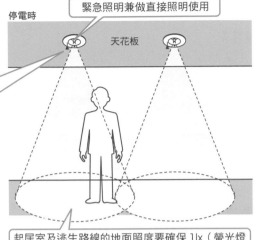

起居室及逃生路線的地面照度要確保 1lx（螢光燈為 2lx）以上。緊急照明的安裝位置要依據天花板的高度、以及照明能力來決定。

◆ 指示燈的種類與特徵

● 逃生出口指示燈
　設置在逃生出口上方，表示該處為逃生出口。以高效率、壽命長的 LED 做為光源也有增加的趨勢。

● 樓梯通路指示燈
　設置在逃生路線的樓梯或傾斜通路上，提供逃生時有效的照明。

● 附有指示音效的閃爍型指示燈（煙感應器連動型）
　能以顯示面板、燈的閃爍及聲音，安全地指示人員至安全門。適合使用在眼睛或耳朵不方便的人居住的住宅上，以及聚集人數不特定、公共性質較高的設施等。

擴音器

安全門
往這裡！

燈

● 通路指示燈
　顯示逃生方向的亮燈，要設置在室內及通路上指示逃生方向。

● 客席指示燈
　做為客席通路的腳邊照明，逃生照度須有 0.2lx 以上。

Close Up! ● 蓄光型指示板
為了有效節能，以有蓄光功能的高硬度石英板做成的指示板，已被開發出來了，功能也備受矚目。

2 / 給・排水、熱水設備

3 / 通風、空調設備

4 / 電力、通信設備

5 / 辦公室・其他設施的設備

6 / 挑戰節能的設計

7 / 設備圖與相關資料

066│火災自動警報系統

Point

- 感應器可分為熱探測、煙探測、及火焰探測三種，要依設置場所選擇合適的種類。
- 受信機應設置在管理室或防災中心。
- 發信機應設置在警戒半徑的25公尺以內。

保養與更新	依據消防法，特定防火建築物須一年一次向地方消防單位通報，非特定防火建築則是三年一次。[8]

什麼是火災自動警報系統？

火災自動警報系統是為了在火災發生時安全逃生、及初步滅火的必要設備。

警報系統的構造組合是，設有感應器可自動偵測火災時產生的煙霧、因熱造成的溫度急升、以及火災的火焰，並將訊息傳送到管理室或防災中心的受信機。接收信號後，顯示器隨即顯示出火災發生的場所，並以響起聲音裝置（鈴聲），通知建築物內的所有人。

查覺火災的人，在按下火警發信機按鈕的同時，也將信號傳送到受信機，所以能通知大家有火災發生。

感應器與受信機的種類

感應器的種類

- **熱探測器** 有因周遭溫度瞬間變化啟動的差動式、以及當周遭達到一定溫度就會啟動的定溫式。定溫式一般會安裝在溫度急遽變化的廚房、熱水供應室、鍋爐室等。另外，還有兼具差動式與定溫式兩種機能的補償式類型。

- **煙霧探測器** 有可感應到因煙造成亂反射、或遮光而啟動的光電式、以及因感應空氣中離子的變化而啟動的離子式。一般會裝設在熱探測器較難感測的電梯或升降空間、以及樓梯等直立穴型的通道上。

- **火焰探測器** 可藉由捕捉火焰放射的能源感測火災。一般安裝在煙霧爬升需要一段時間的高天花板上、以及會因外氣流動而讓熱氣和煙霧變得稀薄的地方。

受信機的種類

- **P型** 每個警戒區域採1條回線受信的方式，受信機上要有能夠只顯示出警戒區域數字的顯示器。主要使用在小規模的防火建築。

- **R型** 把數個警戒區域的回線以中繼器匯整起來，並由此接收各區域傳回來的信號。受信機上有液晶螢幕等做為顯示，一般多使用在訊息處理量多的大規模防火建築內。

譯注：**8** 台灣方面，依〈消防法施行細則〉第13條第1項規定的「一定規模以上供公眾使用建築物」，有義務依「防火管理制度」指定專人（防火管理人）就建築物特性策訂消防防護計畫，維護及保養消防安全設備、防火避難設施，及管理能源設備，同時須定期向該地區消防單位匯報。

◆ 火災自動警報裝置的系統

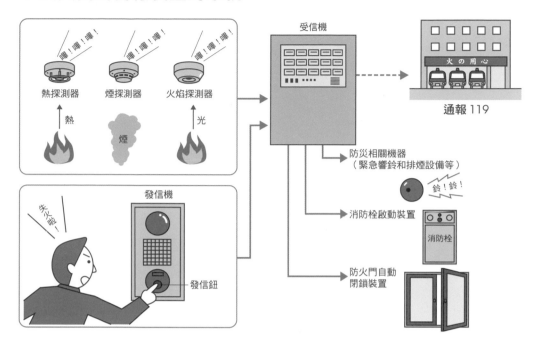

熱探測器 　煙探測器 　火焰探測器

熱 　　煙 　　光

受信機

通報 119

防災相關機器
（緊急響鈴和排煙設備等）

鈴！鈴！

消防栓啟動裝置

消防栓

防火門自動
閉鎖裝置

發信機

失火啦！

發信鈕

◆ 受信機的結構

● P 型受信機

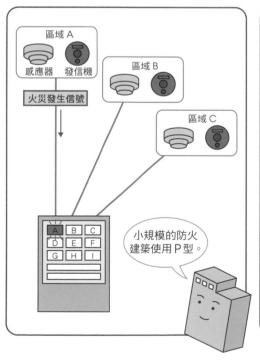

區域 A

感應器　發信機

區域 B

火災發生信號

區域 C

A B C
D E F
G H I

小規模的防火
建築使用 P 型。

● R 型受信機

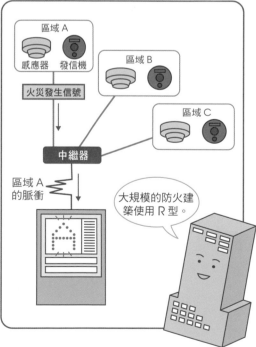

區域 A

感應器　發信機

區域 B

火災發生信號

區域 C

中繼器

區域 A
的脈衝

大規模的防火建
築使用 R 型。

1 / 設備計畫開始之前

2 / 給・排水、熱水設備

3 / 通風、空調設備

4 / 電力、通信設備

5 / 辦公室・其他設施的設備

6 / 挑戰節能的設計

7 / 設備圖與相關資料

067 | 緊急升降梯

Point

- 緊急升降梯是為提供消防隊進行滅火與救援而設置的。
- 搭乘大廳的地面與牆壁應以防火結構圍起，天花板、牆壁及地面下的裝潢也都要使用不燃材料。
- 中央管理室要設置在避難樓層的上下方。

保養與更新	建築基準法規定，升降梯每年要定期檢查一次，且要向特定行政機關報告。

什麼是緊急升降梯？

緊急升降梯是為提供消防隊於火災時進行滅火與救援而設置的。日本建築基準法（法令129條13項3款）規定，高度超過31公尺的建築物有設置緊急升降梯的義務。雖然升降梯平時也可兼做一般電梯使用，但當緊急狀況發生時，必須確保能順利切換成緊急升降梯。

設置部數的標準

設置部數方面，建築物高度超過31公尺時，超過部分的樓地板面積在1,500平方公尺以下時，應設置一部。1,500平方公尺以上時，超出面積每增加3,000平方公尺時就應增設一部。升降梯若是二部以內，那麼升降通道就必須以防火構造進行區劃。[9]

緊急升降梯應裝設在避難樓層、或其上下樓層，並且設有隨喚即到的裝置，操作上則是由中央管理室執行。此外，升降梯的電梯廂內也必須設有能與中央管理室聯絡的電話裝置。

乘坐大廳與中央管理室

緊急升降梯的搭乘大廳是消防隊滅火、及救援行動的據點，也是避難人員初步避難停留的場所，防火、防煙和停電對策都應完備才行。而且在每一個樓層都要設置搭乘大廳，設置的樓地板面積要在10平方公尺以上。

另外，大廳上還要設置緊急照明、室內防火栓、連結送水管的送水口、以及緊急插座等消防設備，地板和牆面須以防火構造圍起，天花板、牆壁、地面也都要使用不燃材料裝潢。

中央管理室（防災中心）也必須參與管理警報設備、滅火設備、緊急升降梯和排煙設備等防災設備時，監控空調設備和換氣設備。由於中央管理室是指揮滅火行動、及疏散避難的綜合指揮所，高度超過31公尺的建築物，或總面積超過1,000平方公尺的地下室都必須要設置，設置位置應在避難樓層上、或是其上下樓。

譯注：**9** 緊急升降梯設置部數與我國標準一致。在防火與升降速度方面，我國規定升降梯四周應為具有一小時以上防火時效之牆壁及樓板，其天花板及牆裝修，也應使用耐燃一級材料；升降速度每分鐘不得小於60公尺。

1/設備計畫開始之前

2/給‧排水‧熱水設備

3/通風‧空調設備

4/電力‧通信設備

5/辦公室‧其他設施的設備

6/挑戰節能的設計

7/設備圖與相關資料

◆ 緊急升降梯的設置基準

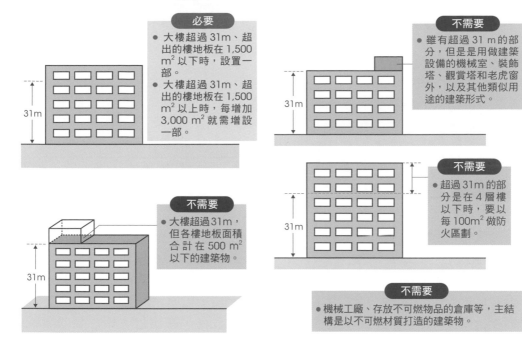

必要
- 大樓超過 31m、超出的樓地板在 1,500 m² 以下時,設置一部。
- 大樓超過 31m、超出的樓地板在 1,500 m² 以上時,每增加 3,000 m² 就需增設一部。

不需要
- 雖有超過 31 m 的部分,但是用做建築設備的機械室、裝飾塔、觀賞塔和老虎窗外,以及其他類似用途的建築形式。

不需要
- 大樓超過 31m,但各樓地板面積合計在 500 m² 以下的建築物。

不需要
- 超過 31m 的部分是在 4 層樓以下時,要以每 100m² 做防火區劃。

不需要
- 機械工廠、存放不可燃物品的倉庫等,主結構是以不可燃材質打造的建築物。

◆ 緊急升降梯的搭乘大廳

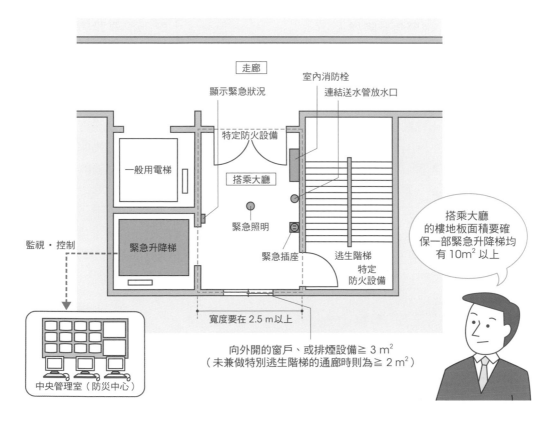

走廊

室內消防栓

顯示緊急狀況

連結送水管放水口

特定防火設備

一般用電梯

搭乘大廳

緊急照明

監視‧控制

緊急升降梯

緊急插座

逃生階梯 特定防火設備

搭乘大廳的樓地板面積要確保一部緊急升降梯均有 10m² 以上

中央管理室（防災中心）

寬度要在 2.5 m 以上

向外開的窗戶、或排煙設備 ≧ 3 m²
（未兼做特別逃生階梯的通廊時則為 ≧ 2 m²）

068 | 辦公室的照明

Point

- 選擇效率高的照明器具。
- 有效利用白天的自然光可達到節能的效果。
- 採用可變更照明配置的輕鋼架天花板。

保養與更新	照明器具的燈罩或反射板若變髒，照明效率就會下降，所以要定期清掃才行。

辦公大樓的照明計畫除了要兼具機能性與舒適性外，也要能夠減少二氧化碳等符合環境保護才行。

針對機能性和舒適性，要能方便因應房客換人等不同使用者需求的照明計畫、以及適合作業內容的器具配置、與亮度等。在環境保護方面，則是要多加考量導入有助於節能的照明手法與相關器材等。

辦公室的照明方式

辦公室的照明方式一般都是採全面照明，也就是房屋整體皆為均一亮度的照明方式。但如果考量到環境性、及工作者的舒適性，也可以將工作場所的作業照明、與周圍環境照明分開的作業·環境（task·ambient）照明方式。另外，為了提升節能效果，可以把過去以夜間照明為主的照明計畫，改為以積極利用白天自然光的手法來思考。

如要利用白天的自然光，可以透過在窗面設屋簷，把戶外光線反射到天花板，再引入室內的採光棚（參照186頁），

或是與自然光源控制系統結合、使白天明亮窗邊的照度下降，必要場所再以調光到必要的亮度等可節省消費電力的節能手法，可應用的照明手法相當多樣。

此外，在出租大樓之類的場所，可採用輕鋼架天花板，如此即可依照不同房客需求輕易變更照明器具的配置。

選擇照明器具

辦公室照明設備的使用時間很長，因此更要確保照射在辦公桌等的水平面、及人員對話時的鉛直面照度，也要避免產生刺眼的強光。考量最佳的照明效率、壽命長、及少閃爍等條件，辦公室最適合使用的會是高效率變流器型的螢光燈。此外，使用電腦的房間，為了避免燈光照在螢幕顯示器上形成反射，可採用適合辦公設備使用、附有格柵板的照明器具。在附有格柵的照明器具中，如果能選擇格柵反射率高的器具，也能因此得到相當好節能效果。

◆ 辦公室的照明方式

● 全面照明

● 作業用・環境照明

環境照明

作業照明

◆ 日光控制系統

● 晴天

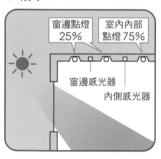

| 窗邊點燈 25% | 室內內部點燈 75% |

窗邊感光器

內側感光器

● 陰天、傍晚

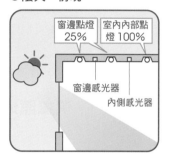

| 窗邊點燈 25% | 室內內部點燈 100% |

窗邊感光器

內側感光器

● 雨天、夜晚

全面點燈 100%

窗邊感光器

內側感光器

◆ 輕鋼架天花板

配合辦公室的布局,照明器具也能隨之變更配置。

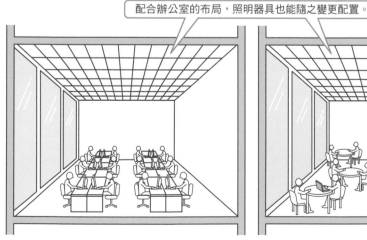

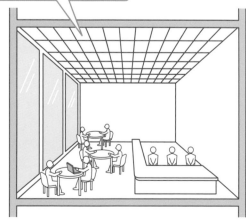

1/設備計畫開始之前

2/給・排水、熱水設備

3/通風、空調設備

4/電力、通信設備

5/辦公室・其他設施的設備

6/挑戰節能的設計

7/設備圖與相關資料

069│辦公室的配線

Point

- 弱電機器的配線是採地板配線。
- 一開始就要設定好配線量的基準。
- 採活動地板的配線方式，配線的自由度高、配線收容量也最多。

保養與更新	要定期檢查配線是否有斷裂。

地板配線的需求

　　近年來，辦公室的資訊設備有不斷增加的趨勢，每一人皆可分配到一台電話或電腦，而且還有真機、影印機或是印表機等。隨之而來的是，改善辦公大樓的地板配線以提高辦公室的舒適性，以及使照明具有可因應變更辦公室布局、與增加或移動機器的彈性等這類強烈需求的出現。為因應這些需求，現今地板的配線方式也日漸多樣了起來。

地板配線的方式

- **地板線槽配線**　將長方形或梯形鋼板製配線管道，以每3公尺左右就能拉出電線的方式，格子狀埋入混凝土地板內，使整體形成格子狀。在適當的地方設置可拉出配線的接線盒，做為插座或電話配線使用。與活動地板配線方式不同的地方是，這種方式的配線還是會有露出地板面的部分。

- **多孔金屬管槽配線**　利用地板建材的波型鋼承板的板溝，在下方安裝蓋板做成電力和電話配線的管道。與地板配線的方式相同的是，這個做法的配線也會有露出地面部分。

- **地毯隱藏式配線**　直接在地板和地毯之間直接鋪設極薄的扁平電纜線，然後再鋪上與電氣絕緣、且具有緩衝效果的地毯裝飾。如此一來也可以防止腳勾到配線、或配線碰到桌角而引起斷線等麻煩。

- **活動地板配線**　將辦公室的地板做成雙層，中間層留做配線空間。與其他配線方式相比，雖然成本比較高，但卻能有效減輕辦公室內走動時需留意配線的壓力。活動地板配線在變更辦公室內布局、或新增移動設備時可隨之增加，也能安全地進行配線的保養。這種方式在變更配線時自由度高，配線收容量更多，可有效地提升辦公環境的舒適度。

◆ 地板配線的種類

● 地板線槽配線

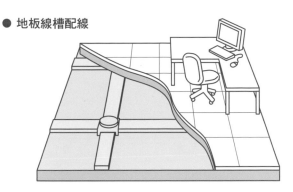

在混凝土樓板內,以格子狀埋入扁平的角管。由於配線的取出位置受到限制,配線有些部分會露出地面。

● 多孔金屬管槽配線

波型鋼承板溝

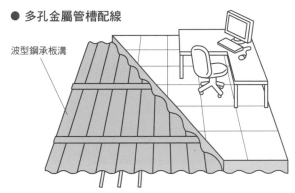

利用地板建材的波型鋼承板的溝槽,從下面安裝特殊蓋板,做為配線用管道。配線也有部分會露出地面。

● 地毯隱藏式配線

扁平電纜線

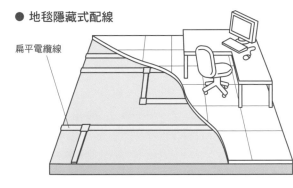

在地板、與電氣絕緣,同時可做為緩衝的地毯之間鋪設專用的扁平電纜線。配線拉出的位置較為自由。

● 活動地板配線

底板

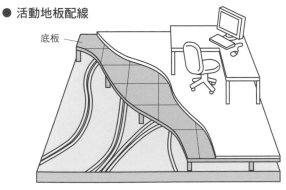

將地板做成雙層,中間做為配線空間。配線拉出的位置、及變更的自由度都較高,配線的收容量也較多。

1 設備計畫開始之前

2 給・排水、熱水設備

3 通風、空調設備

4 電力、通信設備

5 辦公室・其他設施的設備

6 挑戰節能的設計

7 設備圖與相關資料

070│辦公室的安全性

Point

- 從安全程度低到高做安全動線規劃。
- 要注意監視器不可逆光。
- 併用密碼鎖與刷卡的方式，可提高出入管理上的安全。

保養與更新	疏於更新、或安全設備老舊的話，都會導致防範性能降低，因此必須定期更新。

設定安全等級

　　辦公室的安全設備是為防範有人從外部侵入，用來保護辦公室內人身和財產安全設置的。近幾年，防止內部資訊外流、電子情報洩漏的必要性也相對提高了不少。

　　辦公室導入安全設備時，首先要設定好各空間的安全等級。從最外圍（等級1）到共用空間（等級2）、設備機房（等級3）……等。基本上要從安全等級低往高的方向做好動線規劃，各層級的界線也要設置門控機制，來驗證通行資格。

感應器和監視器

　　能感應到有外人入侵的感應器有，紅外線光遮斷感應器、被動式紅外線感應器、磁性開關感應器、開關撞擊裝置、超音波感應器、以及玻璃破碎感應器等，可依用途設置在必要的地方。

　　用來發現可疑人士的監視器應具有攝錄功能，可播放犯罪現場的影像，這對辨識特定嫌犯上很有用。

出入控制裝置

　　在建築物或室內的出入管理上，門口處要設有出入管控裝置。此裝置主要有密碼按鍵式、刷卡式、以及生物辨識等方式。

- **密碼按鍵式**　是輸入事先設定的密碼即可解鎖的方式。為避免密碼洩漏，按鍵上的數字排列可做隨機變換。
- **刷卡式**　將個人資料輸入卡片，在進門處刷卡，讓讀卡機讀取驗證後解鎖。為防止卡片遺失、被竊後不當利用，有些案例也會與密碼按鍵併用。
- **生物辨識方式**　同樣是密碼的方式，但不是用數字列，而是以指紋、動脈、虹膜等身體特徵來辨識解鎖，被盜用的風險極低。

◆ 安全等級的示意圖

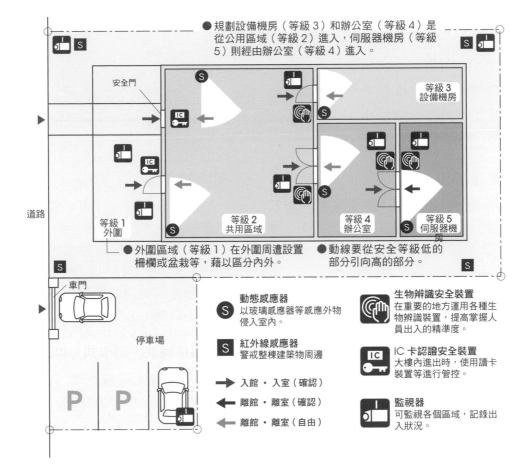

●規劃設備機房（等級3）和辦公室（等級4）是從公用區域（等級2）進入，伺服器機房（等級5）則經由辦公室（等級4）進入。

安全門

等級3
設備機房

道路

等級1
外圍

等級2
共用區域

等級4
辦公室

等級5
伺服器機房

●外圍區域（等級1）在外圍周遭設置柵欄或盆栽等，藉以區分內外。

●動線要從安全等級低的部分引向高的部分。

車門

停車場

P P

動態感應器
S 以玻璃感應器等感應外物侵入室內。

紅外線感應器
S 警戒整棟建築物周邊

➡ 入館・入室（確認）

⬅ 離館・離室（確認）

⬅ 離館・離室（自由）

生物辨識安全裝置
在重要的地方運用各種生物辨識裝置，提高掌握人員出入的精準度。

IC卡認證安全裝置
IC 大樓內進出時，使用讀卡裝置等進行管控。

監視器
可監視各個區域，記錄出入狀況。

動線

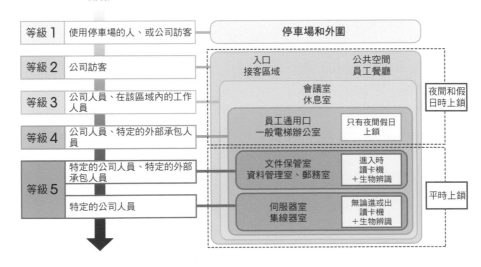

等級1	使用停車場的人、或公司訪客	停車場和外圍	
等級2	公司訪客	入口 接客區域	公共空間 員工餐廳
等級3	公司人員、在該區域內的工作人員	會議室 休息室	
等級4	公司人員、特定的外部承包人員	員工通用口 一般電梯辦公室	只有夜間假日上鎖
等級5	特定的公司人員、特定的外部承包人員	文件保管室 資料管理室、郵務室	進入時讀卡機＋生物辨識
	特定的公司人員	伺服器室 集線器室	無論進或出讀卡機＋生物辨識

夜間和假日時上鎖

平時上鎖

1 / 設備計畫開始之前
2 / 給・排水、熱水設備
3 / 通風、空調設備
4 / 電力、通信設備
5 / 辦公室・其他設施的設備
6 / 挑戰節能的設計
7 / 設備圖與相關資料

071 | 無塵室與伺服器機房

Point
- 無塵室的級別是數字愈小，等級愈高。
- 為防止外部浮游物質流入，無塵室內須維持正壓。
- 伺服器機房要能應付災害風險。

保養與更新 增設伺服器設備時，也要同時檢討空調能力。

什麼是無塵室？

無塵室是指將室內浮游粉塵、浮游微生物的量在控制規定的水平以下，進行高清淨度管理（汙染控制）的空間。清淨度可以級別[※]表示，數值愈小表示清淨度愈高。

無塵室有工業無塵室和生物實驗室無塵室二種。工業無塵室的控制對象的是空氣中的浮游微粒，多半會使用在半導體工廠、及精密機械工廠。生物實驗室的無塵室要控制的對象則是浮游微生物，一般會用在醫療手術室、醫藥品工廠、食品工廠等地方。但不管是哪一種用途，無塵室內都要維持正壓，實施清淨度管理。不過，也有為了不讓有害細菌向外擴散，而將室內維持在負壓的情況。

無塵室也可依氣流的狀態來分類，有清淨度高的垂直層流式（地板吸入），以及與垂直層流式相較，清淨度較低、但卻能以低成本來設置的亂流式等。而為了防止外部浮游物質流入，這兩種方式的無塵室內均須維持正壓狀態。

伺服器機房

伺服器機房是存放企業重要資料、設置作業主機系統的地方，要能避免受到熱、災害、地震等侵害加以保護。主要的因應對策有以下三種：

- **熱對策** 伺服器機房內應多架設幾台空調機，有效率地吹送冷氣，而且最好是使用地下送風型、或置地型空調。選擇吊掛式的空調設備時，為避免伺服器受結露水或冷氣排水的影響，應慎重考量設置的位置，避免設置在伺服器的正上方。
- **災害對策** 伺服器機房要盡可能遠離危險物保管場所、火源設施、水管設備等災害風險較大的場所。此外，還要設置不斷電系統（UPS）以因應停電的狀況。
- **防震對策** 伺服器設備上要裝設防震裝置或基礎隔震裝置。

※ 原注：清淨度的分級是以一立方公尺的空氣中，0.5微米（μm）懸浮微粒的含量區分。

◆ 無塵室的氣流狀態

● 垂直層流式（地板吸入）

等級
100 以下

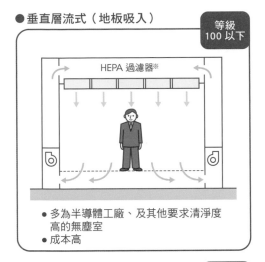

● 多為半導體工廠、及其他要求清淨度
高的無塵室
● 成本高

● 水平層流式

等級
100 ~
1,000

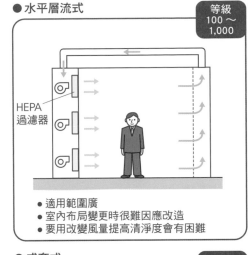

● 適用範圍廣
● 室內布局變更時很難因應改造
● 要用改變風量提高清淨度會有困難

● 亂流式

等級
1,000 ~
100,000

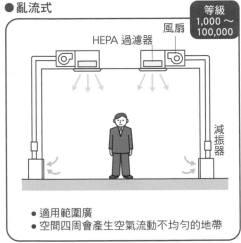

● 適用範圍廣
● 空間四周會產生空氣流動不均勻的地帶

● 成套式

等級
1,000 ~
100,000

● 工程費便宜，工期短
● 需要有足夠的設置空間
● 清淨度有限
● 成套增設、移設較為容易

※ 是為了維持高度空氣清淨品質而使用的高性能過濾器。針對粒徑 0.3 微米（μm）的粒子具有 99.97% 以上的捕獲率。

◆ 伺服器機房的防震對策

● 耐震架台工法

● 耐震支柱工法

● 隔震裝置

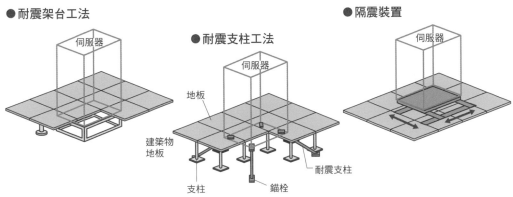

1 / 設備計畫開始之前

2 / 給・排水、熱水設備

3 / 通風、空調設備

4 / 電力、通信設備

5 / 辦公室・其他設施的設備

6 / 挑戰節能的設計

7 / 設備圖與相關資料

072 | 升降機

Point

- 是能夠因應緊急地震速報的電梯，可快速載人避難。
- 設置緊急避難包的例子也明顯地增加。
- 手扶梯的升降口處應設置可停止踏階升降的緊急停止按鈕。

保養與更新	強化安全後的〈修正建築基準法〉適用於二〇〇九年九月二十八日以後設置的電梯。

電梯的種類

電梯一般有鋼纜式和油壓式二種。

鋼纜式是透過馬達驅動捲揚機使電梯廂升降。近年來，將驅動裝置收納在升降通道、無機械箱型的電梯是主流機種。與油壓式相比，能夠高速運轉、且噪音較少。

油壓式則是藉由驅動油壓泵浦使電梯廂升降。這種電梯需要在升降通道最下層10公尺以內設置收納油壓泵浦的機房空間。主要會裝設在低層的建築物，做為搬運重物使用。

電梯的安全

日本的修正建築基準法對電梯事故預防、及地震安全對策的強化方面，做了新的修正，適用於二〇〇九年九月二十八日以後設置的電梯。根據修正後的規定，電梯設備均有義務「設置即使電梯驅動裝置或控制器故障，電梯門關閉前電梯廂都不可移動的控制裝置」、以及「可感應地震初期微動，並讓電梯廂自動停在最靠近的樓層、乘坐者可打開電梯門逃生的裝置」。

有了這樣的以上裝置，再結合氣象廳發布的緊急地震速報，才能在地震發生時及早讓電梯停在最靠近的樓層，以利乘坐者避難。此外，因應災害發生時萬一被關在電梯裡的情形，在電梯內設置已收納好防災用品的緊急避難包也明顯增加了許多。

手扶梯的種類

手扶梯的標準型有800型和1200型，表示手扶梯的踏板尺寸分別為800公釐和1,200公釐（並非指腳步的寬度）。[10] 裝設手扶梯時，應在升降口處設置可停止踏階升降的緊急停止按鈕。近來也有手扶梯是採用三個水平踏階寬、能搭載輪椅，附輪椅用踏階的手扶梯。

譯注：**10** 1200型手扶梯欄杆有效寬度為1,200公釐，踏板寬度為1,009公釐，一個踏板可同時承載二個大人，稱為二人立手扶梯；800型電扶梯欄杆有效寬度為800公釐，踏板寬度為609公釐，又稱為1.5人立手扶梯。台灣手扶梯多是以日本規格為主。

◆ 地震時的電梯管制系統

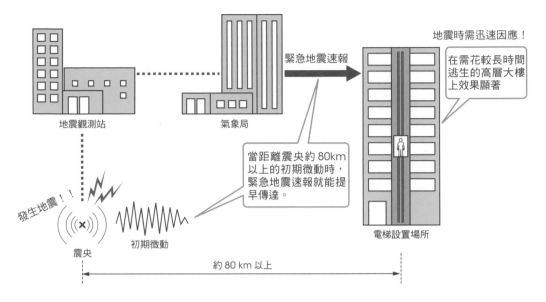

地震觀測站

氣象局

緊急地震速報

地震時需迅速因應！

在需花較長時間逃生的高層大樓上效果顯著

發生地震！！

震央

初期微動

當距離震央約 80km 以上的初期微動時，緊急地震速報就能提早傳達。

電梯設置場所

約 80 km 以上

◆ 緊急避難包

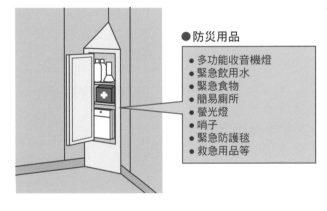

● 防災用品

- 多功能收音機燈
- 緊急飲用水
- 緊急食物
- 簡易廁所
- 螢光燈
- 哨子
- 緊急防護毯
- 救急用品等

◆ 手扶梯的結構

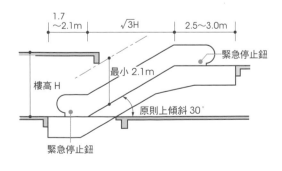

1.7～2.1m

√3H

2.5~3.0m

緊急停止鈕

最小 2.1m

樓高 H

原則上傾斜 30°

緊急停止鈕

● 附輪椅用踏階的手扶梯

利用三個水平踏階

1 設備計畫開始之前

2 給・排水、熱水設備

3 通風、空調設備

4 電力、通信設備

5 辦公室・其他設施的設備

6 挑戰節能的設計

7 設備圖與相關資料

073 | 避雷針

Point

- 高度超過20公尺的建築物必須裝設避雷設備。
- 一般建築物避雷針的保護角在60°以下，存放危險物的場所則是45°以下。
- 可利用建築物的鋼骨或鋼筋做為受雷系統的引下導線。

保養與更新	一般的使用年限都在十年以上，但避雷針會因落雷而耗損，因此需要定期檢查。

什麼是避雷設備？

避雷設備是為了保護人員和建築物免因落雷損害而設置的。依據日本建築基準法，高度超過20公尺的建築物有義務裝設避雷設備（建築法129條14項及15項）。避雷設備是由受雷系統（避雷針等）、引下導線系統、以及接地系統所構成。這三個系統匯整起來也就是所謂的「外部避雷保護系統」。

外部避雷保護系統

- **受雷系統** 是透過金屬製避雷針的尖針部分來捕捉雷擊，再將電流導入引下導線系統。不過，若避雷針生鏽的話，效果也會降低，因此要使用白金或鍍金處理過的材質才好。
- **引下導線系統** 主要是負責將受雷系統導入的電流接引到接地系統。除了使用銅、鋁和鐵做為引下導線外，也有利用建築物構造體的鋼骨或鋼筋等方法。

- **接地系統** 為避免產生過電壓，接地系統可讓電流流入地表，防止建築體遭受損害。接地地極會使用銅板、鋼心包銅接地棒、鍍鋅棒等。設置時，應盡量遠離有濕氣、天然氣和酸害等會造成系統腐蝕的場所，在離壁1公尺以上、深0.5公尺的位置埋設。

此外，除了外部避雷保護系統之外，也有透過防雷對策，保護建築物免受間接雷害的「內部避雷保護系統」。

裝設避雷設備

裝設避雷設備時，要先從建築物屋頂需設的必要數目開始著手。避雷針有「保護角」（能夠保護建築物的範圍），依據JIS規格，一般建築物的保護角在60°以下（存有危險物的場所則在45°以下）。[11]

避雷針的數目和位置多半會遵照「保護角法」的規定設置，近來也有依據JIS新規的「滾球法」或「折線法」來計算的方式。

譯注：**11** 我國避雷針保護角規制與日本相同。

1／設備計畫開始之前

2／給‧排水、熱水設備

3／通風、空調設備

4／電力、通信設備

5／辦公室‧其他設施的設備

6／挑戰節能的設計

7／設備圖與相關資料

◆ 外部避雷保護系統的結構

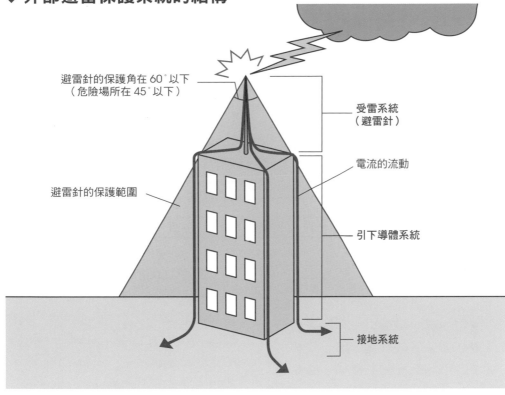

避雷針的保護角在 60°以下
（危險場所在 45°以下）

受雷系統
（避雷針）

電流的流動

避雷針的保護範圍

引下導體系統

接地系統

◆ 滾球法與折線法

● 滾球法

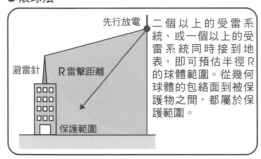

先行放電

避雷針

R 雷擊距離

保護範圍

二個以上的受雷系統、或一個以上的受雷系統同時接到地表，即可預估半徑 R 的球體範圍。從幾何球體的包絡面到被保護物之間，都屬於保護範圍。

● 折線法

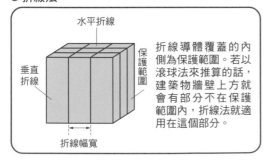

水平折線

垂直折線

保護範圍

折線幅寬

折線導體覆蓋的內側為保護範圍。若以滾球法來推算的話，建築物牆壁上方就會有部分不在保護範圍內，折線法就適用在這個部分。

◆ 內部避雷保護系統

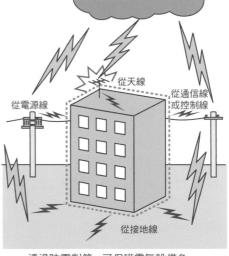

從天線

從電源線

從通信線或控制線

從接地線

透過防雷對策，可保護電氣設備免因雷擊受害。

074 | 特定設施水道連結型消防灑水設備

Point

- 灑水系統可設置在小規模的社會福利機構。
- 灑水裝置有配水管直接連結、以及使用泵浦二種。
- 除了濕式，也有針對漏水和寒冷地區使用的乾式。

保養與更新	依據消防法規，灑水裝置每半年須檢查一次。

2009年開始施行

特定設施水道連結型灑水設備，是消防法規定的灑水設備之一，設置在收容難以獨立逃生者的設施，如小規模的老人養護之家等社會福利機構，或是有病床的診所。

有鑑於2006年日本失智老人養護之家發生的火災事故，為了更能確保入居者的逃生時間，同時也能使機構人員專心協助入居者逃生，以「小規模社會福利機構」為對象訂定相關標準與規範，並於2009年4月開始施行。

小規模社會福利機構使用的灑水設備，與以往設置在高樓或是量販店等的消防灑水設備不同，並沒有裝設可檢查消防灑水作用的流水檢測裝置，而且灑水頭的放水量也很少，是依小規模社會福利機構的現況立即可以採用的消防設備。

裝設成本如同一般的消防灑水設備，需要高額的工程費用，但是初期滅火的效果絕佳。灑水系統的設置位置，會以起居室、交誼廳、以及公共區等平時有人的地方為主。原則上，起居室外的走廊或是儲藏室（不滿2㎡）等不需要設置。不過具體的設置位置還是需要和所在地區管轄消防局協調審議。

依據設置地點的條件，選擇濕式或是乾式設備

特定設施水道連結型灑水設備所需要的水壓可以利用水道水壓，若是水道壓力不足時，可以在配水管中途設置輔助泵浦，或是增設水槽、送水泵浦的方式。

在灑水設備配管內充滿加壓水的是濕式，配管內沒有水的則是乾式。

乾式適合裝設在有凍結之虞的寒冷地區。

※ 原注：原則上，開放式起居空間的走廊、壁龕、櫥櫃等在二平方公尺內就無需設置。

1／設備計畫開始之前

2／給・排水、熱水設備

3／通風、空調設備

4／電力、通信設備

5／辦公室・其他設施的設備

6／挑戰節能的設計

7／設備圖與相關資料

◆ 消防灑水設備的種類

● 水道直結式（乾式）

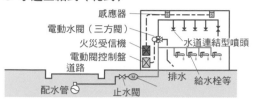

感應器
電動水閥（三方閥）
火災受信機
電動閥控制盤
道路
水道連結型噴頭
配水管
止水閥
排水
給水栓等

給水設備和消防灑水設備共用配管的方式。在寒冷地區的做法是，只有在火災發生時灑水配管內才會開始充水。也就是感應器偵測到火災，電動閥即打開，配管開始充水・灑水器放水。

● 泵浦式（濕式）

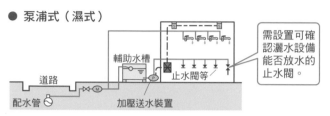

輔助水槽
道路
止水閥等
配水管
加壓送水裝置

需設置可確認灑水設備能否放水的止水閥。

利用輔助水槽貯存由配水管來的給水，再以加壓送水裝置送水。給水管和消防灑水配管並不共用。當感應器偵測到火災或是灑水噴頭啟動時，加壓送水裝置會自動啟動。

● 泵浦式（乾式）

輔助水槽
道路
排水
配水管
加壓送水裝置

利用輔助水槽貯存由配水管來的給水，再以加壓送水裝置送水。給水管和消防灑水配管並不共用。在寒冷地區，火災發生時，灑水配管內才會開始充水。當感應器偵測到火災或是灑水噴頭啟動時，加壓送水裝置會自動啟動。

◆ 日本消防法施行令及施行規則修正概要

●防火建築的用途別（消防法施行令 另表修正）

修正前	修正後
（6）項2 社福機構	（6）項2 團體家屋、短期入居、特別養護老人之家等
	（6）項3 當日診察服務、小規模多功能型在宅介護設施、免費或低價老人之家等。
（6）項3 幼稚園等	（6）項4 幼稚園等

●消防用設備的設置義務

消防用設備的種類	修法前的設置義務	修法後的設置義務
火災自動警報設備	總樓板面積 300 ㎡以上	所有的設施
火災通報裝置（火災自動通報消防局設備）	總樓板面積 500 ㎡以上	所有的設施
消防灑水設備	總樓板面積 1000 ㎡以上	所有的設施 *
滅火器	總樓板面積 150 ㎡以上	所有的設施

※ 樓地板面積不滿 1000 ㎡時，能設置特定設施水道連結型灑水設備。

●其他修正事項

	修正前【（6）項2】	修正後【（6）項2】
選任防火管理者的必要條件	收容人員 30 人以上	收容人員 10 人以上
消防檢查的必要條件	300m² 以上	全部

COP 與 APF

熱泵空調和自然冷媒熱泵熱水器（Eco-Cue）的性能多會以數值表示，其中又以「COP」最常被使用。COP指的是「性能係數」，表示熱泵設備在一定溫度條件下，運轉1kW的運轉效率。

不過，由於熱泵機組是一年到頭都會使用到，外部的氣溫變化會改變熱泵的運轉效率，因此COP值有時會不符合實際值。有鑑於此，「APF」開始被導入使用。

APF指的是「全年度能源的消耗效率」。全年均會以五個相關條件設定運轉環境，得出的數值表示消耗1kW電力的冷暖氣、及可供給熱水的能力。APF值會比COP值更為接近實際的效率。若為Eco-Cue熱水器，APF值也可表示「全年度供給熱水的效率」，數值愈大，性能就愈高。

COP顯示的是被限制環境條件的熱泵效率，而APF則為全年度整個系統的效率。今後熱泵設備的節能指標將會以APF值為主流。

目前的算法

COP Coefficient of Performance

- 能源消耗效率
- 在一定溫度條件下消耗電力 1kW 的能力
- $COP = \dfrac{額定能力（kW）}{低消耗電力（kW）}$
- 只表示熱泵的效率

室外機

往後的算法

APF Annual Performance Factor

- 全年能源消耗效率，全年供給熱水效率
- 全年中在某些相同項目的條件下，消耗電力量 1kWh 的能力
- $APF = \dfrac{一年中冷、暖氣能力及供給熱水的熱量（kWh）}{一年中消耗的電量（kWh）}$
- 整個系統的效率

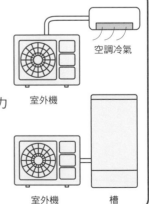

空調冷氣

室外機

室外機　　　　槽

Part 6
挑戰節能
的設計

075 | 熱的數值

Point

- 熱傳導率是表示物質導熱程度的數值。
- 熱貫流率的數值愈小，愈難導熱，隔熱性能愈佳。
- 熱容量愈大，溫度愈難以升降。

> 注意 斷熱材料的性能應從材料厚度的熱阻值來判斷。

熱的傳導

熱（能）具有從溫度高、往溫度低來移動的性質。傳遞方式有傳導、對流、以及放射（輻射）三種（參照80頁）。建築物透過屋頂、牆壁、地板和窗戶，不時會有熱能移動產生，因此室內溫度才會有冷、熱的變化。熟悉熱的特性、掌握熱對建築物的影響，可說是節能設計最基本的要件。

熱的基本術語

從數值就可判斷熱能傳導的難易程度。

- **熱傳導率（單位：W／m・K）[1]** 表示物體導熱難易程度的數值。所指的是物質在溫度1°C時，每1平方公尺在一小時中可傳導的熱量多寡。數值愈大的物體，表示可移動的熱量愈大，熱也愈容易傳導。熱傳導率會因物質不同而異；一般而言，金屬的熱傳導率最高、空氣最低。

- **熱貫流率（K值，單位：W／m²・K）[2]** 表示熱通過建築物牆壁、地板和窗戶等部位難易程度的數值。是指當建築的牆壁等部位內外溫差在1°C時，每1平方公尺大小的面積在一小時內能傳導多少瓦的熱，也可稱為K值。K值愈小愈難導熱，斷熱性能也就愈佳。

- **熱阻值（R值）** 表示斷熱材等單一建材零件導熱難度的數值。是以建築物建材的厚度除以該材質的熱傳導率所求得的數值。熱傳導率是就材質單位面積計算出的數值，熱阻值與材質的厚度有關。熱阻值愈大，表示愈難以導熱，尤其是用來表示隔熱材質的性能時。

- **熱容量** 表示物質溫度上升1°C時必要熱量的數值。熱容量愈大，溫度愈難變冷、或變熱。熱容量數值與材料密度成正比，熱容量大的混凝土和磚塊等建材，也常被用來做為蓄熱的材料。

譯注：**1** W（瓦特）為功率單位、m（秒）為時間單位、K（克耳文）為能量單位。
2 K指的是仟卡（kcal）。

1/ 設備計畫開始之前

2/ 給・排水・熱水設備

3/ 通風・空調設備

4/ 電力・通信設備

5/ 辦公室・其他設施的設備

6/ 挑戰節能的設計

7/ 設備圖與相關資料

◆ 熱貫流率與熱傳導率的關係

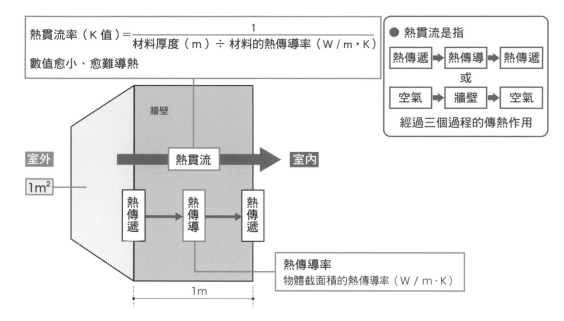

$$熱貫流率（K值）=\frac{1}{材料厚度（m）\div 材料的熱傳導率（W/m\cdot K）}$$

數值愈小、愈難導熱

● 熱貫流是指

熱傳遞 → 熱傳導 → 熱傳遞

或

空氣 → 牆壁 → 空氣

經過三個過程的傳熱作用

牆壁

室外

1m²

室內

熱貫流

熱傳遞 → 熱傳導 → 熱傳遞

熱傳導率
物體截面積的熱傳導率（W/m·K）

1m

◆ 各種材質的熱容量（kJ/m³・K）

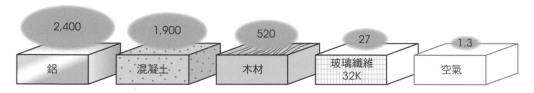

鋁	混凝土	木材	玻璃纖維 32K	空氣
2,400	1,900	520	27	1.3

◆ 各種材質的熱傳導率（W/m・K）

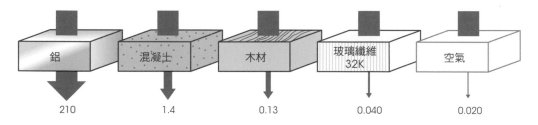

鋁	混凝土	木材	玻璃纖維 32K	空氣
210	1.4	0.13	0.040	0.020

◆ 能源單位換算表

J※	kg・m	kW・h※	kcal
1	1.0197×10^{-1}	2.7778×10^{-7}	2.3892×10^{-4}
9.8066	1	2.7241×10^{-6}	2.3430×10^{-3}
3.6000×10^{6}	3.6710×10^{5}	1	8.6011×10^{2}
4.1855×10^{3}	4.2680×10^{2}	1.1626×10^{-3}	1

※1J＝1W/s、1W/h＝3,600W/s（熱量以卡路里計算時）

076│建築物節能法規

Point
- 新建・增改建樓地板面積300㎡以上的建築物時,有義務要針對消費能源性能基準的符合狀況提出申報。
- 新建・增改建樓板面積2,000㎡以上的特定建築物時,有義務針對符合度判定提出申報。

> 注意　即使建築物樓地板面積未滿300㎡,業者仍然有義務對業主說明建築物的節能性能。

關於建築物節能法規

為了提升建築物的節能性能,日本2015年頒布了「提升建築物消費能源性能的相關法律」(通稱建築物節能法)。

這個法律創先規定,非住宅的一定規模以上建築物,有符合消費能源性能基準的義務;還制定提升節能計畫的認定制度等措施;並訂定「大規模非住宅建築物的符合節能基準義務」、「使用特殊構造・設備的建築物的大臣認定制度」、「提升性能計畫認定・容積率特例」、「符合基準認定・表示制度」等法規。

伴隨著新法案的公布,以往的「有關合理化使用能源的法律」(以往的節能法)所規範新建總樓板面積300㎡以上的建築物需要提出「節能措施申報書」、針對提供一定戶數以上的住宅建築業者在新建透天住宅時要申報的「第一線住宅業者制度」,也都移入到建築物節能法。

規定措施的概要

建築物節能法的規定措施中,建築業主新建特定建築物時,有義務要讓建築物符合消費能源性能基準。另外,若是新建或增改建的建築物樓地板面積超過300㎡以上,有義務申報消費能源性能基準符合狀況,或是盡到第一線住宅業者基準的義務。

住宅規定措施的概要

新建・增改建一定規模以上的建築物,有義務要和所在區域管轄節能措施的行政單位提出申報。需要申報的對象有新建・增改建部分的總樓地板面積超過300㎡以上的建築物。若是未符合節能基準,則應接受所轄行政單位的指正與強制命令。

另外法規還規定,身為設計者的建築師,有義務和業主說明建築物的節能措施。

1／設備計畫開始之前
2／給・排水、熱水設備
3／通風、空調設備
4／電力、通信設備
5／辦公室・其他設施的設備
6／挑戰節能的設計
7／設備圖與相關資料

◆ 關於規定措施和獎勵措施的審查對象事項

	對象建築行為	申請者	提出單位	適用基準
符合義務・ 適合性判定	新建特定建築物（2,000㎡以上非住宅） 增改建特定建築物（300㎡以上） *法規施行之前，只有既存建築物的大規模增改建為適法對象	業主	所轄行政單位或是登錄判定節能機關來判定	消費能源性能基準 （沒有符合基準的判定通知書就無法進行施工前建築確認）
申報	300㎡以上的新建・增改建	業主	向所轄行政單位申報	消費能源性能基準 （不符合基準，但認定有執行必要時，由所轄行政單位指示）
行政單位認定 （符合基準認定）	現存建築物 *沒有用途・規模限制	所有人	由所轄行政單位認定※	消費能源性能基準 （認定符合基準）
容積率特例 （獎勵基準認定）	新建、增改建、維修、改變裝飾配置、裝設備、改修 *沒有用途・規模限制	業主等	由所轄行政單位認定※	獎勵基準 （認定符合獎勵基準）
住宅建築業者	業者以導入高效節能設備的住宅為目標，設定達成年度之後每年建築銷售的透天住宅（達成目標為全部住戶的平均） （達成目標為全部住戶的平均）	（一年建築銷售150戶以上透天住宅的住宅建築業者）	不需要申請 （由國土交通大臣徵收報告）	住宅建築業者基準 （依據基準，必要的時候由國土交通大臣進行勸告）

※ 假定具有相關專門知識的登錄判定節能機關（註：每個地區的行政單位名稱組織不一定，原則是由每個地方自治體有此方面專業知識的部門來負責）等能發揮功能來負責技術性審查。

◆ 向業主說明關於住宅節能性能的事項

【設計內容】

確認事項	確認項目	設計內容說明欄		
		項目	設計內容	圖面和文書種類
建築物的概要	有關建築物的事項	用途	□非住宅 □非住宅 - 複合住宅建築物	□計算書（公式表格） □附近環境略圖 □配置圖 □各樓層平面圖 □個別用途地板面積表 □立面圖 □住宅・非住宅 □各部分的面積圖 （針對複合建築） □通過檢查的證明影本 □（　　　　　　）
		地區的區別	（　）地區	
		層數	・地上（　）層、地下（　）層	
	計算條件	適用計算法	□標準輸入法　□以個別房間為主輸入法 □建物樣本法	
		有關既有部分的內容	・利用既存部分的初始數值　　□有　□無 　（國土交通大臣認證的方法） ・有無符合基準省令附則第3條　□有　□無 　完工時期（西元　　年　　月　　日）	
外皮的概要	外牆等的性能	計算手法	□依據一次能源消費計算程序的計算書	□計算書（公式表格） □立面圖　□剖面圖 □細部施工圖（建具表） □（　　　　　　）
	窗戶的性能	計算手法	□依據一次能源消費計算程序的計算書	
設備的概要	各設備的性能	對象的有無	・計算對象有無空調設備　　　　□有　□無 ・計算對象有無機器換氣設備　　□有　□無 ・計算對象有無照明設備　　　　□有　□無 ・計算對象有無熱水器設備　　　□有　□無 ・計算對象有無電梯　　　　　　□有　□無	□計算書（公式表格） □各階平面圖 □機器表　□規格書 □系統圖　□操作圖 □（　　　　　　）
		太陽能發電設備	・有無太陽能發電設備　　　　　□有　□無 　若有 □全電量自家消費　　　□有賣電 　年中日照分區（　）分區	□計算書（公式表格） □太陽能發電設備圖 □（　　　　　　）
		熱電聯產	・有無熱電聯產　　　　　　　　□有　□無	□計算書（公式表格） □（　　　　　　）
結果	是否符合	一次能源消費量	・有無符合基準省令第1條第1號的基準 　□符合　□不符合	□計算書（公式表格） □（　　　　　　）

077 | 建築物的隔熱

Point

- 依建築物的構造不同，隔熱工法與效果也大不相同。
- 以住宅而言，窗戶所造成的熱損失最大。
- 在玻璃與玻璃之間設有中空層的複層玻璃，隔熱效果佳。

注意	即使住在溫暖的地方也需要隔熱。夏天為了能夠保持涼爽，天花板和屋頂的隔熱也就不可或缺。

隔熱的觀點

在防止地球暖化上，提高建築物的隔熱性能是達到節能效果的最重要的方法之一。

隔熱性能低的話，冬季時，熱能就會從溫暖的室內散逸到寒冷的屋外；而夏季時，室外燠熱的熱氣也容易會進入室內。防止這種熱能的傳遞，正是隔熱材最大的功能。

隔熱工法

木造建築方面，可使用在柱和柱之間夾入纖維隔熱材的填充隔熱工法、或是在柱和樑的外側貼上板狀隔熱材的外隔熱工法，以及融合了這二種工法的補充隔熱工法。填充隔熱工法能夠降低施工成本，但施工的精準度則會左右隔熱的性能。而外隔熱工法是將隔熱材直接覆蓋住整棟建築物，如此就不容易產生熱損失，氣密性也較高，不過相對地成本也會比較高。

鋼骨造的建築方面，為了不讓熱傳導率高的鋼骨材質與外部空氣接觸，在使用外貼隔熱、或內貼隔熱工法時，必須考量到熱橋部分的隔熱補強。[5]

如為鋼筋混凝土造建築，可使用在建築物結構體內側設置隔熱層的內隔熱工法、以及在建築物結構體外貼上隔熱材的外隔熱工法。內隔熱工法雖然成本較低，但容易在隔熱材沒有連續的熱橋部分產生溫差，造成隔熱材和建築物結構體之間發生結露現象。尤其是混凝土特別容易導熱，在隔熱材無法施工的部分，也容易出現隔熱缺損的狀況，因此這些部分也必需要有適當的隔熱補強才好。而另一方面，外隔熱工法則是以連續不間斷的隔熱材包覆住建築，如此便難以形成熱橋，而且外隔熱同時也能有保護建築結構的功能。但成本方面，會比內隔熱工法高出許多。

窗戶的隔熱性能

由於住宅的結構中，以窗戶散逸出的熱損失最大，因此隨著建築結構提高開口部的隔熱性能就顯得相當重要。在窗框上選擇隔熱性能好的樹脂框、木製框和複合框，再安裝上設有中空層的複層玻璃、或有鍍膜的Low-E節能複層玻璃，隔熱效果就會提高。

譯注：5 熱橋現象是指傳熱過程中，厚度較薄的部位、或使用不同材料的部位出現隔熱缺口，由此處造成熱損失的現象。隔熱缺口處也會因溫度較低而容易形成結露。

1／設備計畫開始之前

2／給・排水・熱水設備

3／通風、空調設備

4／電力、通信設備

5／辦公室・其他設施的設備

6／挑戰節能的設計

7／設備圖與相關資料

◆ 隔熱工法的種類

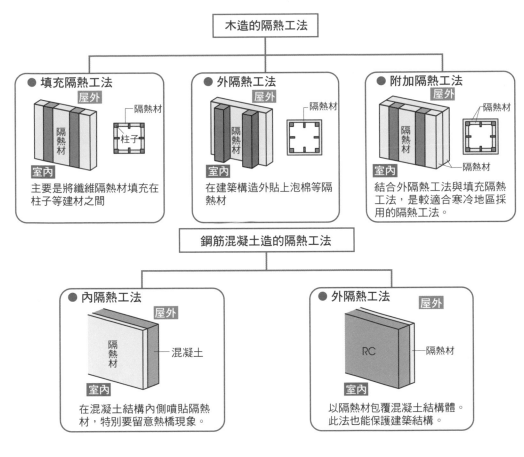

木造的隔熱工法

● 填充隔熱工法
屋外／室內
隔熱材／柱子
主要是將纖維隔熱材填充在柱子等建材之間

● 外隔熱工法
屋外／室內
隔熱材
在建築構造外貼上泡棉等隔熱材

● 附加隔熱工法
屋外／室內
隔熱材／隔熱材
結合外隔熱工法與填充隔熱工法，是較適合寒冷地區採用的隔熱工法。

鋼筋混凝土造的隔熱工法

● 內隔熱工法
屋外／室內
隔熱材／混凝土
在混凝土結構內側噴貼隔熱材，特別要留意熱橋現象。

● 外隔熱工法
屋外／室內
RC／隔熱材
以隔熱材包覆混凝土結構體。此法也能保護建築結構。

◆ 窗戶的熱損失

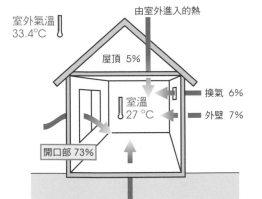

夏季 夏季（白天）使用冷氣時從開口部的熱流入比例為 73%

室外氣溫 33.4°C
由室外進入的熱
屋頂 5%
室溫 27°C
換氣 6%
外壁 7%
開口部 73%
地板 3%

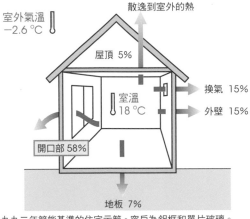

冬季 冬季使用暖氣時，從開口部流出的熱流出例為 58%

室外氣溫 −2.6°C
散逸到室外的熱
屋頂 5%
室溫 18°C
換氣 15%
外壁 15%
開口部 58%
地板 7%

注 圖為依據一九九二年節能基準的住宅示範。窗戶為鋁框和單片玻璃。

078 | 建築物的遮熱

Point

- 在太陽光中，以紅外線的熱作用力最大。
- 利用Low-E複層玻璃，可防止熱能由窗戶侵入。
- 遮熱材質能有效抑制熱島效應。

保養與更新	遮熱塗料的塗膜大約五年左右會開始劣化，最好每五～八年做一次例行檢查。

遮熱與太陽光

相對於可阻隔熱傳遞的隔熱材來說，遮熱材是透過反射太陽放射出的熱能，抑制太陽光對室內環境的影響。這也是隔熱材與遮熱材在功能上最大的不同。

太陽光中可分成44％的可見光、53％的紅外線，以及3％的紫外線。可見光是人類眼睛能看到的波長，約在400～770奈米（nm）的範圍間。比可見光波長短的是紫外線，而比可見光波長長的則是紅外線。其中，以紅外線的熱作用最大，而遮熱材最主要的功能就是能夠反射紅外線（熱線）的波長光線，以減少陽光穿透的熱量，防止室內溫度上升。

另外，利用植栽或在窗子外部加裝百葉等，會有不錯的遮熱效果。而在屋頂和外牆上使用遮熱材，能減少熱負荷形成。此外，在熱為容易侵入的開口部做好遮熱措施，也是非常重要的。

遮熱材的種類

- **遮熱塗料** 主要是用來提高紅外線在屋頂和外牆上的反射率。以白色塗料效果最佳。
- **遮熱膠膜** 可遮斷從窗戶射入的紅外線。分為紅外線吸收型和反射型二種。
- **Low-E（低放射）玻璃** 在玻璃上鋪設特殊金屬膜塗層，使可見光可順利通過的同時，也能防止紫外線和紅外線穿透。通常做為複層玻璃使用，經與複合窗框、樹脂或木製窗框組合使用，即能發揮高效的遮熱性能。

因應熱島效應

都市的建築多是由熱容量（蓄熱性能）大的混凝土和瀝青等材料所構成。這些材料能夠蓄積日射熱和人工排熱，而隨著這樣的蓄熱現象引起所謂的熱島效應。

提高日射熱的反射率、抑制地表和建築物熱能的遮熱工法，是抑制熱島效應的方法之一，目前正廣受矚目。

◆ 遮熱的概念

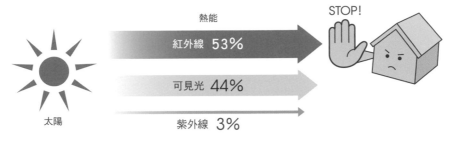

熱能
紅外線 53%
可見光 44%
紫外線 3%
太陽
STOP!

最重要的是防止紅外線射入室內

◆ Low-E（低放射）玻璃

● 日射透過率

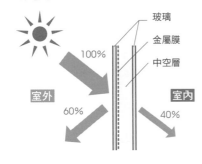

玻璃
金屬膜
中空層
100%
室外　室內
60%　40%

◆ 隔熱塗料

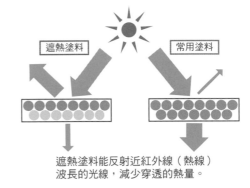

遮熱塗料　常用塗料

遮熱塗料能反射近紅外線（熱線）波長的光線，減少穿透的熱量。

◆ 因應熱島效應的對策

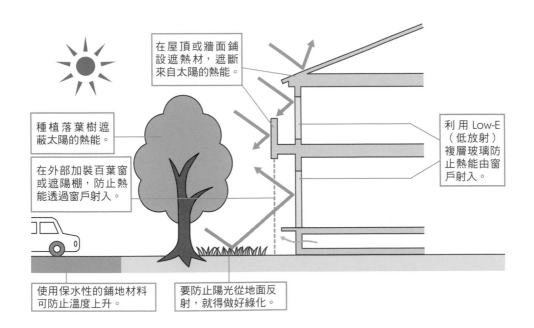

在屋頂或牆面鋪設遮熱材，遮斷來自太陽的熱能。

種植落葉樹遮蔽太陽的熱能。

在外部加裝百葉窗或遮陽棚，防止熱能透過窗戶射入。

利用 Low-E（低放射）複層玻璃防止熱能由窗戶射入。

使用保水性的鋪地材料可防止溫度上升。

要防止陽光從地面反射，就得做好綠化。

1／設備計畫開始之前
2／給‧排水、熱水設備
3／通風、空調設備
4／電力、通信設備
5／辦公室‧其他設施的設備
6／挑戰節能的設計
7／設備圖與相關資料

079 | 遮蔽日照射

Point

- 遮蔽日射是最基本的節能之道。
- 外部加裝百葉的日射遮蔽率佳。
- 導光板不僅能遮蔽日射,也能確保採光充足。

保養與更新	應以考量材料厚度的熱阻值來斷定斷熱材料的性能。

遮蔽日照的方法

除了隔熱和遮熱之外,遮蔽日射也可以達到節能目的。遮蔽日射的方法有以下二種:

● 房簷

遮蔽日射最基本的做法就是利用房簷。將房簷規劃在建築南面的窗戶上,不僅不會妨礙到視線,還能減低日射的熱負荷。

利用房簷遮蔽日射,即使太陽高度較低的冬季也不會妨礙陽光照射,確保有充足的日照。而在太陽高度較高的夏季,還能遮蔽掉過多的陽光。

● 外部加裝百葉

在窗戶外部裝上百葉遮蔽日射,在日本雖然比較少見,但在歐洲卻很普及。

透過在窗戶外部裝百葉,可以直接在窗戶外側就將日射遮斷掉,遮蔽的效果最好。相對地,如果百葉是裝設在室內側的話,等於是日射熱已進入室內後才加以遮蔽,難免還是會受到熱的影響。

此外,由於亮色百葉的反射率會比暗色的來得高,所以日射的遮蔽性能也會比較好。

遮陽導光板的特徵

在南面的窗戶中段上設置房簷,一方面遮蔽日射,一方面將房簷上面反射的陽光有效地導入室內,這個手法稱為「導光板(light shelf)」。讓反射的陽光在天花板上擴散開來,將陽光引導到室內,透過充分利用白天的陽光,就能夠減低晝間照明的能源負荷。

此外,導光板上部的窗戶,若使用陽光可均勻擴散的毛玻璃,窗面周圍就會變明亮,也能夠緩和直射光所產生的眩光。柔和擴散的光線可一直透入起居室的深處,採光的效果比透明玻璃更好。

而且,為了能有效利用自然光,電力上最好能另外區分出窗戶邊的照明回路,設置可控制照明亮度的感應裝置、及可連續調光的照明裝置等,並與照明計畫一併檢討。

◆ 利用房簷來遮蔽日射

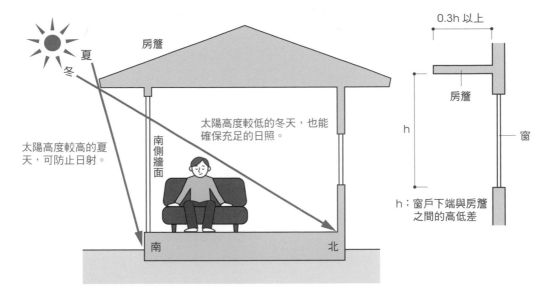

房簷

夏
冬

太陽高度較低的冬天，也能確保充足的日照。

太陽高度較高的夏天，可防止日射。

南側牆面

南　　　　　　北

0.3h 以上

房簷

窗

h

h：窗戶下端與房簷之間的高低差

◆ 百葉遮蔽日射的效果比較

● 沒有百葉

日射 100%

室外

室內
90%
好熱

10%

● 在室內側加裝百葉

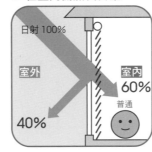

日射 100%

室外

室內
60%
普通

40%

● 在窗戶外部加裝百葉

日射 100%

室外

室內
20%
舒適

80%

◆ 遮陽導光板的概念

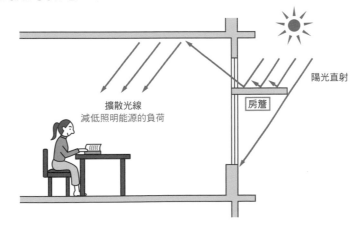

陽光直射

擴散光線
減低照明能源的負荷

房簷

1 設備計畫開始之前

2 給・排水、熱水設備

3 通風、空調設備

4 電力、通信設備

5 辦公室・其他設施的設備

6 挑戰節能的設計

7 設備圖與相關資料

080 | 利用自然能源

Point

● 利用自然能源的方式，有使用機械設備的主動式系統、以及在建築結構體本身下工夫的被動式系統。
● 主動式系統會受自然條件左右。
● 主動式系統與被動式系統併用，節能效果更好。

保養與更新 | 主動式系統設備通常會暴露在外部嚴苛的環境下，必須定期檢查保養才好。

利用自然能源的思考方式

要有效運用自然能源，可從兩個角度考量，一是使用機械設備來利用自然能源的主動式系統；二是不仰賴特定機械，而是在建造時下工夫，使建築物本身就能利用自然能源的被動式系統。

主動式系統的特點

在主動式系統方面，除了主要利用陽光、風力和水力發電，或是利用地中熱做為熱泵的熱源之外，還有可利用太陽的熱能燒水的熱水器等。不管哪一種裝置都會使用到機械，因此也要格外留意機械的保養及更新。主動式系統雖然容易受到氣候、地區、設置位置等自然條件左右，但發電時卻可讓二氧化碳的排出量為零。在不需仰賴化石燃料之下，實現透過自然能源供應生活所需的電力、空調和熱水等。

被動式系統的特點

而被動式系統方面，則是要利用建築物本身產生自然能源，營造舒適的內部環境。為了有效阻隔夏季時的日射，通常會在窗面上設置好大型的房簷或篷架，或在窗前種植闊葉樹等樹木。另外，加裝簾子或百葉也會有很好的效果。由於屋頂面的日射對夏季的熱負荷影響最大，因此要同時考量到屋頂的隔熱、以及良好的通風效果，將窗戶配置在適當的位置上。另外，將一整年都有穩定溫度的地中熱引入室內自然循環，也能有助於降低冷氣的負荷。冬季時，也要盡可能將日射與日光導入室內，而不會散逸掉，因此妥善安排好蓄熱設備、或進行隔熱，也就非常重要。在日射和日光直射的向陽面，可使用熱容量大的混凝土和地磚等裝潢材料加以蓄熱，如此就能利用放射熱使室內溫暖。

在利用自然能源的做法上，真正關鍵並不是應該選擇哪一種系統，而是即使選擇了主動式系統，也必須與被動式系統合併使用，才能獲得高效的節能效果。

◆ 主動式系統的概念

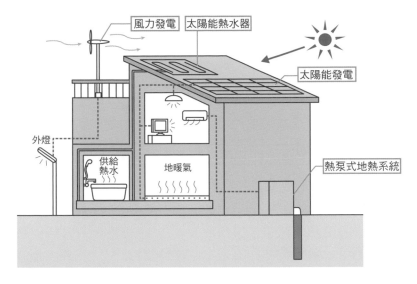

- 風力發電
- 太陽能熱水器
- 太陽能發電
- 外燈
- 供給熱水
- 地暖氣
- 熱泵式地熱系統

◆ 被動式系統的概念

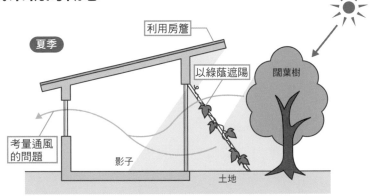

夏季

- 利用房簷
- 以綠蔭遮陽
- 闊葉樹
- 考量通風的問題
- 影子
- 土地

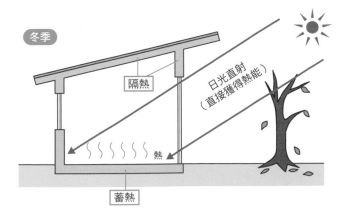

冬季

- 隔熱
- 日光直射（直接獲得熱能）
- 熱
- 蓄熱

1／設備計畫開始之前

2／給・排水、熱水設備

3／通風、空調設備

4／電力、通信設備

5／辦公室・其他設施的設備

6／挑戰節能的設計

7／設備圖與相關資料

081│太陽能發電

Point

- 設置的最佳方位是面向正南方，傾斜角度在20～30度之間。
- 留意周邊高樓或樹木的陰影會不會遮蔽到。
- 安裝費用每3kW約200萬日圓。[6]

保養與更新 裝置上的電源調節器壽命約為十～十五年，最好每十年檢查一次。

太陽能發電的原理

環繞地球周遭的自然能源中，以太陽光最為充足，活用太陽能發電已經是近年來備受矚目的環保設備之一。

太陽能發電系統中的太陽能電池模組，是將所吸收的太陽能源轉換成直流電的能源轉換器。透過光能照入半導體時會產生＋（正極）和－（負極）的電位差，在此安裝電極即可做為電力的取出口，產生出直流電。目前，雖以矽料晶體類的太陽能電池模組為主流，但為了能夠兼具高效率與低成本，各種類的太陽能電池都正在積極研究開發中。

從太陽能電池模組產生的直流電，會利用電源調節器轉換成與電力公司相同的交流電，變成家庭也能夠使用的電力，可供各種家電用品使用。多餘的電力也能夠再賣給電力公司。

設置方法與發電量

在設置上，太陽能發電系統一般以屋頂放置型為主流，但在大樓方面，也有可牆壁設置型、以及可兼做窗戶玻璃的類型。發電量會因設置機種、設置環境、季節、以及使用情況等而有所不同，不過一般家庭約設置3～6kW的發電量就已足夠。此外，設置時的最佳傾斜角度為20～30度之間，以面向正南方最合適。

當受光方位上有高聳的建築或樹木時，會讓太陽能電池上產生陰影，而受到周遭光源錯亂的影響，就只能產生10～40％左右的發電量。所以說，太陽能電池最合適設置在向南面的寬廣處、且周遭沒有障礙物的地方。

1kW的系統設置費用約為70萬日圓左右。不過因為太陽能發電是有助於防止地球暖化、促進自然能源發展的一環，因此政府和地方單位也設有補助制度。

此外，系統設置後必須定期檢查，太陽能電池模組（表面以強化玻璃保護的類型）的壽命約在20年以上，電源調節器的壽命則為10～15年。

譯注：**6** 一般而言，太陽能發電系統的安裝費用會因系統容量大小、材料選用、施工方法、安裝現場的特殊性（如額外的引接線費用）等而有差異性，目前市面上系統單價約是新台幣8～13萬／瓩。（資料來源：經濟部能源局）

◆ 太陽能發電的結構

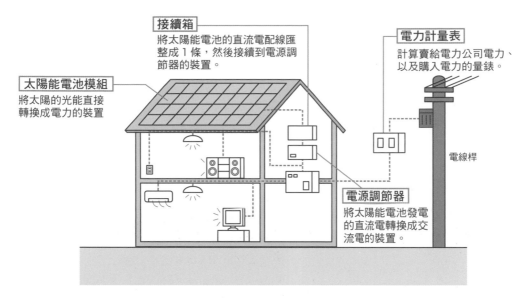

接續箱
將太陽能電池的直流電配線匯整成 1 條，然後接續到電源調節器的裝置。

太陽能電池模組
將太陽的光能直接轉換成電力的裝置

電力計量表
計算賣給電力公司電力、以及購入電力的量錶。

電線桿

電源調節器
將太陽能電池發電的直流電轉換成交流電的裝置。

◆ 檢視屋頂的形狀與周遭的環境

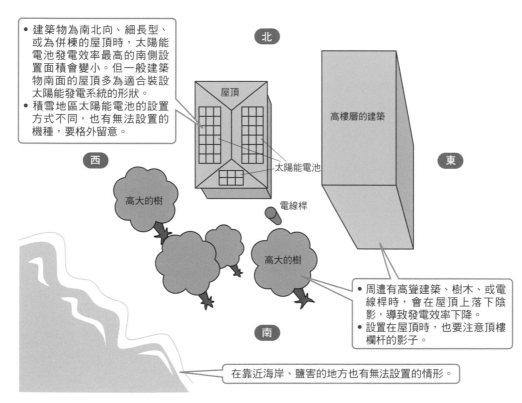

- 建築物為南北向、細長型、或為併棟的屋頂時，太陽能電池發電效率最高的南側設置面積會變小。但一般建築物南面的屋頂多為適合裝設太陽能發電系統的形狀。
- 積雪地區太陽能電池的設置方式不同，也有無法設置的機種，要格外留意。

北

屋頂

高樓層的建築

西

太陽能電池

東

高大的樹

電線桿

高大的樹

- 周遭有高聳建築、樹木、或電線桿時，會在屋頂上落下陰影，導致發電效率下降。
- 設置在屋頂時，也要注意頂樓欄杆的影子。

南

在靠近海岸、鹽害的地方也有無法設置的情形。

1/設備計畫開始之前

2/給‧排水‧熱水設備

3/通風‧空調設備

4/電力‧通信設備

5/辦公室‧其他設施的設備

6/挑戰節能的設計

7/設備圖與相關資料

◆ 太陽能發電

太陽能發電系統

轉換效率世界第一的面板，發電量更多

選擇的重點

採用太陽能發電時，盡可能多設置幾個太陽能電池的面板，這樣成本效益會比較高。
同時也要經過比較及檢討各廠牌的價格、及發電效率後再採用。

太陽能電池模組

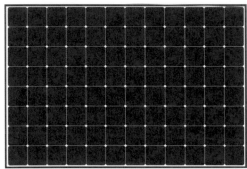

SPR-X22-360

SPR-X21-265

機種名稱	晶片種類	官方最大發電力	外型尺寸	重量
SPR-X22-360	單晶矽	360W	高 1,046× 寬 1,559× 縱深 46	18.6kg
SPR-X21-265	單晶矽	265W	高 798× 寬 1,559× 縱深 46	15kg

※ 參考值採 JIS C8918 規定的 AM1.5 標準，放射照度 1,000W／㎡，組件溫度 25 ℃時。

電源調節器

TPV-PCS0400C
※ 與外觀形狀相同

TPV-PCS0550C

TPV-44M2-J4／TPV-55M2-J4
※ 與外觀形狀相同

機種名稱	額定發電力		設置場所	外型尺寸（mm）	重量
	系統併聯時	獨立運轉時			
TPV-PCS0400C	4.0kW	1.5kW	室內	高 280× 寬 460× 縱深 155	約 15kg
TPV-PCS0550C	5.5kW	1.5kW	室內	高 280× 寬 550× 縱深 171	約 18kg
TPV-44M2-J4	4.0kW	1.5kW	室外	高 400× 寬 720× 縱深 220	約 36kg
TPV-55M2-J4	5.5kW	1.5kW	室外	高 400× 寬 720× 縱深 220	約 36kg

彩色顯示器

彩色顯示裝置　　　　　　　　　電力計量裝置

機種名稱	畫質	顯示內容	設置方法	外型尺寸（mm）
TPV-MU3-D （彩色顯示裝置）	彩色 TFT7 英吋	發電、消費、買電、賣電、 發電換算（CO_2／石油）、 節能導引機能等	桌上型／ 掛壁式	高 133.6× 寬 190.2× 縱深 24
TPV-MU3P-M （電力計量裝置）	―	―	固定在壁上	高 206× 寬 130× 縱深 24

接續箱

機種名稱	發電回路數	輸電回路數	設置場所	外型尺寸（mm）
TOS-PVB6C-04T	6	1	室內或室外	高 295× 寬 344× 縱深 115
TOS-CBS4C-R2	4	1	室內或室外	高 290× 寬 220× 縱深 115

升壓裝置

機種名稱	額定輸 出電力	升壓範圍	電路數	設置場所	外型尺寸（mm）
TPV- ST3-113	1,150W	DC40 ～ 330V	1	室內或室外 （屋簷下）	高 293× 寬 117× 縱深 124 （含金屬安裝零件）

※ 升壓裝置會因為系統的結構，導致設定的升壓範圍不同。

1／設備計畫開始之前

2／給・排水、熱水設備

3／通風、空調設備

4／電力、通信設備

5／辦公室・其他設施的設備

6／挑戰節能的設計

7／設備圖與相關資料

082 | 利用太陽熱能

Point

- 自然循環型的價格最便宜，且能利用周遭的太陽熱能。
- 強制循環型貯熱水量最多，可確保高水壓，屋頂的承重負擔也較小。
- 熱水器要與熱水供應機連接起來，才不用擔心熱水供給中斷的問題。

保養與更新	安裝於屋頂的設備經年累月後會有劣化的情形，要定期確認沒有腐蝕等情況。

太陽能熱水器的種類

太陽能熱水器有「自然循環型」和「強制循環型」二種。目前最普及的是使用集熱面板與熱水槽一體成形、不需電力，利用自然對流的原理，即可將熱水貯存在熱水槽的自然循環型。價格約為30～50萬日圓不等，相對地較便宜，同時也能有效利用周遭的太陽熱能。不過，由於熱水槽通常會設置在屋頂上，安裝的同時也要考量到屋頂的承重才行。

自然循環型還可以再分為開放型和直接給水型。開放型是利用水槽、與給水栓（水龍頭）之間的高低差來供給熱水，因此確保有足夠的水壓是重點所在。另一方面，直接給水型因為是利用自來水管本身的壓力，可確保有充足的供水水壓。直接給水型的機種中也有將集熱器的集熱部分、與貯水部分結合為一體的真空貯水型。在以玻璃管包覆起來的圓筒狀集熱器周圍就有貯放熱水的構造，這樣的集熱效率與保溫效果都很高。

強制循環型是將屋頂上的集熱面板、與地上的熱水槽分開來設置。集熱面板與貯水槽之間有冷媒做為循環，是製造熱水後再貯存起來的運作方式。價格上雖然昂貴些，但貯熱水量多，也能確保有高水壓。即使冬天，也能容易加熱供水，利用價值可說是非常高。若能更積極地利用太陽能系統，不僅可以用來供應熱水，還能做為地暖氣使用。

不管是採用哪一種方式，都要將熱水器與熱水供應機連接起來，這樣才不用擔心會有熱水中斷的問題。此外，集熱器的設置方向、周遭環境等都會影響集熱效率，設置時都要仔細考量。

空氣式太陽能系統

若要用來輔助暖氣的話，可以考慮空氣式太陽能系統。利用屋頂的太陽能集熱面板先將室外空氣變暖，用送風機吹送到地板下，再以蓄熱體將暖氣蓄熱保存，需要時再送到各個房間內。夏季時，則是用送風機將屋頂裡的暖氣排出屋外。

設置時，需要確保建築地基，屋頂裡空間、以及風管空間等，必須在建造時就與系統搭配好。

◆ 太陽能熱水器的種類與構造

● 自然循環型（平板型）

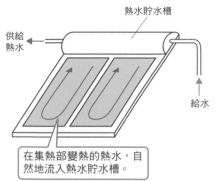

熱水貯水槽

供給
熱水

給水

在集熱部變熱的熱水，自
然地流入熱水貯水槽。

● 真空貯存熱水型（真空玻璃管型）

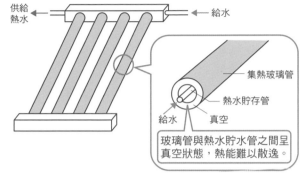

供給
熱水

給水

集熱玻璃管

熱水貯存管

給水　真空

玻璃管與熱水貯水管之間呈
真空狀態，熱能難以散逸。

● 強制循環型

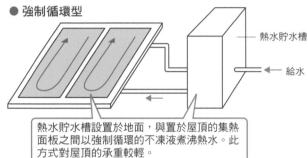

熱水貯水槽

給水

熱水貯水槽設置於地面，與置於屋頂的集熱
面板之間以強制循環的不凍液煮沸熱水。此
方式對屋頂的承重較輕。

◆ 太陽能供給熱水系統的結構

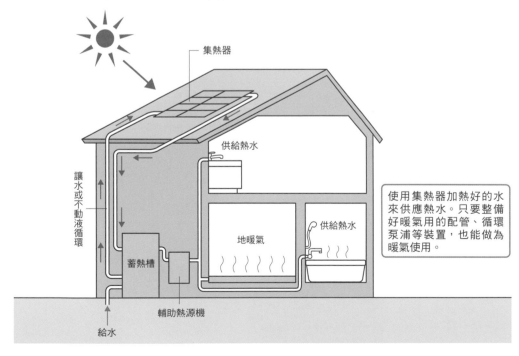

集熱器

供給熱水

讓水或不動液循環

供給熱水

地暖氣

蓄熱槽

輔助熱源機

給水

使用集熱器加熱好的水
來供應熱水。只要整備
好暖氣用的配管、循環
泵浦等裝置，也能做為
暖氣使用。

1 / 設備計畫開始之前

2 / 給・排水、熱水設備

3 / 通風、空調設備

4 / 電力、通信設備

5 / 辦公室・其他設施的設備

6 / 挑戰節能的設計

7 / 設備圖與相關資料

◆ 利用太陽熱能

住宅用太陽能系統（強制循環型）

日本矢崎能源

不會加重屋頂負擔的分離型

太陽能集熱器對應型 Eco-Cute
SHE-B2242AE-45NN
直接給水型

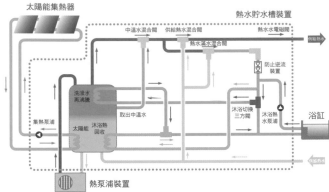

此系統結合了空氣熱加溫的「Eco-Cute」熱水器，以及使用太陽熱能製造熱水的太陽能系統，兼具兩者的優點。

● **天氣預測機能**
能精準預測隔天的天氣。預測明天是雨天或陰天時，會使用夜間電力，以熱泵浦煮沸熱水。若預測明天是晴天，可以太陽能來集熱時，則是抑制熱泵浦煮沸熱水。如此一來，既不會浪費電力，也有助於節能。

● **沐浴熱回收機能**
回收沐浴後浴缸的熱，以其排熱來加熱貯水槽的水。

● **計算熱水使用量的機能**
從過去一週的資料，詳細了解熱水使用量。就能在預想一日的使用模式、因應生活方式之下計算出最適的熱水需求量，再依據此量加熱熱水。

● 規格

項目		規格	
系統	電熱水機及給水器有經過認證	NSHE-B42AE-45NN	NSHE-C42QN-45NN
	適用電力制度	時間區段電燈型／季節時間帶電燈型（控制通電型）	
	相數／額定電壓	單相／200V	
	額定周波數	50／60Hz	
	最大電流	17A	16A
	煮沸溫度	約 65〜80℃	
	全年供給熱水效率（Eco-Cute 單機）	3.3	
	目標	新一代節能基準Ⅲ 地域以南	
貯熱水槽裝置	形式	SHT-B42AE-1N	SHT-C42QN-1N
	類型	全自動	供給熱水專用
	種類	室外型	
	槽容量	420L	
	水測最高使用壓力	190kPa（減壓閥設定壓力：170kPa）	
	外型尺寸（高 × 寬 × 深）	1940 ×693 ×796mm	
	重量（滿水時）	100 kg（約 533 kg）	84 kg（約 516 kg）
	消耗電力（50／60Hz 共通）　浴室泵浦	95／124W	—
	集熱泵浦	24〜73W	
	防止凍結加熱器	86W	52W
	控制	9W（遙控器燈滅時 7W）	7W（遙控器燈滅時 6W）
	熱水貯熱機能	滿槽、依喜好、深夜模式（各種模式）	滿槽、依喜好、控制（各種模式）
	浴室熱水機能	自動滿水、自動保溫、自動填補熱水、高溫加熱水、再沸騰、增加熱水、加熱水	供給熱水
	其他機能	太陽能集熱、回收浴室熱水	太陽能集熱
熱泵浦裝置	形式	YHP-B45NN	
	外型尺寸（高 × 寬 × 深）	650 ×820 ×300mm	
	重量	52 kg	
	中期加熱能力	4.5 kW	
	中期消耗電力	1.025 kW	
	中期 COP	4.4	
	夏季加熱能力／消耗電力	4.5kW／0.900kW	
	冬季高溫加熱能力／消耗電力	4.5kW／1.500kW	
	運轉聲音 中期／冬季高溫	38dB／43dB	
	冷媒名稱（封入量）	CO_2（0.852 kg）	

項目		規格	
集熱器	型式	ESC-E1020	ESC-E1010
	集熱器總面積	2.01 m^2	1.13 m^2
	個數	2〜3 個	3〜6 個
	外型尺寸（高 × 寬 × 深）	1002 ×2002 ×60mm	1003 ×1129 ×55mm
	重量（滿水時）	37 kg（39.5 kg）	21 kg（23 kg）
	使用熱媒體	丙二醇水溶液	

太陽能熱水器（自然循環型）

價廉物美的標準型太陽能熱水器

選擇的重點

只要清楚如何設計規劃，即使便宜的設備也能有高效率。

SW-III320M

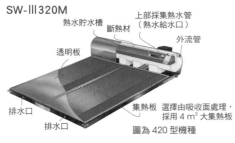

- 熱水貯水槽
- 斷熱材
- 透明板
- 排水口
- 排水口
- 上部採集熱水管（熱水給水口）
- 外流管
- 集熱板 選擇由吸收面處理，採用 4 m² 大集熱板

圖為 420 型機種

4m² 的大集熱板能有效蒐集太陽熱能，將內部循環的水加溫。本體背面最上部設有熱水給水口，能設計成順暢且不醒目的配管。

SW-III320M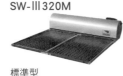

標準型

SW-III420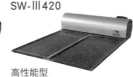

高性能型

SW-III425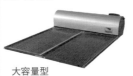

大容量型

SW-III320M尺寸圖

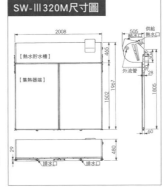

SW-III420M尺寸圖

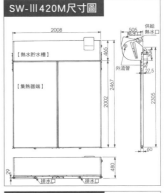

SW-III425尺寸圖

機種名稱	貯存熱水容量（L）	重量（滿水時）(kg)
SW-III320M	約 200	約 81（約 293）
SW-III420	約 200	約 95（約 309）
SW-III425	約 200	約 99（約 363）

附太陽能電池的住宅用太陽能設備（強制循環型）

太陽能電池供給集熱泵浦的運轉電力

為一體成形的太陽能熱水器系統。以直接連結自來水管給水方式，由於供水時水壓充足，二樓浴室的淋浴也能有強力的水壓。

SP-W420

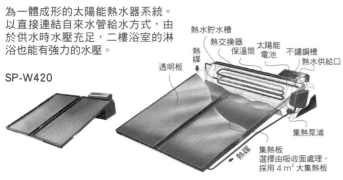

- 熱水貯水槽
- 熱交換器
- 保溫筒
- 太陽能電池
- 不鏽鋼槽
- 熱水供給口
- 熱媒
- 透明板
- 集熱泵浦
- 集熱板 選擇由吸收面處理，採用 4 m² 大集熱板

尺寸圖

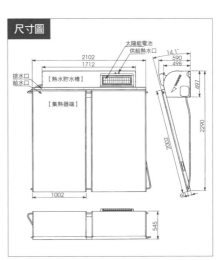

機種名稱	集熱方式	供給熱水、給水的方式	貯存熱水容量（L）	重量（滿水時）(kg)
SP-W420	強制循環‧熱交換式	直接給水	約 200	約 130（約 340）

1 設備計畫開始之前
2 給‧排水、熱水設備
3 通風、空調設備
4 電力、通信設備
5 辦公室‧其他設施的設備
6 挑戰節能的設計
7 設備圖與相關資料

083│利用地中熱

Point

● 地中熱是一整年都能維持穩定溫度的熱媒。
● 先以地中熱調整室外空氣的溫度後,再引入室內,有助於減輕冷暖氣的負擔。
● 使用冷暖氣時,不會從室外出產生令人不舒服的熱氣。

保養與更新	裝設在地底下的設備不易保養,規劃時要特別針對會造成設備發霉的結露現象加以考量。

地中熱的溫度較為穩定

地底深5公尺以下的溫度,較不會受到地面溫度的影響,一年到頭都能穩定地維持在10～15℃之間。與其他自然能源(太陽能、風力等)相較,地中熱較不會受到氣候和所在位置等影響,具有常保穩定溫度的特徵。

利用地中熱的主要系統中,有被動型與主動型二種。

被動型地中熱系統

做為冷卻裝置的地熱冷管,埋設在建築物周邊、或地底下1～3公尺左右、可連結室外空氣與室內的配管,構造相當簡單。夏天可利用19～21℃的地中熱,將室外襖熱的空氣經地中較低溫度冷卻後再送到室內。這個原理和夏天井水感覺冰涼、冬天感覺溫暖一樣。地熱冷管也可使用在大型的建築設施,利用地基當中用來埋設管線的空間,做為熱的傳遞通道。

還有將配管埋入深5公尺左右、利用地中熱的換氣系統。由於是深埋地底,地板下還設有蓄熱體,所以效果也更加地穩定。由於地中熱換氣系統的配管是縱向埋入,即使狹小的空間也可以利用。

被動型地中熱系統並不直接引入室外空氣,而會先經由地底調節溫度後,再引入室內,可有效減輕冷暖氣機的負荷。

主動型地中熱系統

主動型是使用熱泵機組的地中熱系統。在地底50～100公尺深處埋入地下配管,然後讓水或不凍液循環其中,做為熱泵的熱源。

熱泵式空調的運作效能會受室外氣溫左右,但是利用地中熱的話,一整年都能有穩定的效能。而且在使用冷暖氣機時,室外機不會排出讓人不舒服的熱氣。

◆ 被動型地熱系統

● 地熱冷管

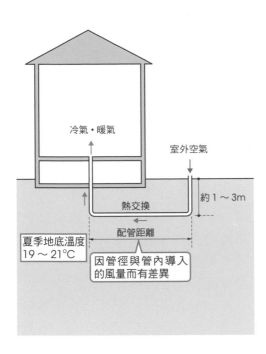

冷氣・暖氣

室外空氣

熱交換

約 1 ～ 3m

配管距離

夏季地底溫度
19 ～ 21°C

因管徑與管內導入
的風量而有差異

● 地熱換氣系統

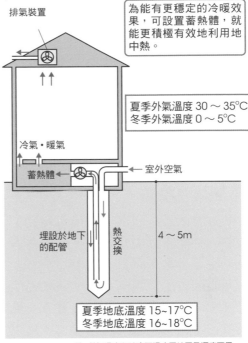

排氣裝置

為能有更穩定的冷暖效
果，可設置蓄熱體，就
能更積極有效地利用地
中熱。

夏季外氣溫度 30 ～ 35°C
冬季外氣溫度 0 ～ 5°C

冷氣・暖氣

蓄熱體

室外空氣

埋設於地下
的配管

熱交換

4 ～ 5m

夏季地底溫度 15~17°C
冬季地底溫度 16~18°C

注 外氣溫度和地底下溫度因地區及深度而異。

冬季 地底溫度＞外氣溫度　　**夏季** 地底溫度＜外氣溫度

利用外氣溫度與地底溫度的溫差進行熱交換。

◆ 主動型地熱系統

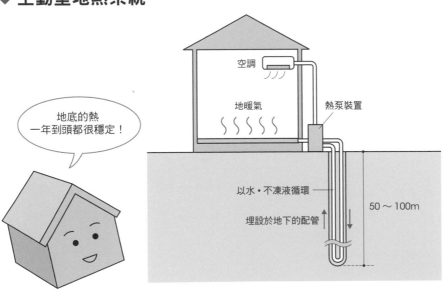

空調

地暖氣

熱泵裝置

地底的熱
一年到頭都很穩定！

以水・不凍液循環

埋設於地下的配管

50 ～ 100m

1／設備計畫開始之前

2／給・排水、熱水設備

3／通風、空調設備

4／電力、通信設備

5／辦公室・其他設施的設備

6／挑戰節能的設計

7／設備圖與相關資料

084 | 小型風力・水力發電

Point

● 風力發電無關日夜，24小時全天候都能夠發電。
● 垂直軸型的風車能對應來自任何方向的風，即使微風也能夠發電。
● 水力發電尚無法應用於一般家庭，目前仍處於開發階段。

保養與更新	雖然風力發電會因為電池的使用狀況而有差異，但通常在三～五年之間都需要更換與保養。

什麼是風力發電？

　　風力發電是利用風力使風車轉動，讓轉動的動能牽動發電機後，產生電力能源。風力發電無關日夜，可24小時全天候回收裝置所產出的電力，與太陽能的情形剛好相反的是，相較於夏天，風力發電在冬天有更強的發電能力，可說是最大的特徵。

　　家庭用的小型風力發電機有水平軸的螺旋槳型、以及垂直軸型。水平軸的螺旋槳型雖然發電能力高，但在因應風向的變化上不太靈光。另一方面，垂直軸型既可以因應來自任何方向的風，而且即使微風也能發電。

　　風力發電產出的直流電會蓄電（充電）於電池中，再利用變流器轉換成AC100V的電源使用。發電量為0.3～2kW，通常會做為家庭用電的部分電源，或做為玄關、以及建築外部照明用的電源。另外還有與太陽能電池併用的混合型。

　　設置風力發電機時，所在位置的條件會對發電量造成很大的差別，因此事先必須調查清楚風況，同時也要充分檢討強風時的安全對策。

小型水力發電的可行性

　　水力發電是利用水力驅使發電用水車轉動的方式進行發電。如同太陽能和風力發電，並非每個地方都適用，水力發電僅限於用在有水流的地方。

　　相對於太陽能或風力發電的效率容易受天候和設置環境所左右，水力發電只需利用水流的落差，就能夠24小時全年穩定地發電。

　　日本的地形群山環繞，在受惠於水的自然環境下，就很適合利用水力發電，自古以來水力即扮演著供給能源的重要角色。

　　近年來也開發出許多小型的水力發電機，有用在電力供應不到的山間、山麓等，以及魚塭或農業用水等，做為電源的一部分使用的例子。雖然可應用於一般家庭的水力發電還未實現，不過目前已經在持續開發中了。

1 設備計畫開始之前

2 給・排水、熱水設備

3 通風、空調設備

4 電力、通信設備

5 辦公室・其他設施的設備

6 挑戰節能的設計

7 設備圖與相關資料

◆ 風力發電的概念

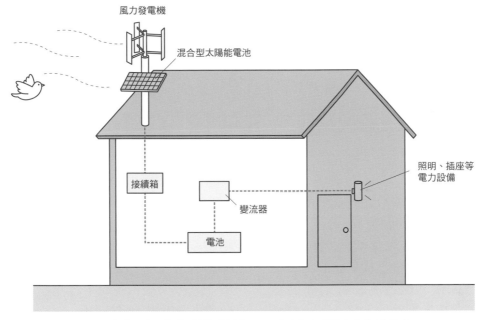

風力發電機

混合型太陽能電池

接續箱

變流器

電池

照明、插座等電力設備

● 風車的種類

水平軸型
（螺旋槳型等）

垂直軸型
（陀螺型等）

◆ 小型水力發電的種類

● 低落差型水力發電機

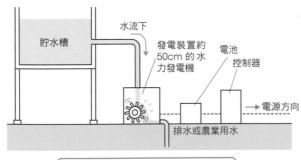

貯水槽

水流下

發電裝置約50cm 的水力發電機

電池

控制器

電源方向

排水或農業用水

除了河川、溪流之外，也能利用工廠排水等的低落差來發電。

● 溪流發電機

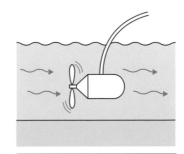

只需將水力發電機組沉入溪底，是一種不需要大工程的簡易發電機。

085 | 熱泵浦的原理

Point

- 做為建築領域用來因應地球暖化的對策手法之一，熱泵系統正逐漸推廣普及中。
- 空調的冷媒可使用較環保的氫氟烴（HFC）來取代含氯氟烴（CFC）。
- 熱泵的運作效率以APF值表示。

保養與更新 | 空調效能變差有可能是因為冷媒外洩，應及早詢問電器業者。

什麼是熱泵浦？

熱泵浦是能吸收散在空氣中的熱，並將其轉換成熱能的裝置。

物質從液體變成氣體的現象稱為「氣化」，此時要變化成氣體的物質會吸收周遭的熱，周遭的物質則會因被吸走熱而冷卻。相反地，物質從氣體變成液體的現象就叫做「凝固」，要轉變為液體的物質在改變狀態時會向周圍放熱，使周圍的物體環繞在熱之中而開始加熱。

熱泵浦就是利用這種原理，以壓縮機（compressor）有效地吸收大氣中的熱，然後使其傳導、移動來進行冷卻或加熱。這時候會需要使用的液體，就是在低溫狀態下非常容易蒸發的「冷媒」。

熱泵技術以往都是用在冰箱和空調等做為冷卻使用，近年來漸漸從冷氣進而廣泛地運用到暖氣、以及供給熱水等方面。由於熱泵不需要燃燒系統，從防止地球暖化的觀點來看，備受眾人矚目。

空調的原理

空調設備的熱泵構造，在冷氣進行循環時，首先會以室外機內的壓縮機來壓縮冷媒，產生出高溫高壓的氣體。該氣體再透過室外機內的熱交換器經由外部空氣冷卻後，變成中溫高壓的液體。此時也會放出「凝縮熱」。

室內機接著會以膨脹閥使由室外機送來的中溫高壓液體膨脹。這個時候，就會向周遭的空氣吸取熱，室內即是因此而變涼爽。這種吸收熱的情形叫做「蒸發熱」。如此機械式地做出「高溫‧高壓」與「低溫‧低壓」的狀態，就可不斷反覆循環收集空氣中的熱。

空調的冷媒可以使用不易破壞臭氧層的氫氟烴（HFC）來替代。另外，熱泵浦裝置也被視為一種節能技術，節能效率以APF值表示。（參照174頁）

1／設備計畫開始之前

2／給・排水、熱水設備

3／通風、空調設備

4／電力、通信設備

5／辦公室・其他設施的設備

6／挑戰節能的設計

7／設備圖與相關資料

◆ 熱泵浦的結構

透過壓縮與膨脹方式，以熱交換器來進行熱的傳遞，然後活用在冷氣與暖氣上。

● 使用冷氣時

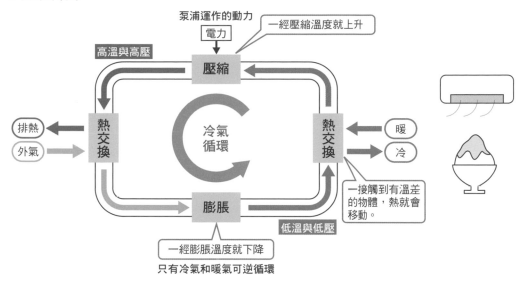

● 使用暖氣時

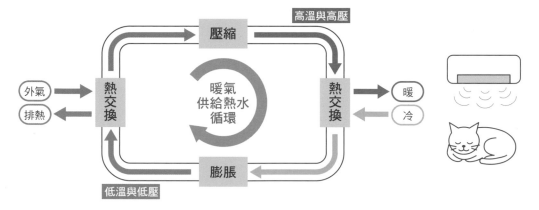

◆ 熱泵浦減少 CO_2 的效果

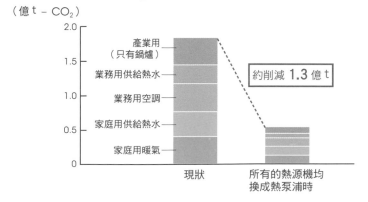

出處：日本（財團法人）熱泵浦・蓄熱中心試算值

086 | Eco-Cute 熱水器

Point

- Eco-Cute是利用熱泵浦的原理煮沸熱水。
- 能獲得所投入電力三倍以上的熱能。
- 可使用夜間較便宜的電力降低運轉成本。

保養與更新	廠商提供的保固期通常為熱水供水機二年、壓縮機三年、貯水槽五年。

什麼是「Eco-Cute」？

Eco-Cute是家庭用自然冷媒熱泵式熱水器的暱稱，以「利用空氣的熱來煮沸熱水」這句宣傳口號廣為人知。由於並不需要燃燒，因此不會有二氧化碳排出。

Eco-Cute是由熱泵裝置、與熱水貯水槽裝置所構成，可用來供給熱水、或是做為地暖氣使用。可利用夜間較便宜的電力煮沸熱水，還可依照熱水槽內剩餘的熱水量增加煮沸熱水量。

Eco-Cute的種類，除了有專門供給熱水的機種外，還有能自動注水‧放泡腳水‧放高溫泡腳水，以及除了自動注水外，還能保溫、放泡腳水、再加溫的全自動式等三種。

安裝須知

● 檢討安裝場所

基本上最好安裝在廚房、浴室等需用熱水場所的旁邊。如果是緊鄰著鄰居的話，最好是在避開臥室附近的地方裝設。

熱泵浦裝置的運轉音量約是38dB，雖說低於空調室外機，但因為是一整年中都在深夜運轉，有些人會在意這樣的噪音問題。

● 確保安裝的空間

若用在都市的狹小用地，熱水貯水槽裝置的設置空間也要加以檢討。此時最好選擇薄型、或是與熱泵浦一體等已精簡化的水槽。不過在設置熱水槽時，仍須設置好基座。

此外，熱水貯水裝置和熱泵裝置也可分開設置。不過，當熱水貯水槽設置在室內時，還必須考量到水槽的重量，並針對地板進行補強。

● 電力配線

在配線上，有從安培電流遮斷器、或從主開關器一側分岐出的配線方式，也有從配電盤以專用回路配線的方式。要留意不可使用外部插座，務必以200V的專用回路直接連接使用。

◆ Eco-Cute 的構造

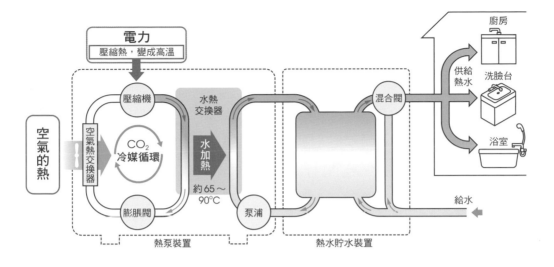

◆ 安裝在熱泵裝置與熱水貯水槽裝置之間

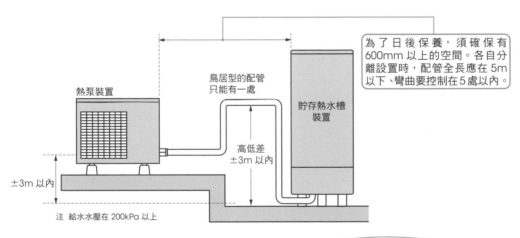

為了日後保養，須確保有 600mm 以上的空間。各自分離設置時，配管全長應在 5m 以下、彎曲要控制在 5 處以內。

熱泵裝置

鳥居型的配管只能有一處

貯存熱水槽裝置

高低差 ±3m 以內

±3m 以內

注 給水水壓在 200kPa 以上

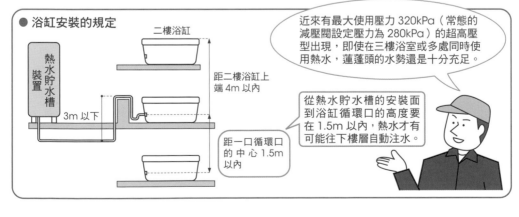

● 浴缸安裝的規定

二樓浴缸

熱水貯水槽裝置

3m 以下

距二樓浴缸上端 4m 以內

距一口循環口的中心 1.5m 以內

近來有最大使用壓力 320kPa（常態的減壓閥設定壓力為 280kPa）的超高壓型出現，即使在三樓浴室或多處同時使用熱水，蓮蓬頭的水勢還是十分充足。

從熱水貯水槽的安裝面到浴缸循環口的高度要在 1.5m 以內，熱水才有可能往下樓層自動注水。

1／設備計畫開始之前
2／給・排水、熱水設備
3／通風、空調設備
4／電力、通信設備
5／辦公室・其他設施的設備
6／挑戰節能的設計
7／設備圖與相關資料

087｜Eco-Ice 冰蓄熱空調系統

Point

- 使用夜間電力產生冰，然後做為白天的冷氣使用。
- 可藉由控制空調機的運轉效率，降低電力的契約容量。
- 夜間時空調機不運作，適合夜間沒有空調需求的建築。

保養與更新	為因應蓄熱槽故障等問題，除了定期檢查之外，也有遠端監控的服務。

什麼是冰蓄熱？

讓水或冰蓄熱（冷卻），做為冷氣使用的蓄熱式空調系統，是為減輕辦公大樓、及其他設施冷氣負荷的方法之一。以往會在建築物最下層地基的凹處設置蓄熱水槽，做為水的蓄熱方式，但近來則以效率更好的冰蓄熱式為主流。這種冰蓄熱式的空調系統又稱為「Eco-Ice」。

與水蓄熱式相較，Eco-Ice是利用水到冰的物質相變（潛熱）來蓄熱，雖然兩者使用的水量相同，但Eco-Ice的蓄熱量更大，蓄熱槽的容量也相對小很多。另外，蓄熱槽也已單元化，可與室外機一起設置在屋頂等地方。

使用夜間電力蓄熱

Eco-Ice的最大特點在於，光是蓄熱量的部分就能夠降低電力的契約容量，同時由於是利用夜間較便宜的電力來蓄熱，因此也可以減少運轉成本。

通常，空調機的運轉效率，都會設定在夏天使用冷氣時的最大負荷。但實際上，只有有限的時間（天數）才會需要開到最大運轉效率，而且，如果能讓室內溫度穩定，冷氣的運轉效率低一點也足夠使用。為了省下不必要的浪費，Eco-Ice可使用夜間電力生成冰（蓄熱運轉），然後在白天冷氣運轉的尖峰時段使用，如此一來便能降低空調機本身的運轉效率，也就能降低電力契約容量。

此外，冬天時，可以蓄熱槽裝置生成溫水，利用在室外機的除霜運種上，這樣不僅能縮短除霜時間，也能提高環境舒適度。

由於機器是在夜間進行蓄熱運轉，這段時間會無法使用空調機。因此Eco-Ice較適合使用在事務所、店面、學校和工廠等夜間沒有空調需求的設施。

此外，雖然也有透天住宅也能使用的5匹馬力小型Eco-Ice，但因為夜間無法使用空調，再加上需要專用的動力電源，所以住宅要導入時，得要特別留意。

1/設備計畫開始之前

2/給・排水・熱水設備

3/通風・空調設備

4/電力・通信設備

5/辦公室・其他設施的設備

6/挑戰節能的設計

7/設備圖與相關資料

◆ 以往的系統與蓄熱系統

● 以往的空調系統

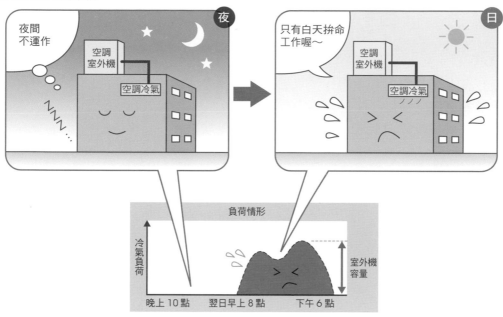

● 冰蓄熱式空調系統

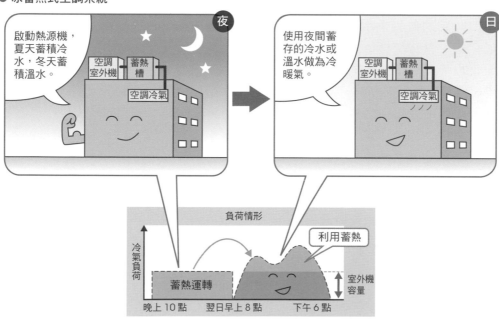

088 | Ene-Farm 家用燃料電池系統

Point
- 燃料電池是利用氫和氧的化學反應來產生電力。
- 利用發電時的排熱，可提高能源效率。
- 不需使用引擎動力裝置，可保持低噪音及低震動。

保養與更新	需要更換消耗品及定期檢查。設置時要確保維修與保養的空間。

什麼是「Ene-Farm」？

從一種能源中，可取出熱能和電力兩種能源，是所謂的熱電聯產系統。而Ene-Farm就是使用家用燃料電池的熱電共生系統。

燃料電池是利用水電解的逆反應原理，以水分中的氫做為燃料來製造電力。由於不是透過燃燒發電，因此幾乎不會產生造成酸雨的氮氧化物、硫氧化物、及二氧化碳。發電時會排出的只有水而已，而且也可以把這些水做為燃料，將水改變質態為水蒸氣再利用。

家用燃料電池是從天然氣、桶裝瓦斯及煤油當中，取出可做為燃料的氫，使其與空氣中的氧產生化學反應來製造電力。由於是將燃料（氫）本身具有的能量直接轉換成電能，因此發電效率很高。而且，Ene-Farm還可利用發電時的排熱，據說綜合起來的能源效率約可達80％。導入做為家庭也能使用的發電系統，可說是一種最新型的技術。

邁向實用化

Ene-Farm的發電力在1kW以下。一啟動就能產生電力和熱能，電力可做為家庭用的電源，熱能則可用來製造熱水。熱水可貯存在熱水槽，用來供給熱水，供給熱水的效率是24～27號。Ene-Farm與Eco-Will一樣，都有輔助熱源，不用擔心熱水中斷的優點。當Ene-Farm不運作、或需使用的電力超過最大的發電量時，可另行使用電力公司的電力，因此並不會有電力不足的問題。此外，Ene-Farm不需以引擎和渦輪來運作，因此也幾乎不會有噪音和震動的問題。與其他發電裝置相較，最大的優點就是低噪音、低震動。

雖然Ene-Farm存在著成本與相關支援法規等課題，不過目前市面上已經開始銷售，已是在一般家庭可實際使用的節能系統。

1／設備計畫開始之前

2／給‧排水、熱水設備

3／通風、空調設備

4／電力、通信設備

5／辦公室‧其他設施的設備

6／挑戰節能的設計

7／設備圖與相關資料

◆ 燃料電池的發電原理

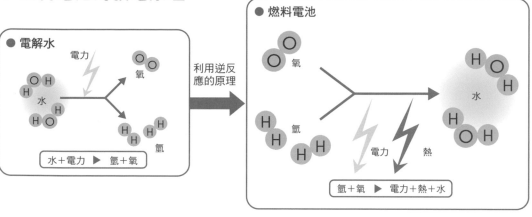

● 電解水

電力

氧

H O H
H 水 H
H O H

氫

水＋電力 ▶ 氫＋氧

利用逆反應的原理

● 燃料電池

氧

H H
氫 H H
H H

水

H O H
H O H

電力　熱

氫＋氧 ▶ 電力＋熱＋水

◆ Ene-Farm 的構造

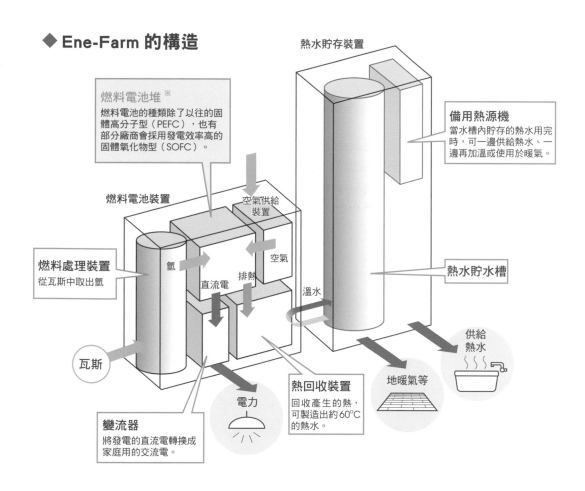

熱水貯存裝置

燃料電池堆 ※
燃料電池的種類除了以往的固體高分子型（PEFC），也有部分廠商會採用發電效率高的固體氧化物型（SOFC）。

備用熱源機
當水槽內貯存的熱水用完時，可一邊供給熱水、一邊再加溫或使用於暖氣。

燃料電池裝置

空氣供給裝置

燃料處理裝置
從瓦斯中取出氫

氫

空氣

直流電　排熱

溫水

熱水貯水槽

瓦斯

電力

熱回收裝置
回收產生的熱，可製造出約60℃的熱水。

地暖氣等

供給熱水

變流器
將發電的直流電轉換成家庭用的交流電。

※ 為因應停電的發生，也有部分廠商推出可透過獨立運轉持續發電，附獨立運轉機能的 Ene-Farm。

089 | 區域性的冷暖氣

Point

- 將熱源集中於一處,再供給至區域內的各建築物。
- 可活用個別建築難以利用、而未利用到的能源。
- 不需另設熱源機,能有效地活用空間。

保養與更新	由於熱源集中管理,因此每棟大樓皆不會使用到鍋爐等危險物品。

什麼是區域冷暖氣?

所謂區域冷暖氣,指的是在一區域的一處、或數個地方的冷暖氣機房製造冷熱或溫熱,再供給該區域內多處的大樓使用的方式。

一般而言,每棟建築物都要設置鍋爐和冷凍機等熱源設備,但利用區域冷暖氣的方式,則會將這些設備整合在區域機房集中管理,可使能源負荷標準化、並降低機器的容量。這種做法的能源使用效率,會比個別在建築物內設置熱源設備來得好。

此外,地鐵的排熱、垃圾焚化爐及變電所的排熱、河川或海水溫差等這些尚未被好好利用的能源,要讓單獨的一棟大樓活用並不容易。然而,若是在一個區域內實行的話,便可有效率地加以活用,達到減少環境負荷的目標。

建築物的優點

由於使用區域冷暖氣的每一棟建築物都不需要另外設置熱源機、冷卻塔和煙囪等,如此一來更能有效運用空間,建築設計的自由度也可提高。另外,若

能使用熱電聯產系統、及蓄熱系統,並利用夜間較便宜電力的話,不僅能降低與電力公司的契約電力容量,還有減少瓦斯使用量的效果。由於區域冷暖氣可24小時穩定地供給熱能,提高了便利性之外,機房內的蓄熱水設備也能做為緊急時的防火用水,有助於地域防災。

採用的對象

在東京都的都市計畫中,要求容積率400%以上的鄰近商業地區、商業地區、及準工業地區等,樓地板總面積合計5萬平方公尺以上的建築物,在建築計畫中要針對區域冷暖氣的導入提出檢討。而且,一經認定有導入必要性的計畫,即會指定該地區為區域冷暖氣計畫區。

此外,在區域冷暖氣計畫區域內,原本預定設置一定規模(重油換算300L/日)以上熱源機器的新建、或改建的建築物,也有義務加入、一起為區域冷暖氣的推動而努力。

◆ 區域冷暖氣的概念圖

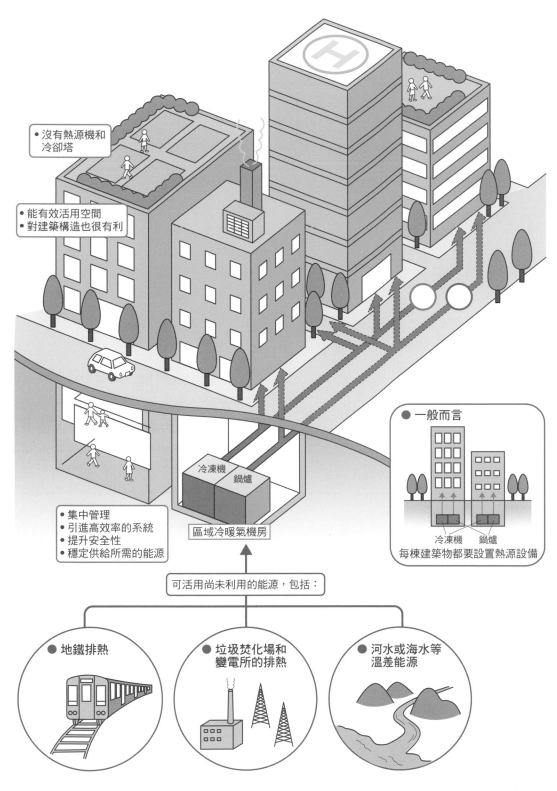

- 沒有熱源機和冷卻塔

- 能有效活用空間
- 對建築構造也很有利

● 一般而言

每棟建築物都要設置熱源設備

冷凍機　鍋爐

- 集中管理
- 引進高效率的系統
- 提升安全性
- 穩定供給所需的能源

冷凍機　鍋爐

區域冷暖氣機房

可活用尚未利用的能源，包括：

● 地鐵排熱

● 垃圾焚化場和變電所的排熱

● 河水或海水等溫差能源

1／設備計畫開始之前

2／給‧排水、熱水設備

3／通風、空調設備

4／電力、通信設備

5／辦公室‧其他設施的設備

6／挑戰節能的設計

7／設備圖與相關資料

090 | 夜間散熱與控制室外空氣

Point

- 可以夜間的冷空氣冷卻室內空間，減輕隔天早上啟動冷氣的負荷。
- 適合夜間停止空調運轉的建築物。
- 能以二氧化碳濃度調整換氣量，減少室外空氣對冷暖氣的影響。

保養與更新	與一般的空調相同，要定期檢查及清潔。

什麼是夜間散熱？

在許多人共用、且有很多OA設備等發熱機器的辦公大樓、及大規模的設施中，冷暖氣的負荷量會很大。若能依季節和時間區分出空調與換氣的方式，就能在一邊利用、一邊控制室外空氣之下，減輕冷暖氣的負荷。

尤其是一整年都需要使用冷氣的建築物，利用室外冷氣的做法會有很不錯的效果。所謂利用「室外冷氣」是指，在一天中、或夏季夜晚的室外氣溫低於室內時，透過積極引入室外空氣，達到室內冷氣效果的方法。

在利用室外冷氣的手法中，在夏季夜晚引引進冷空氣，讓隔日上午使用冷氣時減輕冷房負荷的手法，稱為夜間散熱（夜間外氣冷房）。包括了可手動操作、也可利用風速自動開閉換氣窗的自然換氣式，以及可感應室內溫度、自動取入夜間外氣使室內變涼的機械換氣式。這兩種方式都很適合夜間空調不需運轉的辦公大樓和設施使用。將白天建築混凝土結構中所蓄積的熱於夜間排出，可防止隔天上午、或假日結束時室內被熱氣所籠罩。另外，讓OA機器等的發熱機器也在夜間冷卻，白天啟動的速度也會變快。

依二氧化碳濃度控制外氣導入量

依據日本大廈管理辦法的室內空氣循環基準，室內的二氧化碳濃度必須保持在1,000ppm以下。[8]建築物必須配合此基準決定換氣量，不過換氣時所引入的外氣也會影響到室內的溫度，進而增加冷暖氣的負擔。

因此，為了使外氣的進氣量維持在最小，目前已有可利用濃度感應器來測定室內二氧化碳濃度，並判斷室內是否有人與人數多寡，自動控制引入外氣量的換氣系統。像是閒置未使用的房間可抑制外氣的進氣量，藉此減輕冷暖氣的負荷。

由於可因應二氧化碳濃度的變動，很適合使用在室內人員變動大的建築物。

譯注：8 我國是依〈室內空氣品質管理法〉，規定室內二氧化碳濃度不得超過1000ppm。

◆ 夜間散熱的概念

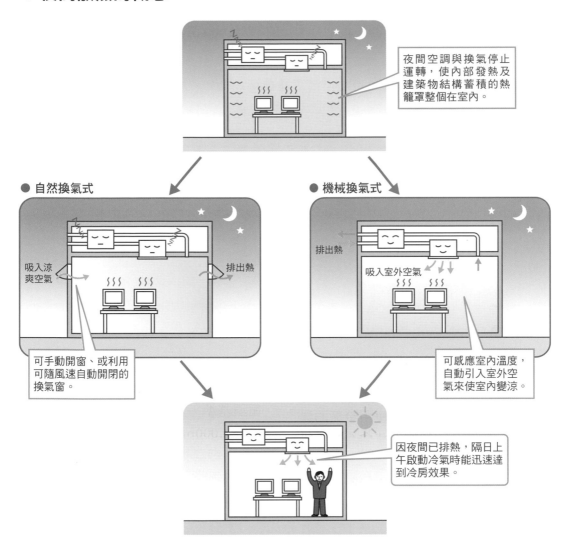

夜間空調與換氣停止運轉，使內部發熱及建築物結構蓄積的熱籠罩整個在室內。

● 自然換氣式

吸入涼爽空氣　　　　排出熱

可手動開窗、或利用可隨風速自動開閉的換氣窗。

● 機械換氣式

排出熱

吸入室外空氣

可感應室內溫度，自動引入室外空氣來使室內變涼。

因夜間已排熱，隔日上午啟動冷氣時能迅速達到冷房效果。

◆ 依 CO_2 濃度控制外氣引入

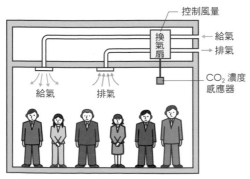

控制風量

換氣扇

→ 給氣
→ 排氣

CO_2 濃度感應器

給氣　　排氣

人多時，感應器一感測到 CO_2 濃度變高，換氣量就會自動變多。

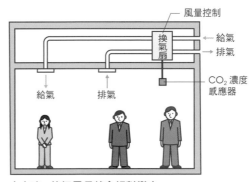

風量控制

換氣扇

← 給氣
→ 排氣

CO_2 濃度感應器

給氣　　排氣

人少時，換氣風量就會相對變少。

1 設備計畫開始之前

2 給・排水、熱水設備

3 通風、空調設備

4 電力、通信設備

5 辦公室・其他設施的設備

6 挑戰節能的設計

7 設備圖與相關資料

091│無外周空調

Point

- 外周區域周圍區域的熱負荷最大。
- 使用雙層玻璃、利用空氣流動控制空調負荷。
- 氣窗是為排出室內空氣而設，必須評估與外氣量之間的平衡。

| 保養與更新 | 與一般機械換氣相同，要定期檢查與清潔。 |

什麼是「Perimeter less 空調」？

辦公大樓等有玻璃帷幕、及張掛著大面玻璃的建築物，最容易受到日射和外氣的影響。

尤其是在建築物外周區域（perimeter zone）的窗邊、以及室內區域（interior zone），溫熱情況會出現明顯差異，所以必須採行各種空調計畫，一般多會在窗邊設置專用的空調機（外周空調）。

相對來看，如果不另外設置窗邊專用的空調機，而是利用建築上的手法減輕熱負荷的話，就是所謂的「無外周空調」（Perimeter less空調）。藉由空氣的流動減少窗戶的放射熱和冷風（冷輻射），改善受外氣影響最大、靠近窗邊的環境品質，以達到節能目的。

無外周空調有下列兩種手法：

雙層玻璃的特徵

雙層玻璃是指把建築物外牆的玻璃面做成兩層（在內側設置遮光材），利用兩層玻璃之間的中間層進行自然換氣。在外側玻璃面的上下處各設置換氣口，夏季時可引入外氣、並讓玻璃面的熱散逸到室外，降低日射熱對室內的影響。冬季則可利用玻璃面上變暖的空氣來輔助暖氣使用。由於夏冬兩季都能提升外周區域的溫熱情況，因此也具有節能效果。

什麼是氣窗？

氣窗在構造上雖與雙層玻璃相同，不過空氣的引入口是在室內側。從氣窗下部的細縫抽取室內空氣，吸入至天花板內的風管後，進行機械排氣。這時，若沒有考量到排氣量與外氣量的平衡，就無法獲得充分的效果，這方面要特別注意。

無外周空調能將建築物外周區域與室內區域的空氣整合為同一空氣系統，減少額外空調設備的費用。

◆ 雙層玻璃的結構

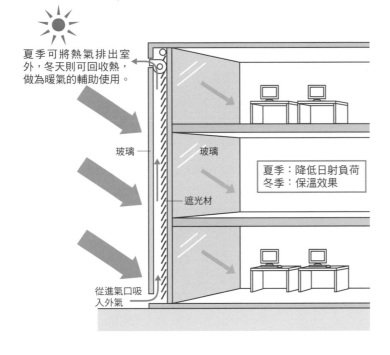

夏季可將熱氣排出室外，冬天則可回收熱，做為暖氣的輔助使用。

玻璃

玻璃

遮光材

夏季：降低日射負荷
冬季：保溫效果

從進氣口吸入外氣

◆ 氣窗的結構

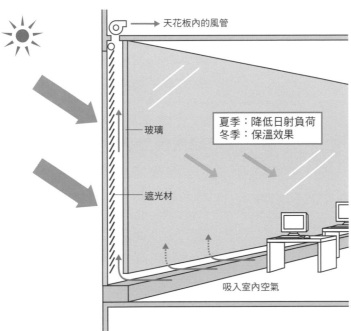

天花板內的風管

玻璃

夏季：降低日射負荷
冬季：保溫效果

遮光材

吸入室內空氣

運用這兩種手法，不管是哪個季節都能舒適地在辦公室工作。

1／設備計畫開始之前

2／給‧排水、熱水設備

3／通風、空調設備

4／電力、通信設備

5／辦公室‧其他設施的設備

6／挑戰節能的設計

7／設備圖與相關資料

092|綠化屋頂・綠化牆面

Point

- 利用隔熱與遮熱效果減輕冷暖氣的負荷。
- 屋頂的土壤厚度應低於屋頂防水層的高度。
- 綠化屋頂時應以輕量土壤和綠化系統達到輕量化。

| 保養與更新 | 綠化屋頂取決於建築防水的耐久年限。 |

綠化的節能效果

建築物的綠化，主要是為了夏天時能遮熱、以及藉由植物水分的蒸發達到冷卻的效果，這可說是最大的目的。綠化的面積愈多，愈有助於緩和都市的熱島現象，同時也有淨化大氣的功能。利用土壤、樹木和植栽具有的暖房效果，能夠減輕冷暖氣的負荷。雨天時，讓土壤先蓄飽水之後再排水，這與雨水排入下水道的流出量控制也有關係。

與屋頂的綠化相較，牆面綠化更容易吸引往來行人、與社區居民的目光，還可創造有特色的街道景觀。

設計時的重點

● 承重

新建住宅時，需將綠化的承重預先計入建築構造設計中。屋頂綠化的承重除了土壤和植栽外，還有副材料（甲板和地磚等）的重量。而且要以土壤濕潤含水時的重量做考量。若為既有建築，則要確認該建築物所規劃的承載負荷。尤其是在新耐震基準（一九八一年）規

定之前建造的房子，其構造計算方式與現在有所不同，因此需要慎重檢討。

● 防水

在防水層的設計上，要以不讓植物的根部直接破壞防水層為前提，鋪設如防根隔布之類的防根層才行。而且一旦做了綠化後，要改修相當不容易，所以一開始就要應可能選用耐用年限長的防水材。

● 給水與電力

把水引至屋頂時，水栓要分設兩處，一個是灌水・灑水用、一個是清掃用。只要不使用大規模的灑水器，電源一般設在100V就足夠了，不過要留意室外用的防水型插座必須設置在高於防水層的位置。

使用自動灑水裝置

自動灑水裝置的組成包括了水管和灑水器，利用這個自動灑水裝置避免植物枯萎。除了以專用的控制盤使閥門連動的大型灑水器外，也有在室外安裝水栓，以乾電池就能啟動的簡易型。

◆ 屋頂綠化的斷熱效果

● 綠化處

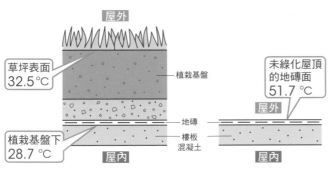

草坪表面 32.5℃

植栽基盤

植栽基盤下 28.7℃

屋外

地磚

樓板 混凝土

屋內

● 未綠化

未綠化屋頂 的地磚面 51.7℃

屋外

屋內

這裡的溫度是白天 13～15時的平均溫度。若 形成了溫差，表示綠化對因應 熱島效應確實有效。

資料來源：日本國土交通省官方網站

◆ 屋頂綠化的構造配置

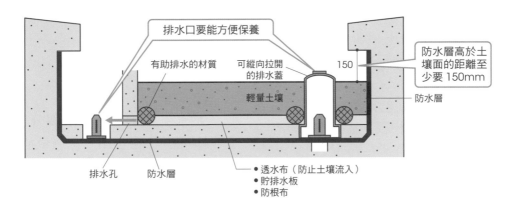

排水口要能方便保養

有助排水的材質　可縱向拉開 的排水蓋

150

輕量土壤

防水層高於土 壤面的距離至 少要150mm

防水層

排水孔　防水層

● 透水布（防止土壤流入）
● 貯排水板
● 防根布

◆ 牆面綠化的方式

● 攀牆型

需有網子和柵欄等輔助材料

● 下垂型

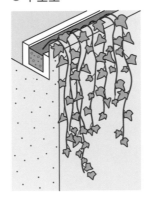

● 基座型

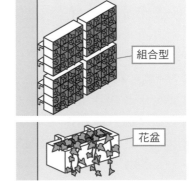

組合型

花盆

1／設備計畫開始之前

2／給・排水、熱水設備

3／通風、空調設備

4／電力、通信設備

5／辦公室・其他設施的設備

6／挑戰節能的設計

7／設備圖與相關資料

093｜雨水資源

Point

● 不要浪費雨水，貯存起來做有效地利用。
● 雨水可做為緊急用水。
● 雨水的貯存及浸透，與預防都市型洪水有關。

保養與更新 定期掃除排水管中的落葉、垃圾及塵土。雨水貯水槽內也要定期清掃。

利用雨水的必要性

日本的年平均降雨量將近是世界平均值的2倍，相當於每人就擁有了全世界平均雨量的五分之一。近幾年水資源不足，但同時各地又頻傳集中式的豪大雨，雨水的問題顯然已日趨嚴重。

其實，自來水原本也就是降在水庫中的雨水，那些降落在各地方、及家庭用地內的雨水如果不排入水道，而是貯存起來再利用的話，便可透過減少使用自來水緩和水資源不足的問題。另外，讓雨水貯水井滿溢出來的雨水浸透到地底下，也可避免豪雨密集時雨水一下子都流入了下水道，有助於防止都市型的洪水。

有效利用的方法

一般而言，降在住宅屋頂等處的雨水，會從雨水導水管經由用地內的雨水井與排水管流入下水道幹管（或是雨水幹管）。若能將雨水貯存在雨水貯存槽，使用雨水來為樹木澆水、清洗廁所、洗滌等；夏天也可以用來潑灑地面、或灑在屋頂上降溫，對預防熱島現象很有用。另外，雨水也可以當做緊急用水使用。

浴廁清潔和雨水

每人一天沖洗廁所的水平均有50公升，四人家庭就要使用掉200公升。平時若備有200公升的貯水，就能供給廁所一天的沖洗量。由於不是每天都會下雨，所以如果能設置降雨時能大量貯水的大型水槽，就能更有效地利用雨水。

不過，利用雨水沖洗廁所時，為避免雨水槽內水量不足的情形，最好還是能連接自來水管，以備不時之需。

此外，雨在剛開始下時酸度很強，如果就直接用來清洗廁所或洗滌的話，會造成衛生器具、配管和洗衣機的耐用性下降。由於初降雨的水質不佳，因此，如果要使用真正的雨水，最好希望還是捨棄掉初期的雨水。

其實，水資源的利用不只有雨水而已，使用浴室後、和洗滌後的排水、以及空調排水等這些生活排水都可以被再次利用，稱為「中水回收」，也能有高度的節水效果。

1／設備計畫開始之前

2／給・排水、熱水設備

3／通風、空調設備

4／電力、通信設備

5／辦公室・其他設施的設備

6／挑戰節能的設計

7／設備圖與相關資料

◆ 雨水資源的概念

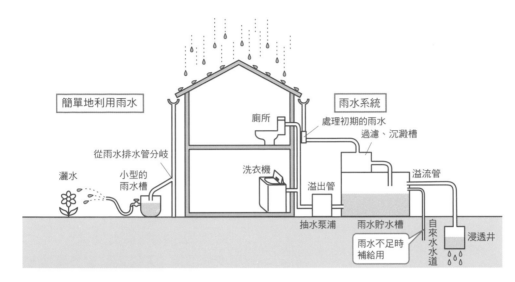

簡單地利用雨水

廁所

雨水系統

處理初期的雨水

過濾、沉澱槽

從雨水排水管分岐

灑水

小型的雨水槽

洗衣機

溢出管

溢流管

抽水泵浦

雨水貯水槽

自來水水道

浸透井

雨水不足時補給用

◆ 雨水的各種用途

● 植栽灑水	● 廁所	● 掃除與洗滌
可不經處理直接使用。簡易雨水槽容易有青苔和孑孓孳生，需定期檢視水質。	處理掉初期雨水（酸性雨），或幾乎不用處理就可直接使用。但溫水免治馬桶則需使用自來水。	利用沉澱槽和過濾槽處理掉細微的土和沙塵後再行使用。

◆ 中水的利用

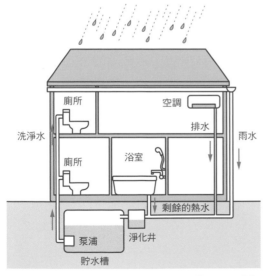

廁所

空調

排水

洗淨水

雨水

廁所

浴室

剩餘的熱水

泵浦

淨化井

貯水槽

將雨水或沐浴剩水、空調排水等淨化殺菌後，再做為廁所洗淨用水。

◆ 雨水貯水槽

將雨滴貯存在雨水槽，就足夠做為植栽灑水用，很值得一試。中水的利用方式對於一般家庭來說還是比較昂貴，實行起來比較困難。

● Rainbank
置壁型 80

● Rainbank
置地型 150

千萬不要誤做為飲用水使用

照片提供：日本タニタハウジング ウェア

094 | CASBEE

Point

- CASBEE是以環境性能來評價建築物的系統。
- 從五等級的評價,建築物的環境品質、性能及對外部造成的負荷等都可一目了然。
- CASBEE系統可從網路下載,任何人都能夠使用。

保養與更新	「CASBEE-住所(獨棟)」的評價項目是以「能夠長期繼續使用」來評價房屋基本性能、維持管理及機能性的分數。

什麼是CASBEE?

「CASBEE」是以環境性能來評價建築物的系統。建築設計者可在自行評價建築物、及建築環境的性能時加以利用。

在CASBEE中,會先以假定的分界線(以建築用地分界線立體圍起的空間)區分建築物內外,然後評價分界內的建築物環境品質·性能(Q=Quality)、以及建築物造成界外環境的負荷情形(L=Load)。接著會針對環境性能效率(BEE=Building Environmental Efficiency)的數值進行評價,不僅就建築物本身,也會針對建築對於外部環境所造成的負荷來評價。

評價內容

評價環境品質與性能的「Q」,指的是Q1:室內環境(溫熱、空氣環境、防盜等)。Q2:服務性能(機能、耐震、設備、防災等)。Q3:室外環境(用地內景觀、綠化等)。

評估環境負荷的「L」,是指L1:能源(利用自然能源、使用高效率設備等)、L2:資源與材料(構造材、裝潢材的節省、控制廢棄物等)、L3:建築用地外環境(對周遭的溫熱環境、噪音、排熱、自然環境的保全等影響)。

以L除以Q的數值就是BEE,數值會以S、A、B_+、B_-、C 五等級表示評價結果,並以星號數目來表示。

CASBEE的種類

CASBEE會依照建築物的種類來區分,除了基本的分為「規劃」、「新建」、「既有」、「改裝」之外,還依使用目的分為「短期使用(展示會設施等)」、「新建(簡易版)」、「HI(緩和熱島現象的措施評價)」、「住所(獨棟)」、「造鎮」等項目。以上CASBEE的系統軟體可從IBEC(日本財團法人建築環境·節能機構)的網站下載,任何人都可以使用。各地方政府也有「地區版的CASBEE」,民眾在建造一定規模以上的建築物時,也有義務要附上CASBEE的書面評價資料。

1／設備計畫開始之前

2／給・排水、熱水設備

3／通風、空調設備

4／電力、通信設備

5／辦公室・其他設施的設備

6／挑戰節能的設計

7／設備圖與相關資料

◆ CASBEE 評價的空間

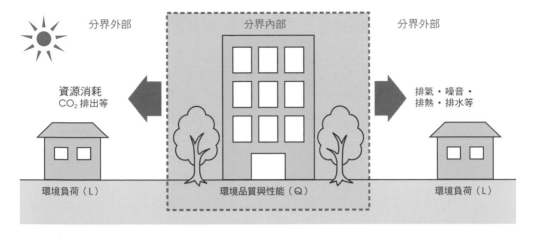

分界外部　　　　　　分界內部　　　　　　分界外部

資源消耗
CO_2 排出等

排氣・噪音・
排熱・排水等

環境負荷（L）　　　　　環境品質與性能（Q）　　　　　環境負荷（L）

$$環境性能效率（BEE）＝ \frac{環境品質 \cdot 性能（Q：Quality）}{環境負荷（L：Load）}$$

■ 室內環境　■ 服務性能
■ 室外環境（用地內）等

■ 能源・資源・材料
■ 用地外環境等

即使建築物內的環境舒適（Q 為高數值），若利用了太多 能源（L 為高數值），最終環境性能效率還是不會提升。因此，品質與能源消耗的平衡是很重要的。

◆ CASBEE 一 居住（獨棟）評估結果的範例（部分）

BEE 排序
綜合評估。五顆星排行最高

Q 的評估

L 的評估

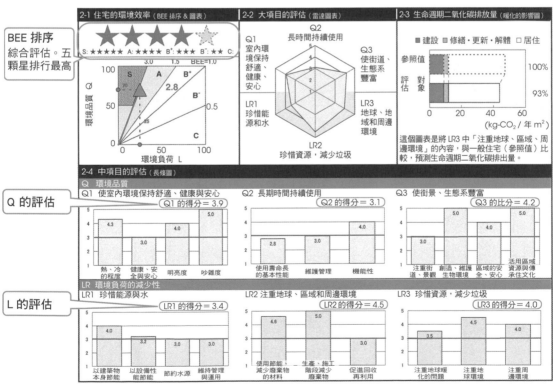

智慧住宅

日漸普及的智慧住宅

智慧住宅是能夠使用感應器和IT（資訊技術），將家庭消耗能源控制在最佳狀態的住宅。

將太陽能發電系統（PV）、家用燃料電池（Ene-Farm）等可製造能源的設備，以及蓄電池等可蓄存能源的設備、家電和住宅等設備等，整合起來統一操控，透過最佳化的家庭能源管理，實現削減二氧化碳排放量的節能住宅。

智慧住宅的核心技術就是家庭能源管理系統（Home Energy Management System，HEMS）。

HEMS裝置能將住宅內的能源設備和家電等網路化，管理能源、並做最佳化使用，也就是做好「能源使用的顯示與控制」。「能夠清楚明瞭」住宅內電力和瓦斯等能源，是在何時、何地、如何被使用掉，這部分是「顯示」。另一方面，還要整合控制空調、照明等家用機器設備，使能源使用量可自動達到最佳化狀態，這部分即是「控制」。

此外，在智慧住宅中，住宅內使用能源的家電設備都要網路化，藉此可監控各機器的運轉狀態、和能源消耗的情形，同時也可以利用智慧型手機進行遠端操控或自動控制。

近年各家公司的蓄能設備已可供做電動汽車（EV）、及插電式混合動力汽車（PHV）等充電使用，也開發出了與能源使用相關、更為有效率地方法。

像這樣以住宅為中心，訴求徹底整合管理能源的系統正日漸普及中。

◆ 智慧住宅的概念

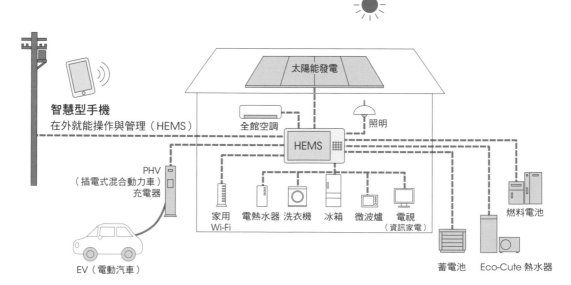

智慧型手機
在外就能操作與管理（HEMS）

太陽能發電

全館空調　照明

HEMS

PHV
（插電式混合動力車）
充電器

家用
Wi-Fi　電熱水器　洗衣機　冰箱　微波爐　電視
（資訊家電）

燃料電池

EV（電動汽車）

蓄電池　Eco-Cute 熱水器

Part 7
設備圖與
相關資料

095│給‧排水與空調配管的種類

Point

- 內襯聚氯乙烯硬質鋼管（VLP）有3種類型。
- 排水用的聚氯乙烯管有2種類型。
- 聚氯乙烯管（VP）有給水用和排水用2種。

注意	聚氯乙烯配管需要施行保溫工程。配管時需判斷建築物的規模、等級、使用場所，以及成本和施工考量後再做決定。

內襯聚氯乙烯硬質鋼管（VLP）

- **VLP-VB** 表面鍍鋅，是給水管中最具代表性的材料。
- **VLP-VA** 表面有防鏽處理，價格比VLP-VB稍微便宜。
- **VLP-VD** 表面也有乙烯加襯。建築外部的配管，若以鋼管（VLP-VB）為配管時，表面要捲上防蝕膠帶，以防止埋管造成金屬腐蝕。若使用VLP-VD，因表面已有鍍層，可防止表面的腐蝕發生。但若是用做地基下的配管，由於濕度相　對來得高，使用表面有鍍層的VD管取代需另外包裹保溫材的VB管，還可省下因應表面結露對策時的保溫材料。
- **熱水用內襯聚氯乙烯鋼管（HTLP）** 指的是管內有耐熱內襯的鋼管。鋼管表面有防鏽塗裝。主要可做為供給熱水管的材料，使用率僅次於銅管。耐熱溫度約為85˚C。
- **耐衝擊硬聚氯乙烯管（HIVP）** 為聚氯乙烯製成，顏色深藍。耐撞程度比一般的VP強，很難因外力而產生裂痕，常被使用來做為給水管。

- **耐熱聚氯乙烯管（HTVP）** 由耐熱性較佳的聚氯乙烯製成，因耐熱佳，也常被用來當做熱水管使用。近年來耐熱聚氯乙烯的品質備受信賴，也廣被採用。

排水用聚氯乙烯管

- **VP與VU** 為排水管的代表性材料。依成本和強度的不同來區分，貫通防火區域使用的是「耐火雙層管」；相同材質但厚度較薄者則是所謂的「VU管」。
- **耐火雙層管** 是由排水用的聚氯乙烯管（VP‧VU）包覆防火材料加工而成的配管，也是以往排水管工程的主要材料。耐火雙層管是經過認證的產品，可做為貫穿防火區域的管材，使用在需要貫穿建築物的地方。
- **配管用碳鋼鋼管** 做為壓力低的蒸氣、和表面鍍鋅的白管。不過，做為天然氣埋設配管時，則禁止使用白管。

◆ 給・排水、空調配管材料一覽表

配管材料	記號	給水		供給熱水	排水與通氣					滅火	油	成本
		住戶內	共用部		污水	生活排水	雨水	通氣	排水管			
硬聚氯乙烯內襯鋼管	VLP	○	○									高
耐衝擊聚氯乙烯管	HIVP	○	○									中
硬質聚氯乙烯管	VP	○	○		○	○	○	○	○			低
耐熱硬質聚氯乙烯內襯鋼管	HTLP			○								高
披覆銅管・銅管	CU			○								中
耐熱硬質聚氯乙烯管	HTVP			○		○ 廚房 洗碗機						低
樹脂管（高密度聚乙烯管） 注：以通電融著方式接續		○	○									中
樹脂管（聚丁烯） 注：以通電融著方式接續		○	○									中
不鏽鋼管	SUS	○	○	○								高
排水用硬質聚氯乙烯內襯鋼管	DVLP				○	○	○	○	○			高
排水用鑄鐵管					○	○	○	○				高
耐火雙層管	TMP (VP)				○	○	○	○	○			中
配管用碳鋼鋼管	SGP					○	○			○	○	中

空調換氣風管主要是使用螺旋形管（圓形管）。材質以鋅鐵板最為一般，用在建築外部的話有，鍍鋁鋅鋼板和不銹鋼板。此外，內管的部分也有聚氯乙烯塗層的規格。

1/設備計畫開始之前
2/給・排水、熱水設備
3/通風、空調設備
4/電力、通信設備
5/辦公室・其他設施的設備
6/挑戰節能的設計
7/設備圖與相關資料

096 | 電力配管與
配線的種類

Point

● 鋼製電線管有3個種類。

● 可撓性導管有2個種類。

● 災害發生時，耐火電纜可維持供電30分鐘，確保消防設備正常運作；耐熱電纜則可供電15分鐘，使消防、以及各種警示設備控制回路的正常運作。

注意	電力工程用的配線種類繁多，應綜合判斷建築物規模、等級、使用場所、成本及施工性後，再行規劃。

電力配管材料

● **硬電線管**　是指由金屬製成的電線管，也叫鋼製電線管或金屬管。室內、室外都能夠使用，主要有以下3種類型：

①**厚鋼電線管**　即金屬製電線管中管壁較厚者。材料本身的機械性程度很強，主要會使用在室外和工場內的金屬管工程上，也叫做G管。

②**薄鋼電線管**　即金屬製電線管中管壁較薄者。主要使用在室內的金屬管工程上，又叫做C管。

③**無螺絲電線管**　與厚鋼和薄鋼電線管不同，管端無法以螺絲連接。容易使用聯軸器接續，施工性也佳。又叫做E管。

● **硬合成樹脂製可撓性導管**　與金屬製電線管不同，富有可撓性。依材質區分，主要有以下2個種：

①**PF管**　具有耐熱性質的合成樹脂管，有單層PFS和複層PFD二種。

②**CD管**　無耐燃性質的合成樹脂管。管身為橘色，便與PF管區別。

● **硬質聚氯乙稀電線管**　有一般用的VE管和耐衝擊的HIVE管。

● **硬聚乙稀披覆電纜保護管**　使用於土中埋設、或濕度高的地方，也稱作PE管。

● **硬螺旋合成樹脂管**　埋設於地面下方用的配管，也稱FEP管。

電力配線材料

● **硬絕緣電線**　導線以絕緣體披覆。

● **硬室內配線用**　有600V聚氯乙烯絕緣電線、以及包覆耐熱材質的600V聚氯乙烯絕緣電線二種。

● **硬電纜**　導線以絕緣體及保護材質包覆。依導線數可分有單芯、2芯和3芯等。

● **硬室內配線**　分別有乙烯絕緣包覆電纜（VVF）、高密度聚乙烯絕緣電纜（CV），以及三合一電纜（CVT）等。CVT三合一電纜的3根芯線獨立，絕緣、且各自被保護，可容許高於3芯CV電纜的電流。

◆ 電力配管材質一覽表

配管材質	記號	室內隱蔽	埋設於混凝土	地下暗渠	埋設地中	室外潮濕
厚鋼電線管	GP	○	○			○
薄鋼電線管	CP	○	○			
無螺絲電線管	E	○	○			
合成樹脂製可繞電線管	PF	○	○			
	CD		○			
金屬製可繞電線管	BRICA（F2）	○				○
硬質聚氯乙烯電線管	VE			○		○
硬聚氯乙烯管	HIVE				○	○
螺旋合成樹脂管	FEP			○	○	
聚乙烯披覆電纜保護管	PE			○	○	○

◆ 電力配線材料一覽表

配線材料	記號	引入	一般幹線	一般動力	電燈・插座	緊急照明	控制	播放	對講機	TV共同受信	火災自動警報	消防排煙	電話
600V 聚氯乙烯絕緣電線	IV		○	○	○	○	○	○					
600V 耐熱聚氯乙烯絕緣電線	HIV					○		○					
600V 聚氯乙烯絕緣覆蓋電纜	VVF				○								
600V 高密度聚氯乙烯電纜	CVT、CV	○	○	○									
耐熱電纜	HP							○	○			○	
控制用聚氯乙烯絕緣覆蓋電纜	CVV						○						
室內用聚乙稀／絕緣覆蓋乙烯電纜	CPEVS								○				○
著色識別聚乙稀絕緣聚乙稀覆蓋電纜	CCP												○
區域內用電纜（通信用）	TKEV												○
TV 用同軸電纜	S-5C-FB・S-7C-FB									○			
聚乙稀絕緣警報電纜	AE								○	○		○	
室內用通信電線	TIVF							○					

1／設備計畫開始之前
2／給・排水、熱水設備
3／通風、空調設備
4／電力、通信設備
5／辦公室・其他設施的設備
6／挑戰節能的設計
7／設備圖與相關資料

097 | 設備設計圖

Point

- 規劃設備時應考量保養與更新的問題，並如實反映在建築計畫上。
- 要留意設備與建築構造之間收納的問題。
- 從電力・弱電的引入點，到配電盤・弱電盤之間，主電源配線的路徑就是所謂的幹線。

| 注意 | 務必實地確認有無電力、電話線引入。 |

什麼是建築設備的設計圖？

建築設備的設計圖分成電力、衛生及空調三個面向。其中電力設備涵蓋有幹線、電燈、插座、弱電（電視、電話、LAN、對講機等），空調設備也有空調與通風之分，這些設備項目大多會分別繪圖（尚未決定好的設備，最好也能一併描繪出來）。

製圖須知

設備設計圖與建築設計圖相較，因為會以許多記號來表達，了解起來不太容易。製作圖面時，切記要先理解每個記號的意思、建立脈絡，還要能夠盡量以最短的路徑來連結配管與配線，然後再行拉線。這個時候，掌握好配管與配線的粗細及個數就會非常重要。當然，平面的構圖以外，也不要忘了確保縱向配管的路徑（PS）。另外，也要檢討設備與建築構造之間收納的問題。

規劃建築設備時，在考量各種機器的保養及配管、配線更新等問題時，要能夠如實反映在建築計劃中是很重要的，因此，在製圖時，要注意把設備設計圖、和建築施工用的工程圖分開繪製、標示比較好。

這裡以二代同堂的二層建築為例，介紹設備設計圖的繪製方法。除了有各種設備平面圖的畫法之外，還記載有各種設備規格的說明書、衛生・空調設備表、衛生・照明器具表、凡例表，以及盤結線圖等構成圖。由於建築設備和器的種類繁多，若能將廠牌名稱和型號具體記述，使用時變能一看圖就輕鬆掌握要點。

雖然說由建築設計者來描繪設備圖，然後再提出申請的例子不少，但依據修正後的日本建築基準法規定，一定規模以上的建築設計，必須有設備設計一級資格的建築師參與，在提出的設計申請中，必須一併附上預算書和認定書等各種文件。此外，一定規模以上的建築物，在設備規劃時，最好能夠委託專門的設備設計事務所製圖才是良策。

1/設備計畫開始之前

2/給・排水、熱水設備

3/通風、空調設備

4/電力、通信設備

5/辦公室・其他設施的設計

6/挑戰節能的設計

7/設備圖與相關資料

◆ 幹線圖

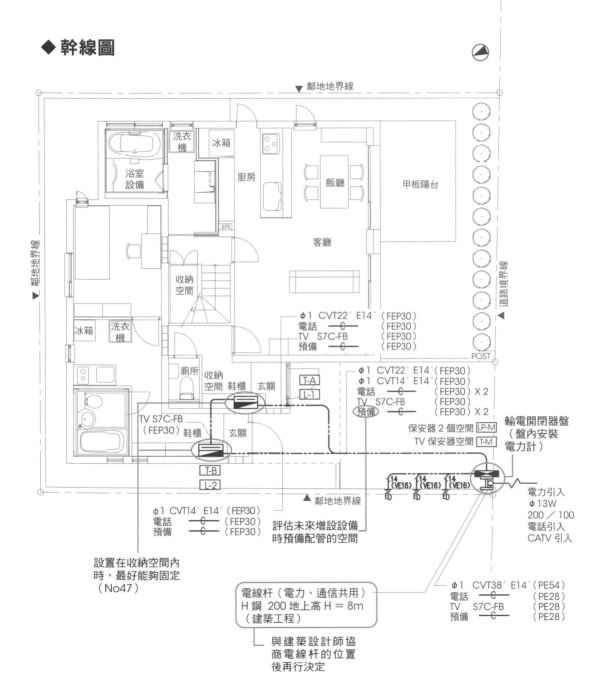

▼ 鄰地地界線

鄰地地界線 ▼

洗衣機

冰箱

浴室設備

廚房

飯廳

甲板陽台

客廳

收納空間

EPS

冰箱

洗衣機

廁所

收納空間

鞋櫃

玄關

T-A
L-1

φ1 CVT22° E14°（FEP30）
電話　——C——　（FEP30）
TV　S7C-FB　（FEP30）
預備　——C——　（FEP30）

TV S7C-FB
（FEP30）鞋櫃

玄關

T-B
L-2

道路境界線

POST

φ1 CVT22° E14°（FEP30）
φ1 CVT14° E14°（FEP30）
電話　——C——　（FEP30）X 2
TV　S7C-FB　（FEP30）
預備　——C——　（FEP30）X 2

保安器 2 個空間　LP-M
TV 保安器空間　T-M

輸電開閉器盤
（盤內安裝電力計）

▲ 鄰地地界線

14
(VE16)
14
(VE16)
14
(VE16)

電力引入
φ13W
200／100
電話引入
CATV 引入

φ1 CVT14° E14°（FEP30）
電話　——C——　（FEP30）
預備　——C——　（FEP30）

評估未來增設設備時預備配管的空間

設置在收納空間內時，最好能夠固定
（No47）

電線杆（電力、通信共用）
H 鋼 200 地上高 H＝8m
（建築工程）

└─ 與建築設計師協商電線杆的位置後再行決定

φ1　CVT38° E14°（PE54）
電話　——C——　（PE28）
TV　S7C-FB　（PE28）
預備　——C——　（PE28）

098│電燈圖

◆ **一樓**

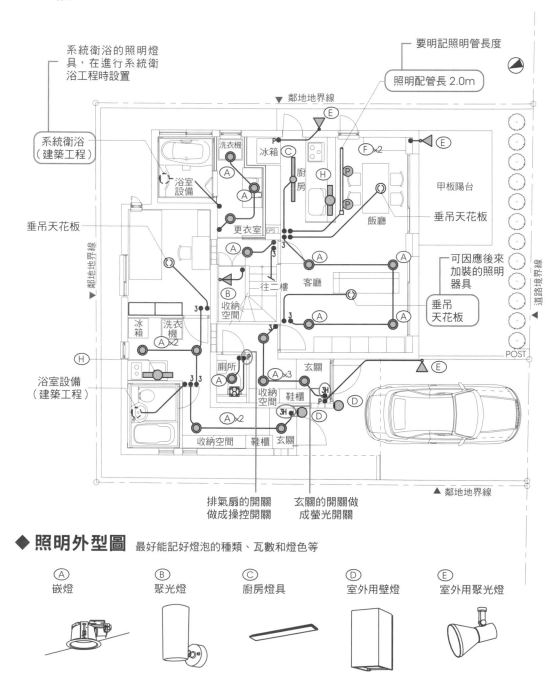

系統衛浴的照明燈
具，在進行系統衛
浴工程時設置

要明記照明管長度

照明配管長 2.0m

▼ 鄰地地界線

系統衛浴
（建築工程）

垂吊天花板

鄰地地界線 ▼

浴室設備
（建築工程）

往二樓

收納空間

收納空間 鞋櫃 玄關

浴室
設備

洗衣機

冰箱

廚房

飯廳

客廳

冰箱

洗衣機

廁所

收納
空間

鞋櫃

玄關

甲板陽台

垂吊天花板

可因應後來
加裝的照明
器具

垂吊
天花板

POST

道路境界線 ▲

排氣扇的開關
做成操控開關

玄關的開關做
成螢光開關

▲ 鄰地地界線

◆ **照明外型圖** 最好能記好燈泡的種類、瓦數和燈色等

Ⓐ 嵌燈　　　Ⓑ 聚光燈　　　Ⓒ 廚房燈具　　　Ⓓ 室外用壁燈　　　Ⓔ 室外用聚光燈

1／設備計畫開始之前

2／給・排水、熱水設備

3／通風、空調設備

4／電力、通信設備

5／辦公室・其他設施的設備

6／挑戰節能的設計

7／設備圖與相關資料

Point

參考照明計畫，在動線中適當的位置上，配置容易操作的開關。照明器具方面，要記好燈泡的外型、種類，以及瓦數。另外，排氣扇的電源與開關最好也可以記載在電燈圖上。

注意 照明的電流回路時要留有餘裕，一個回路要能夠負載1,000W左右。

◆ 二樓

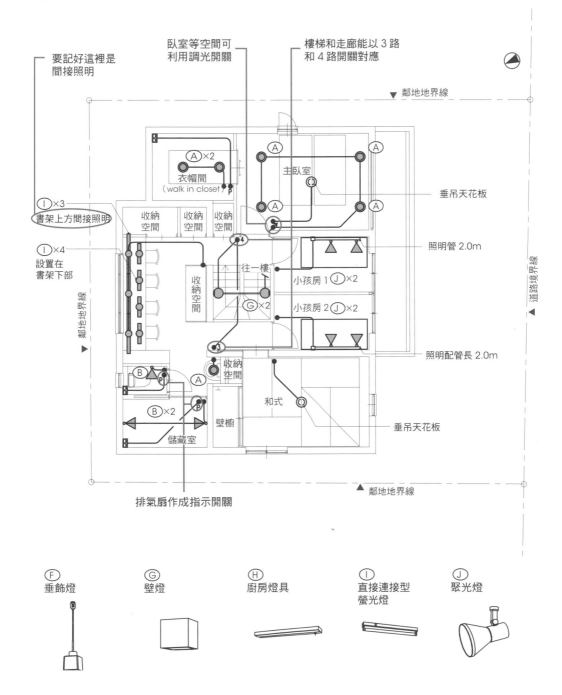

099│插座圖

◆ 一樓

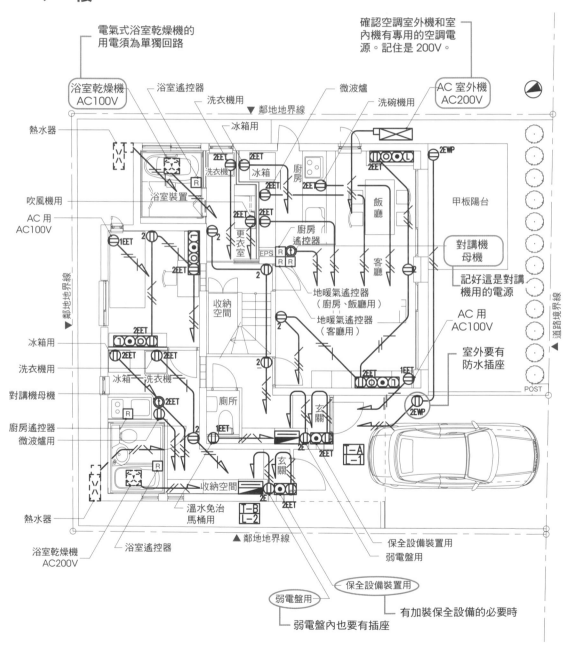

電氣式浴室乾燥機的用電須為單獨回路

確認空調室外機和室內機有專用的空調電源。記住是 200V。

浴室乾燥機 AC100V

浴室遙控器

洗衣機用

▼ 鄰地地界線

微波爐

洗碗機用

AC 室外機 AC200V

熱水器

冰箱用

2EET
2EET
冰箱
廚房
洗衣機用
2EWP
2EET
2EET
浴室裝置
甲板陽台

吹風機用

2EET
2EET
飯廳

AC 用 AC100V

1EET
2
更衣室
EPS
廚房遙控器
R R R
客廳
對講機母機
記好這是對講機用的電源

▼ 鄰地地界線

2EET

收納空間
地暖氣遙控器（廚房、飯廳用）
地暖氣遙控器（客廳用）
AC 用 AC100V
室外要有防水插座

冰箱用

2EET
2EET
2

洗衣機用

冰箱 洗衣機

對講機母機

R
2EET
廁所
玄關
2EET
POST

廚房遙控器

微波爐用

1EET
2EWP

R
玄關

熱水器

收納空間

浴室乾燥機 AC200V

浴室遙控器

溫水免治馬桶用

T-B L-2
2EET

▲ 鄰地地界線

保全設備裝置用

弱電盤用

保全設備裝置用

有加裝保全設備的必要時

弱電盤用

弱電盤內也要有插座

▶ 道路境界線

232

Point

先設定好家具和家電用品的擺放位置，然後再配置插座。需要接地線的設備則要採用附有接地線的插座。一般插座是6個左右為1條回路，容量大的設備則要採用單獨的回路。

| 注意 | 空調等設備主機需時常使用電源，更要防止電源脫落才好。 |

◆ 二樓

插座回路盡量依每個房間來做分配，如此也能清楚易懂。

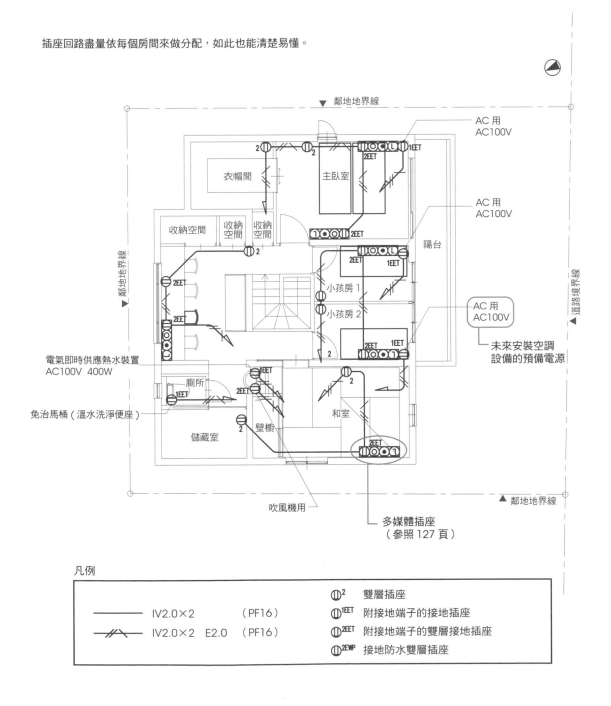

凡例

——	IV2.0×2 （PF16）	Ⅲ²	雙層插座
—⫻—	IV2.0×2 E2.0 （PF16）	Ⅲ¹EET	附接地端子的接地插座
		Ⅲ²EET	附接地端子的雙層接地插座
		Ⅲ²EWP	接地防水雙層插座

100 | 弱電圖

◆ 一樓

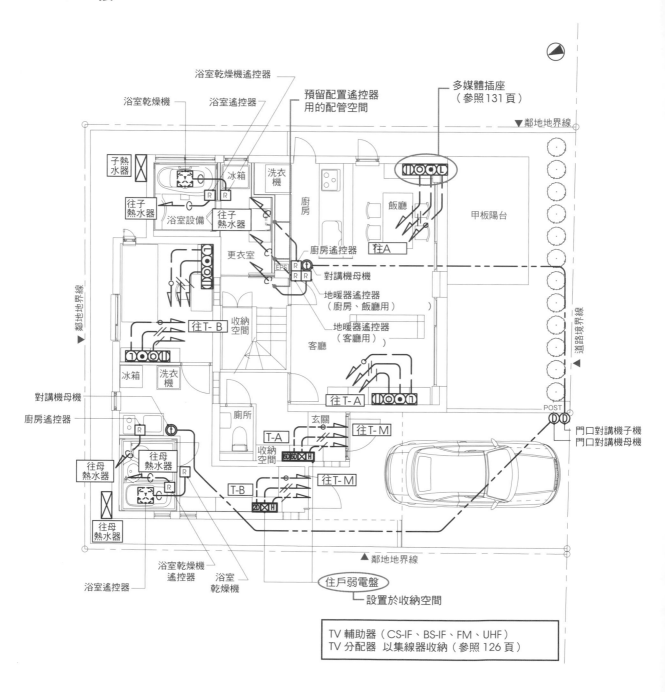

浴室乾燥機遙控器

浴室乾燥機　　浴室遙控器

預留配置遙控器
用的配管空間

多媒體插座
（參照131頁）

▼ 鄰地地界線

子熱水器

冰箱

洗衣機

廚房

飯廳

甲板陽台

往子熱水器

浴室設備

往子熱水器

廚房遙控器

往A

對講機母機

地暖器遙控器
（廚房、飯廳用）

地暖器遙控器
（客廳用）

更衣室

往T-B

收納空間

客廳

冰箱

洗衣機

對講機母機

廚房遙控器

往母熱水器

往母熱水器

往母熱水器

廁所

玄關

往T-M

T-A

收納空間

往T-A

往T-M

T-B

POST

門口對講機子機
門口對講機母機

▲ 鄰地地界線

浴室乾燥機遙控器

浴室遙控器

浴室乾燥機

住戶弱電盤

設置於收納空間

TV 輔助器（CS-IF、BS-IF、FM、UHF）
TV 分配器　以集線器收納（參照126頁）

1／設備計畫開始之前

2／給‧排水‧熱水設備

3／通風‧空調設備

4／電力‧通信設備

5／辦公室‧其他設施的設備

6／挑戰節能的設計

7／設備圖與相關資料

Point

預設好電視、電話、電腦和對講機的設置位置。一般會將插座與弱電插座視為一體，採用多媒體插座。

注意 設備主機遙控器用的空配管，最好納入弱電設備來做考量。

◆ 二樓

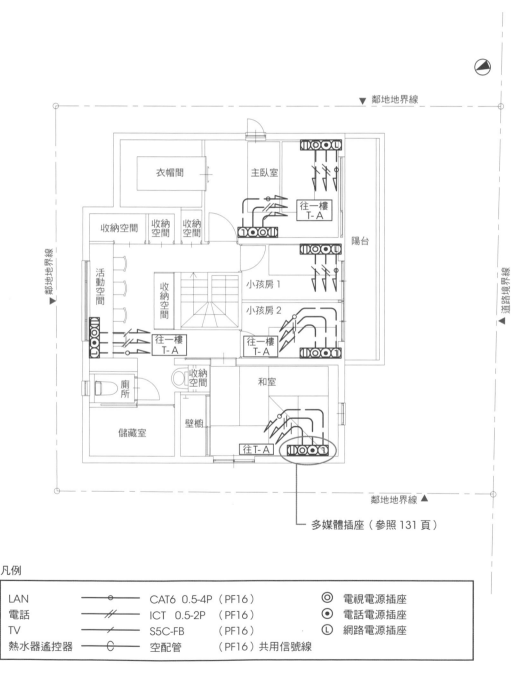

多媒體插座（參照131頁）

凡例

LAN	——○——	CAT6 0.5-4P（PF16）	◎	電視電源插座
電話	——//——	ICT 0.5-2P（PF16）	⊙	電話電源插座
TV	——/——	S5C-FB （PF16）	Ⓛ	網路電源插座
熱水器遙控器	——C——	空配管 （PF16）共用信號線		

◆ 一樓

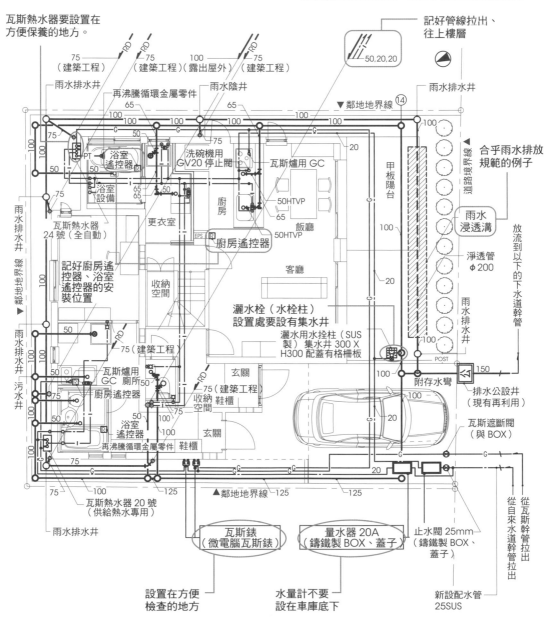

雨水淨透設施的設置，要合乎各地區排放的標準

瓦斯熱水器要設置在
方便保養的地方。

記好管線拉出、
往上樓層

75（建築工程）　75（建築工程）　100（露出屋外）　75（建築工程）

50,20,20

雨水排水井
再沸騰循環金屬零件
雨水陰井
▼鄰地地界線　⑭
雨水排水井

合乎雨水排放
規範的例子

浴室遙控器
洗碗機用GV20停止閥
瓦斯爐用GC
甲板陽台

雨水浸透溝

PT
浴室設備
廚房
50HTVP
淨透管φ200

雨水排水井
瓦斯熱水器24號（全自動）
更衣室
飯廳
50HTVP
雨水排水井

廚房遙控器

客廳

記好廚房遙控器、浴室遙控器的安裝位置
收納空間

灑水栓（水栓柱）設置處要設有集水井

放流到以下的下水道幹管

雨水排水井
污水井

灑水用水栓柱（SUS製）集水井300 X H300 配蓋有格柵板

POST

瓦斯爐用GC　廁所
廚房遙控器
收納空間　鞋櫃
玄關
附存水彎
排水公設井（現有再利用）

浴室遙控器
再沸騰循環金屬零件　鞋櫃
玄關
瓦斯遮斷閥（與BOX）

▲鄰地地界線

瓦斯熱水器20號（供給熱水專用）

雨水排水井

從自來水道幹管拉出
從瓦斯幹管拉出

瓦斯錶（微電腦瓦斯錶）
量水器20A（鑄鐵製BOX、蓋子）
止水閥25mm（鑄鐵製BOX、蓋子）

設置在方便檢查的地方
水量計不要設在車庫底下
新設配水管25SUS

1／設備計畫開始之前

2／給‧排水‧熱水設備

3／通風‧空調設備

4／電力‧通信設備

5／辦公室‧其他設施的設備

6／挑戰節能的設計

7／設備圖與相關資料

Point

給‧排水衛生設備包含有供水、熱水、排水和瓦斯設備。下圖是有限制雨水排放的例子。另外規劃時，還要再行決定給水、下水道、瓦斯管的引入位置，以及熱水器和計量器的安裝位置。

注意	事先調查道路下方自來水道、下水道、瓦斯幹管的埋設位置，並與各單位共同協議也是很重要的。

◆ 二樓

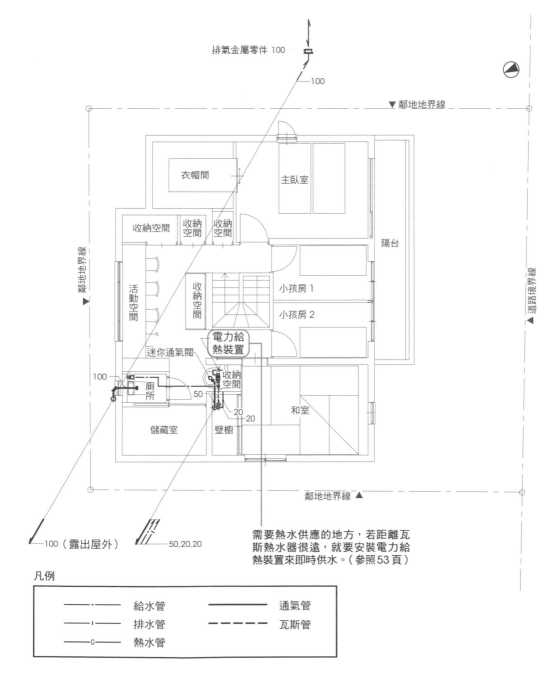

需要熱水供應的地方，若距離瓦斯熱水器很遠，就要安裝電力給熱裝置來即時供水。（參照53頁）

凡例

——‧——	給水管	————	通氣管
——I——	排水管	――――	瓦斯管
——G——	熱水管		

102│空調圖

◆ 一樓

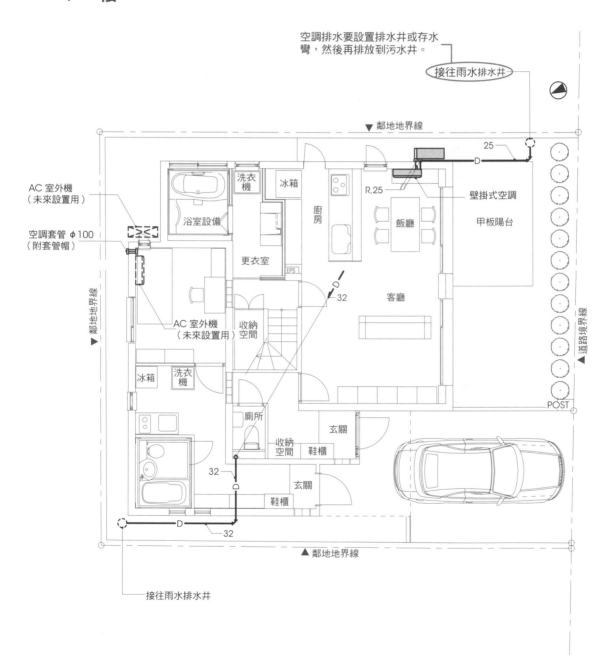

空調排水要設置排水井或存水彎,然後再排放到污水井。

接往雨水排水井

▼鄰地地界線

25

R,25

壁掛式空調

AC 室外機
(未來設置用)

空調套管 φ100
(附套管帽)

洗衣機

冰箱

廚房

飯廳

甲板陽台

浴室設備

更衣室

EPS

客廳

D
32

AC 室外機
(未來設置用)

收納空間

冰箱

洗衣機

廁所

收納空間

鞋櫃

玄關

32
D

玄關

鞋櫃

D
32

POST

▲鄰地地界線

接往雨水排水井

1／設備計畫開始之前

2／給‧排水、熱水設備

3／通風、空調設備

4／電力、通信設備

5／辦公室‧其他設施的設備

6／挑戰節能的設計

7／設備圖與相關資料

Point

需要使用冷暖氣的房間應設置熱泵空調，同時還要決定好室內機的安裝位置和室外機的放置地點。若日後才要裝設，也要先想好適當的安裝位置，以及能夠對應的空調套管和電源。

注意　將空調排水接往排水井時，務必要設有存水彎。

◆ 二樓

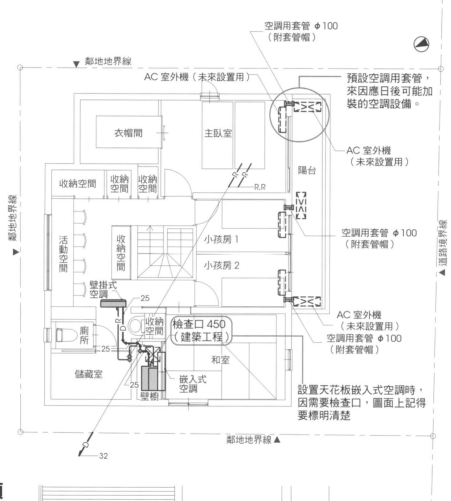

空調用套管 φ100（附套管帽）

AC 室外機（未來設置用）

預設空調用套管，來因應日後可能加裝的空調設備。

AC 室外機（未來設置用）

空調用套管 φ100（附套管帽）

AC 室外機（未來設置用）

空調用套管 φ100（附套管帽）

檢查口 450（建築工程）

設置天花板嵌入式空調時，因需要檢查口，圖面上記得要標明清楚

衣帽間　主臥室　陽台　收納空間　收納空間　收納空間　活動空間　收納空間　小孩房 1　小孩房 2　壁掛式空調　廁所　收納空間　和室　嵌入式空調　壁櫥　儲藏室

鄰地地界線　鄰地地界線　道路境界線　鄰地地界線

◆ 屋頂

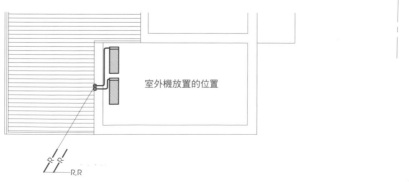

室外機放置的位置

103│室內換氣圖

◆ 一樓

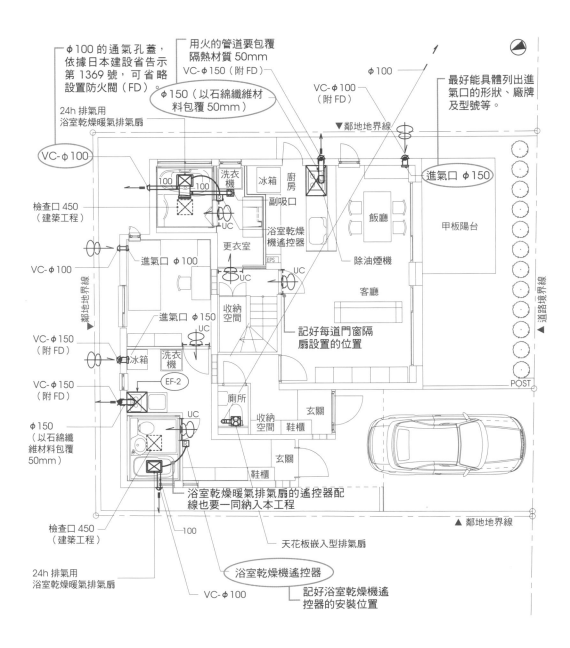

φ100 的通氣孔蓋，依據日本建設省告示第 1369 號，可省略設置防火閥（FD）。

用火的管道要包覆隔熱材質 50mm
VC-φ150（附 FD）

φ100

最好能具體列出進氣口的形狀、廠牌及型號等。

φ150（以石綿纖維材料包覆 50mm）

VC-φ100（附 FD）

24h 排氣用浴室乾燥暖氣排氣扇

VC-φ100

鄰地地界線

進氣口 φ150

檢查口 450（建築工程）

洗衣機　冰箱　廚房

副吸口
UC

浴室乾燥機遙控器

飯廳

甲板陽台

VC-φ100

進氣口 φ100

更衣室

EPS
UC
UC

除油煙機

鄰地地界線

道路境界線

收納空間

客廳

進氣口 φ150

UC

記好每道門窗隔扇設置的位置

VC-φ150（附 FD）

冰箱　洗衣機

VC-φ150（附 FD）

EF-2

廁所

玄關

φ150（以石綿纖維材料包覆 50mm）

UC

收納空間　鞋櫃

玄關

鞋櫃

POST

浴室乾燥暖氣排氣扇的遙控器配線也要一同納入本工程

▲ 鄰地地界線

檢查口 450（建築工程）

100

天花板嵌入型排氣扇

24h 排氣用浴室乾燥暖氣排氣扇

浴室乾燥機遙控器

VC-φ100

記好浴室乾燥機遙控器的安裝位置

1/設備計畫開始之前

2/給‧排水、熱水設備

3/通風、空調設備

4/電力、通信設備

5/辦公室‧其他設施的設備

6/挑戰節能的設計

7/設備圖與相關資料

Point

換氣設備包含廚房除油煙機，廁所、浴室、洗臉台的換氣扇，以及依規定需能24小時換氣、設置在各房間的進氣口與換氣扇。下圖是以浴室暖風乾燥機及換氣扇進行24小時換氣的例子。

| 注意 | 進氣口不要被家具擋住，盡可能設置在高一點的位置。 |

◆ 二樓

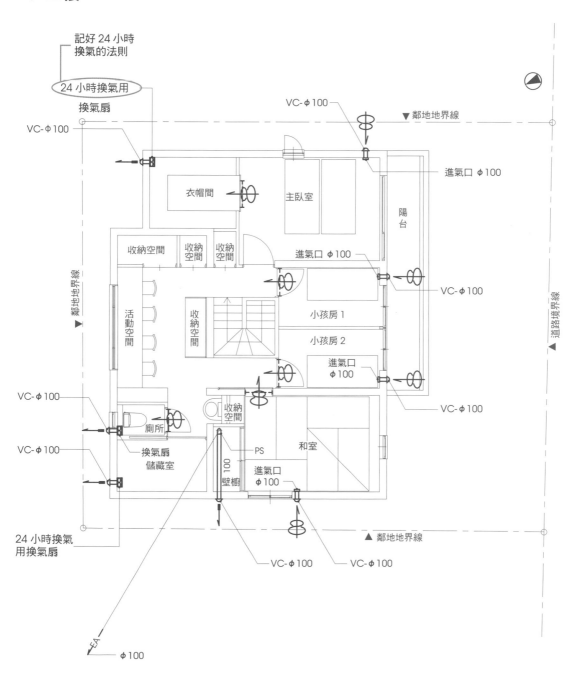

104 | 各設備的記號與外型

◆ 給、排水・衛生設備

給水栓 熱水栓	沖洗閥	混合栓	蓮蓬頭
	真空斷路器		

地下排水存水彎 T-5（A）或（B）	地面清潔孔（A）或（B）	排水井	貯水井
（A）非防水型；（B）防水型	（A）非防水型；（B）防水型		

存水彎井	小口徑聚氯乙烯排水井	水量計	瓦斯龍頭
	沒有存水彎 附存水彎		

瓦斯龍頭	瓦斯錶	瓦斯栓	閘閥
埋入地板型 嵌入牆壁型	GM	GC	GV

逆止閥	電磁閥	Y 型濾水管	放氣閥（排氣閥）

防震接頭	集合管接頭	連結配水管配水口	室內消防栓箱

1/設備計畫開始之前

2/給・排水、熱水設備

3/通風、空調設備

4/電力、通信設備

5/辦公室・其他設施的設計

6/挑戰節能的設計

7/設備圖與相關資料

Point

設備圖上會標示出許多設備的記號，要確實理解每個記號所代表的意思，並掌握脈絡。

| 注意 | 水栓的右邊是冷水，左邊是熱水。 |

◆ 空調

風管換氣扇	換氣扇	節風門	彎曲罩	
中間安裝型 天花板嵌入型			進排氣用 通氣用	T 室內恆溫器 H 室內溫度調節器

◆ 電器

筒燈	螢光燈(安裝於天花板)	白熾燈緊急照明器具	螢光燈(安裝於天花板)緊急照明器具	聚光燈
◎	1 燈管 2 燈管	●	嵌入型	△ ⊘ 垂飾燈
天花板掛燈	室外燈	電話對講機	自動點燈器	撥動開關
(·) 壁燈	◎	門口對講機	● AS	● 3 個開關
調光開關	壁插座	多媒體插座	地插座	電視電源插座
滑式 旋轉式	E 附接地線	CS LAN / TV TEL		● 壁上型 ○ 地上型
電話電源插座	防水型插座	偵煙感應器	定溫定點型感應器	差動式定點型感應器
● 壁上型 ○ 地上型	WP	S		

配電盤	弱電盤

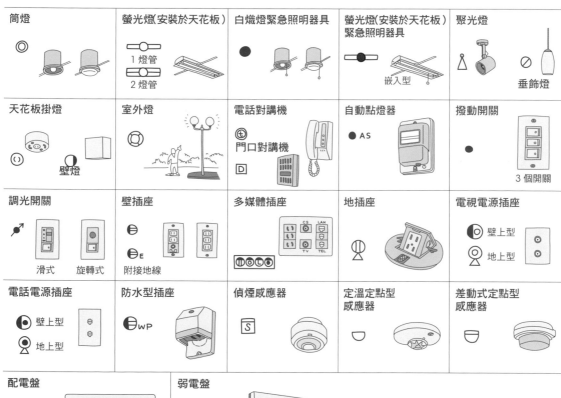

105│日本相關法規

Point
● 提出設備規劃申請時,設備圖表應完整、具體。
● 申請前,應事先查好自來水、下水道、瓦斯及電力等資訊,並商談好消防事項。
● 未獲消防許可,即會撤銷申請。

注意	消防設備須例行檢查。特定建築物一年一次、非特定則是三年一次;檢查結果須向消防單位上級提報。[1]

建築申請須知

　　建築設備與建築基準法、消防法、以及各種法規息息相關。此外,依據新修正的建築基準法來看,提出建築執照申請的建築設備圖,在內容規範上也愈來愈趨嚴格了。以下將針對透天住宅、小規模集合住宅有關的法規,以及提出建築申請時應該要注意的事項來進行說明。

　　提出建築執照申請後的審查會以設計、構造、設備圖是否完備為前提。若文件內容不夠完整,那麼在退還、補件手續的一來一往之間,就還需耗上很多時間。因此提出申請前,務必要慎重確認設備規劃使否與設備圖一致。

　　現在的建築審查流程,室前還需經過設計、構造和設備圖的商核(檢查),確認設計圖及規劃書等文件是否充足。待相關設計圖、規劃書都準備充足後,才能受理辦理。受理後若發現有些微瑕疵,就要蓋印修正、或是提出補交申請說明書。

　　提出申請前,最好先做好自來水、下水道、瓦斯及電力等的事前調查,並與有關單位協議好相關的消防事項。受理申請後,在消防審核階段內,如有重大、不符合規定等事項發生,很可能就會被撤銷申請。[2]

集合住宅方面

　　700平方公尺以下、一般小規模集合住宅的建築申請,受建築基準法規限制的設備有,給水、排水衛生設備(設備規格、配管材質)、瓦斯設備、煙囪設備、因應病態建築的排氣設備(風管、配管材質、設備規格、病態建築的換氣計算)、緊急照明設備,以及使用化糞池地區的化糞池設備。除此之外,申請時還需備有各設備會使用到的主機、器具的構造圖及功能圖表。

　　受消防法規範的有滅火器及火災自動警報裝置;除此之外,各設備使用的機器類產品、以及其他像是防火區劃貫通處理辦法等認定書,在建築申請時也必須備妥。

譯注:**1** 台灣消防法定期檢修規定:甲類等大型公共場所每半年檢查一次;一般住宅、集合式住宅為一年一次。
　　　2 我國可委託建築事務所就建築營造、建築設備配置進行規劃。相關手續及申請要件,也可委託建築事務所辦理。在建築設備方面,有關單位主要會就用水、電力、消防、電信(通稱為:四大管線)進行審查。

1/設備計畫開始之前

2/給・排水、熱水設備

3/通風、空調設備

4/電力、通信設備

5/辦公室・其他設施的設計

6/挑戰節能的設計

7/設備圖與相關資料

◆ 有關建築設備圖的相關法規

給水、排水衛生設備圖	• 給水、排水及其他配管設備的設置與構造。（建築法 129 條 2 之 5） • 水塔、飲用水的配管設備、排水的配管設備、瓦斯配管設備（3 樓以上樓層為共同住宅時），都要明確標示出構造等。（建築法 128 條 2 之 5 第 1 項第 8 款）。 • 相關規定→水道法（16 條）、下水道法（16 條 1 項）、瓦斯事業法（40 條之 4） • 申請書上要明確標記出下水道處理區域的內外之分（下水道法 31 條 1 項）
空調換氣設備圖	• 申請時須確認無窗居室的換氣設備（建築法 20 條之 2）、火源使用室的排氣設備（建築法 20 條 3）、因應病態住宅的換氣設備（建築法 20 條之 8）。 • 換氣設備的構造規定（建築法 129 條 2 之 6），除火源使用室外，適用於所有換氣設備。 • 風道防火區劃等貫通部分的規定為 112 條第 15 和第 16 項。與有延燒　之虞的部分有關的開口部設置，須依防火建築物或準防火建築物（消防法 27 條）、及防火地區或準防火地區內的建築物（消防法 64 條）規定。
電力設備圖	• 符合電力設備（電力事業法 32 條）與緊急照明裝置（建築法 5 章 4 節）。 • 電力事業法 32 條的電力設備是依與電力機器有關的建築物之安全與防火的法令（規定與電力設備有關的技術標準之命令）所規定工法而設置的。 • 明示事項有，常用、預備電源的種類、位置及構造；受電設備的電力配線情況、預備電源電力配線的情況、預備電源的容量與計算方法等。 • 緊急照明裝置要明示照明器具的配置，以及能確保必要照度的範圍。照明器具的構造也應符合規定。 • 防火設備與預備電源應視為電力設備，必須加以標示。
共通事項	• 配管防火區劃等貫通，依建築法 129 條 2 之 5 第 1 項第 7 款規定。 ① 貫通部及兩側 1 公尺內，須為不可燃材質。 ② 空間的外觀要能符合使用用途和材質，標準應在二〇〇〇年建築公告第 1422 號規定的相關數值以下。 ③ 必須符合國土交通大臣認定的工法。據建築法 112 條 15 項規定，配管與防火區劃等的間隙必須埋入不可燃材料。 • 關於建築設備規定的結構，已明訂出須符合構造耐力的構造方法（二〇〇〇年建築公告 1388 號）、以及從屋頂突出的水槽、煙囪等構造計算的基準（二〇〇〇年建築公告 1389 號）。此外，若已符合建築設備規定的結構者，尚須標示說明已符合公告的規定。

◆ 給水衛生設備・空調換氣調查表

	檢視項目	檢視欄		
給水、排水衛生設備	• 您希望供給熱水的方式※1	□ 瓦斯熱水器（一般型） □ 瓦斯熱水器（節能型） □ 電溫水器（Eco-Cute） □ 電溫水器 □ Ene-farm 和 Eco-will 熱電聯產設備（汽電共生）		
	• 澡水需要再沸騰嗎？ • 請告訴我想要的類型（必要沸騰時）	□ 必要 □ 全自動	□ 不要 □ 自動（半自動）	
	• 希望有特殊（大型）的淋浴設備嗎？※2	□ 希望	□ 不希望	
	• 您希望以哪一種設備做為加熱調理的熱源？	□ 瓦斯爐	□ IH 電磁爐	
	• 您希望設置洗碗機嗎？ • 您希望使用瓦斯式還是電力式？（需要洗碗機時）	□ 希望 □ 瓦斯式	□ 不希望 □ 電力式	□ 以後再說
	• 您希望設置廚餘機嗎？	□ 希望	□ 不希望	□ 以後再說
	• 您希望設置淨水器嗎？	□ 希望	□ 不希望	□ 以後再說
	• 洗衣機有需要使用到熱水嗎？	□ 必要	□ 不要	
	• 您希望設置烘乾機嗎？ • 您希望是瓦斯式或電力式呢？	□ 希望 □ 瓦斯式	□ 不希望 □ 電力式	□ 以後再說
	• 您希望室內設有瓦斯開關嗎？	□ 希望	□ 不希望	
	• 您希望引進中央清潔設備嗎？	□ 引進	□ 不引進	
	• 您認為室外灑水栓或洗條槽有必要嗎？※3 • 您認為什麼時候會需要室外灑水栓？	□ 必要 (	□ 不要	)
	• 植栽要設置自動灌水（灑水）裝置嗎？	□ 設置	□ 不設置	
	• 想要利用雨水嗎？	□ 利用	□ 不利用	
	• 想使用井水嗎？	□ 使用	□ 不使用	
	• 您對規劃家庭環境有興趣嗎？	□ 有	□ 無	
空調換氣	• 您認為有必要使用空調嗎？※4	□ 必要	□ 不要	□ 以後再說
	• 您希望空調裝在什麼地方？（想要裝空調時）	(		)
	• 您希望的空調類型。	□ 壁掛式 □ 埋壁式 □ 天花板嵌入風管式	□ 天花板嵌入四方型 □ 置地式	
	• 您對空調的方式有特別要求嗎？※5	□ 有	□ 無	
	• 您想採用右欄的哪種方式呢？	□ 中央方式	□ 放射（輻射）式	□ 都不採用
	• 您有需要個別換氣的房間嗎？ • 請告訴我您希望的房間（需要時） （廚房、衛浴除外）	□ 有 (	□ 無	)
	• 家裡有人抽菸嗎？	□ 有	□ 無	
	• 您希望設置加濕器嗎？ • 請告訴我您希望的房間（需要時）	□ 希望 (	□ 不希望	)
	• 您希望設置除濕機嗎？※6 • 請告訴我您希望的房間（需要時）	□ 希望 (	□ 不希望	)
	• 您希望設置空氣清淨機嗎？ • 請告訴我您希望的房間（需要時）	□ 希望 (	□ 不希望	)
	• 您希望設置除臭機嗎？ • 請告訴我您希望的房間（需要時）	□ 希望 (	□ 不希望	)
	• 您希望有地暖氣嗎？ • 請告訴我您希望的房間和範圍（需要時） • 想採什麼方式設置呢？	□ 希望 (□ 溫水循環式 □ 電蓄熱式	□ 不希望 □ 電爐式 □ 其他	)
	• 您希望設置浴室暖氣乾燥機嗎？ • 請告訴我您希望的類型（需要時）	□ 希望 □ 電氣式	□ 不希望 □ 溫水式	□ 附三溫暖機能

1／設備計畫開始之前

2／給‧排水、熱水設備

3／通風、空調設備

4／電力、通信設備

5／辦公室‧其他設施的設備

6／挑戰節能的設計

7／設備圖與相關資料

Point

傾聽屋主的要求是很重要的，要花點時間來溝通，直到雙方都滿意為止。

| 注意 | 新型態的通信設備日趨複雜，經過討論後，最好再向專家討教。 |

◆ 電力設備

檢視項目	檢視欄
● 您想要怎樣的通信設備呢？	□ CATV □ USEN □ 光纖 □ 其他（　　　　　）
● 您所希望設置的弱電設備，在建築計劃的地區內可能設置嗎？	□ CATV 可 □ USEN 可 □ 光纖可 □ 其他（　　　　　）
● 有需要使用一般電話嗎？	□ 必要　　　　　　　　□ 不要
● 電話回線（電話號碼）需要怎樣的回線？	（　　　　）回線　　　　（　　　　）號碼
● FAX 回線（FAX 號碼）需要怎樣的回線？	（　　　　）回線　　　　（　　　　）號碼
● 您需要的寬頻服務種類為何？	□ FTTH（要確認是否可行） □ ADSL □ CATV（要確認是否可行）
● 有需要引進光纖回路嗎？（檢討 FLET'S 光纖契約）	□ 必要　　　　　　　　□ 不要
● 您希望各房間的電腦之間，有資訊共享的系統嗎？	□ 有線　　　　　　□ 沒有資訊共享的必要性 □ 無線　　　　　　□ 都不希望 □ PLC（高速電力線通信）
● 您希望的電視受信種類？	□ UHF（13 ～ 52ch 衛星訊號） □ BS（NHKBS1、NHKBS Premium、WOWOW、Hi-Vision ch） □ SKY PerfecTV! □ SKY PerfecTV!Premium 光纖服務 □ 其他（　　　　　）
● 電話可依用途付費嗎？（屋主自費）	□ 可　　　　　　　　　□ 不可
● FAX 可依用途付費嗎？（屋主自費）	□ 可　　　　　　　　　□ 不可
● 電腦可依用途付費嗎？（屋主自費）	□ 可　　　　　　　　　□ 不可
● 有需要可做為家庭劇院或 BGM 的房間嗎？	□ 有　　　　　　　　　□ 無
● 設置音響、放映機時，您希望有什怎樣的設備？	□ 設置揚聲器（按地點） □ 使用投影機 □ 只有大型電視機
● 您對規劃家庭環境有興趣嗎？	□ 有　　　　　　　　　□ 無
● 您覺得家用保全有必要嗎？ ● 有指定的保全公司嗎？（需要時）	□ 必要　　　□ 不要　　　□ 以後再說 □ SECOM □ ALSOK □ 其他（　　　　　）
● 你希望有電鎖系統嗎？ ● 有希望的廠商嗎？	□ 有　　　　　　　　　□ 無 （　　　　　　　　　　　　　　　　　）
● 您對於對講機有何要求？	（　　　　　　　　　　　　　　　　　）
● 您有需要太陽能發電等發電系統、蓄熱系統嗎？	□ 有　　　□ 無　　　□ 以後再說
● 您認為有必要提供電動車充電的室外插座嗎？	□ 必要　　　　　　　　□ 不要

※1：要注意熱水器與熱水栓的位置。若浴室與熱水器的距離很遠，容易會惹來屋主的客訴，因此盡量得在浴室附近設置熱水器。如果熱水器和熱水栓非得遠離時，也要檢討是否該設置即時供水裝置。※2：採用外國製的大型淋浴設備時，要向廠商確認淋浴設備必要的水量與水壓。容量大時也有可能會影響給水和供應熱水的方式。※3：近來有需要室外洗滌槽供寵物使用的情形也增加了許多，在這方面要確認是否有必要能供應熱水。※4：決定空調方式時，居住者所要求的空調環境，會因個人不同而有差異。要盡量能夠具體地來詢問屋主（怕熱、怕冷、討厭直接到吹冷氣、或是冷風）。※5：患有花粉症，以及飼養寵物的人很多，傾聽屋主平時對室內空氣環境最在意的部分，也是很重要的。※6：有需要使用加濕器、除濕器、空氣清淨機、除臭機時，要傾聽屋主的使用目的，再轉達給設備設計者。

107｜整體規劃調查表

◆ 給水衛生設備 · 空調換氣

設備項目		檢討事項	選項及注意事項		
給水、排水衛生設備	給水	□ 引入位置	□ 確認口徑與水壓		
		□ 電錶位置及檢查方式（集合住宅）	□ 集中檢查方式（在公共區設置集中檢查電盤）		
			□ 個別檢查方式		
		□ 排水方式	□ 直結方式		
			□ 水道直結增壓泵浦方式		
			□ 加壓給水方式（設置蓄水槽）		
			□ 重力給水方式		
		□ 給水管路徑（引入→主水錶→給水泵浦→各戶水錶）	□ 確認建物橫樑貫通的位置，以及是否有斷面缺損		
	供給熱水	□ 熱水器的種類	□ 瓦斯熱水器		
			□ 熱泵浦式熱水器（要注意淋浴水壓）		
			□ 其他（　　　　　　）		
		□ 用水場所	□ 瓦斯熱水器的設置要遵照管轄地消防單位和瓦斯公司的標準		
	排水與通氣	□ 給水方式	□ 重力排水	□ 機械排水	
		□ 排水路徑	□ 考量排水管傾斜度，決定地下埋設時必要的尺寸和排水管空間		
			□ 地下室需要排水時，要設置污水層，進行機械排水。		
			□ 確認建物橫樑貫通的位置，以及是否有斷面缺損		
		□ 有無雨水浸透處理（向各地方單位確認）	□ 有（確認計算方法及有無補助金）	□ 機械排水	
		□ 通氣管路徑與開放位置	□ 注意臭氣（尤其窗戶附近）		
			□ 污水層若單獨通氣，通氣管外部要設在無障礙且開放的位置。		
	衛生器具	□ 確認衛生器具	□ 確認淋浴水栓、廁所的必要水壓、以及最低必要水壓。		
		□ 使用沖水馬桶※1	□ 有	□ 無	
空調換氣	換氣	□ 換氣方式	□ 局部換氣方式 □ 中央換氣方式	□ 第1種（強制換氣）換氣方式	
				□ 第2種（強制進氣）換氣方式	
				□ 第3種（強制排氣）換氣方式	
		□ 機械設置位置	□ 預估機器本體 + 30mm + 50mm 的安裝尺寸		
		□ 進氣口位置	□ 考量因應病態建築的換氣路徑		
		□ 風管路徑	□ 確認建物橫樑貫通的位置，以及是否有斷面缺損		
	空調	□ 空調方式※2	□ 局部方式 □ 中央方式	□ 熱泵浦式空調	□ 天花板嵌入
					□ 壁掛式　　□ 置地型
				□ 溫風暖氣機	
				□ 輻射式暖氣	□ 煤油暖爐
					□ 電氣式面板加熱器
					□ 溫水式面板加熱器
				□ FF 式暖氣機	□ 瓦斯式　　□ 煤油式
		□ 室外機放置處	□ 確保保養與進排氣的空間		
		□ 室內機的位置	□ 考慮安裝尺寸與保養尺寸		
		□ 配管路徑（冷媒管、排水管）	□ 考量排水管傾斜度，以及埋設時必要的尺寸。		
			□ 注意管線的延長		
	地暖氣	□ 地暖氣的方式	□ 溫水式	□ 電氣式	
		□ 熱源機的設置位置	□ 確保設置空間		
		□ 地暖氣範圍	□ 決定符合條件的熱源		
	其他	□ 蓄熱式電暖器			
		□ 除濕型放射冷暖氣			
		□ 放射式冷暖氣系統			

※1：在規劃階段，先還不要決定衛生設備的型號。但如果是使用沖水馬桶（沖水閥），為了能符合充裕的給水量，最好能要先行確認。※2：住宅大多會採用熱泵式空調。

1／設備計畫開始之前
2／給‧排水‧熱水設備
3／通風‧空調設備
4／電力‧通信設備
5／辦公室‧其他設施的設備
6／挑戰節能的設計
7／設備圖與相關資料

Point

充分評估設備的必要空間。勉勉強強剛好的空間，在施工時若要進行更變的話，恐會有作業上的難度。

注意 規劃前事先確認各種細項是很重要的，若有拖延，工程勢必將曠日廢時。

◆ 電力、瓦斯設備

設備項目			檢討事項	選項及注意事項	
電力	受變電		□設定每戶的電力容量（集合住宅）	□不僅是全電化住宅，獨棟住宅也要檢討	
			□受電方式	□低壓輸入	
				□高壓輸入（先確認彈性供給的可能性）	
			□輸入位置	□電線桿（規劃階段前就要決定）	
				□直接輸入（建築物）	
				□地下	
			□電力開關的位置	□設備尺寸相當大，要儘早決定才好	
	幹線		□電量計的位置	□確保設置空間	
			□電量計的方式（集合住宅）	□集中檢查電錶	□個別檢查電錶
			□配電盤的位置	□考量保養空間後再行決定	
			□電力幹線路徑（輸入位置→電力開閉→配電盤）	□確認建築橫樑貫通的位置、以及是否有斷面缺損	
	動力		□動力盤位置	□預留設置空間	
			□確認動力配線路徑	□確認建物橫樑貫通的位置，以及配管尺寸	
	電插燈座		□配電盤、弱電盤（資訊配電盤）	□為免影響弱電盤（資訊配電盤）的尺寸大小，要掌握好各房間所需要的插座個數。	
	火災自動警報器		□受信機的位置（集合住宅）	□設置在管理室等醒目的地方	
			□主機的位置（集合住宅）		
		住宅用火災警報器	□住宅用火災警報器的方式※3	□電池式	□配線式
	對講機		□決定方式	□玄關方式（集合住宅）	
				□個別方式	
			□與自動鎖連動	□必要	□不要
			□與火災自動警報器連動	□必要	□不要
	配電管話		□邏入路徑（邏入位置 DF → IDF）	□確認建物橫樑貫通的位置，以及配管尺寸	
			□檢討 MDF、IDF 位置※4	□由於尺寸會因需要變大，因此儘可能儘早決定。	
	電視機共用		□電波障礙	□現場確認鄰近建築物的狀況（有無天線、CATV 的邏入狀況）	
			□收訊方式	□使用天線	□使用有線電視
			□檢討天線的位置	□確認欲視聽頻道的播放情形	□ UHF
					□ BS
					□ BS／110°CS
					□ CS
					□其他（　　　　）
	網路配線		□檢討網路接續的方式	□ FTTH（確認是否已進入光纖服務區）	
				□ ADSL（確認距離用地台不會太遠）	
				□ CATV（確認是否已進入服務區域）	
			□集合住宅光纖網路盤	□設置在 MDF 內	
瓦斯	瓦斯		□引入位置	□天然氣	□ LPG
			□瓦斯容器的設置位置（使用液化石油氣時）	□設置在方便容器搬運的地方	
			□瓦斯錶位置	□確保有能夠方便檢查瓦斯錶的空間	
			□確認瓦斯配管路徑	□確認建物橫樑貫通的位置，以及配管尺寸	
其他	環境考量		□汽電共生	□確保足夠的設置空間	
			□太陽能發電		
			□太陽能熱水器		
			□雨水槽		
			□風力發電		
			□蓄電池		
			□地熱熱泵浦	□注意這個候必須要挖井	

※3：依住宅規模，不需火災自動警報裝置時才設置。此外，要確認是否依住宅性能評鑑機構的建議要求，必須為配線式。 ※4：MDF 是主配電盤，IDF 則是各樓層的弱電盤。MDF 內要收納集合住宅光纖盤、TV 輔助器、VDSL 終端盤、以及 NTT 電話保安器等，需要收納的設備有增加傾向，因此要及早掌握尺寸才好。

翻譯詞彙對照表

中文	日文	英文	頁次
二劃			
人孔	マンホール	manhole	19、23、29、35、39、40
三劃			
工業用無塵室	インダストリアルクリーンルーム	industrial clean room	151
四劃			
化糞池	浄化槽	septic tank	46、47
化妝蓋板	化粧マンホール	Interlocking Block manhole	40
水錘（水擊）作用	ウォータハンマ	water hammer	31、37
水封	封水	water seal	36、37
日本工業規格	ジス（JIS）	Japanese Industrial Standard, JIS	46
內嵌，嵌入	ビルトイン	built-in	50、52
內襯聚氯乙烯硬質鋼管	硬質塩化ビニルライニング鋼管	SGP-VA	57
不鏽鋼鋼管	ステンレス鋼管	stainless	57、225
分壓	分圧	partial pressure	78
不快指數	不快指数	Discomfort Index, DI	90、91
木質地板材料	フローリング	flooring	98、99
比流器	計器用変流器	Current Transformer, CT	104
毛玻璃	型板ガラス	Frosted glass	186
主動式系統	アクティブシステム	active system	188
五劃			
可租用面積比	レンタブル比	ratio of rentable area	30
用水區域（浴室、廁所，廚房等）	水回り	wet area	38、76
生化需氧量	生物化学的酸素要求量	Biochemical oxygen demand, BOD	42
甲醛	ホルムアルデヒド	formaldehyde	72、73
瓦特	ワット	Watt	108
功率因數	力率	Power Factor, PF	108
生物實驗室無塵室	バイオロジカルクリーンルーム	biological clean room	168、169
包絡面（幾何學用語）	包絡面	envelopment surface	173
六劃			
存水彎	排水トラップ	trap	30、32
存水灣（U型管／P型管）	トラップ	trap	30、32、34
存水彎排水井	トラップ（枡）	trap invert	30、32
交叉連結	クロスコネクション	cross connection	30、31
自然冷媒熱泵熱水器	エコキュート（ECO-給湯）	Eco-Cute	204
自來水管用鍍鋅鋼管	水道用亜鉛めっき鋼管	SGP-VB（JIS G 3442）	57
防煙垂壁	垂壁	smoke Barrier	61
百葉	シャッター	shutter	186
多翼式風扇	シロッコファン	Sirocco Fan	79
伏特	ボルト	Volt	112、113
安培	アンペア	Ampere	112、113
伏特安培	ボルトアンペア	Volt-Ampere, VA	112
光通量（流明）	ルーメン	lumen	124、125
地面數位電視	地デジ	Digital terrestrial television	128、129
多媒體插座	マルチメディアコンセント	multimedia concent	131
老虎窗	屋窓	Do m er Window	161
地板線槽配線	フロアダクト	floor duct	164、165
多孔金屬管槽配線	セルラダクト	cellametal floor duct	164、165
汙染控制	コンタミネーションコントロール	contamination control	168
全年能源消耗效率	通年エネルギー消費効率	Annual Performance Factor, APF	176
防火閥	防火ダンパ（FD）	Fire Damper, FD	240
七劃			
初期成本	イニシャルコスト	initial cost	50、51
冷管（地熱系統用）	クールチューブ	cool tube	198

八劃			
岩綿	ロックウール	rockwool	53
抽水馬達	揚水ポンプ	water pump	41
門邊緣底切口	ドアアンダーカット	door undercut	73
沸石	ゼオライト	zeolite	110
拉式開關	プルスイッチ	pull type switch	142
波型鋼承板	デッキプレート	deck plate	164、165
性能係數	成績係数	coefficient of performance，COP	176
固體高分子型燃料電池	固体高分子形燃料電池	polymer electrolyte fuel cell，PEFC	208、209
固體氧化物燃料電池	固体酸化物形燃料電池	solid oxide Fuel cell，SOFC	208、209
夜間散熱	ナイトパージ	night purge	212、213
九劃			
客廳、飯廳、廚房	リビング・ダイニング・キッチン	(LDK，Living、Dining、Kitchen.)	15
逆虹吸作用	逆サイホン作用	back siphonage	37
砂漿	モルタル	mortar	41、103
屋頂排水	ルーフ ドレン	roof drain	44、45
耐熱內襯氯乙烯硬質鋼管	水道用耐熱性硬質塩化ビニルライニング鋼管	SGP-HVA	56、57
耐熱性硬質聚氯乙烯管	耐熱性硬質硬質ポリ塩化ビニル管	PVC	56、57
除濕轉輪	デシカントロータ	Desiccant Rotor	110
活動地板	フリーアクセス フロア	free access floor	164、165
扁平電纜	フラットケーブル	flat cable	164、165
氯氟碳化合物，氟利昂	フロン（クロロフルオロカーボン）	Chlorofluorocarbons，CFCs	202
十劃			
格柵板	グレーチング蓋	grating	40
通氣閥	ドルゴ通気弁は	Durgo air admittance valve	38
浮球	フロート	float	43
高壓貯藏鋼瓶	ボンベ	Bombe	54
配管用碳鋼鋼管	配管用炭素鋼鋼管	SGP-VD（JIS G 3442）	57
高密度聚乙烯管，HDPE 管	架橋ポリエチレン管	High Density Polyethylene Pipe	57
浴室設備	ユニットバス	unit bath	62
病態建築	シックハウス	Sick House	72、73
氣化式加濕器	ヒーターレスファン式	Impeller Humidifier (Cool Mist Humidifier)	91
通信衛星	通信衛星	Communications Satellite，CS	128、129
被動式紅外線感應器	パッシブセンサー	passive sensor	166、167
真空斷路器	バキュームブレーカ	Vacuum breaker	116
被動式太陽能	パッシブソーラー	passive solar	188、190
被動式系統	パッシブシステム	passive system	188
家庭能源管理系統	ホーム - エネルギー - マネジメント - システム	home energy management system，HEMS	222
氣窗	エアフローウィンドウ	air flow window	214
十一劃			
乾式工法（SI）	スケルトン・インフィル	Skeleton Infill	20
基礎設施	インフラ（インフラストラクチャー）	infrastructure	32
基地地盤面	グランドレベル ／地盤面	GL.(ground level)	34
排水井	インバート（枡）	invert	40、41
硫化氫	硫化水素	Hydrogen Sulfide，H_2S	42、43
梯子	タラップ	trap	43
理科年表	理科年表（りかねんぴょう）	Chronological Scientific Tables	44
桶裝瓦斯，液態石油氣	LP ガス；液化石油ガス	Liquefied Petroleum Gas，LP GAS	54、55

密閉式強制供排氣熱水器（FF式）	FF式（密閉式・強制給排気形）	Forced Drought Balanced Flue	53
焓、熱焓（熱力學語）	エンタルピー	enthalpy	88
混合式加濕器、除濕機	ハイブリッド式	Ultrasonic Cool & Warm Mist Humidifier	91
乾燥式除濕機	デシカント式	Desiccant	110
接地端子	アースターミナル	Earth-terminal	120
勒克斯	ルクス	lux	125
區域網路	ローカルエリア ネットワーク，ラン	Local Area Network，LAN	130
採光棚	ライトシェルフ	Light Shelf	186
十二劃			
硬質聚氯乙烯管	硬質ポリ塩化ビニル管	PVC Pipe；Vinyl Pipe，VP	57
硬聚聚乙烯管	耐衝撃性硬質ポリ塩化ビニル管	PVC Pipe；Vinyl Pipe，VP	57
渦電流	渦電流	Eddy Current	61
無塵室	クリーンルーム	clean room	168、169
減振器、阻尼器	ダンパー	damper	107
短路	ショートサーキット	short circuit	74、108
渦輪	ターボファン	turbofan	78、79
過濾器（空調系統用、排水系統用）	フィルタ	filter	84
隔熱塑膠軟墊	ネダフォーム	NEDAFOAM	100、101
焦油	タール	tar	106、107
集合住宅用變壓器	パッドマウント（集合住宅用変圧器）	pad mount	115
發光二極體	発光ダイオード	Light-Emitting Diode，LED	124、125
凱氏溫標	ケルビン	Lord Kelvin；William Thomson	178
結露性能	防露性能	dew condensation performance	181
晶體矽	シリコン結晶系	multicrystalline silicon	190
插電式混合動力汽車	プラグインハイブリッド車	Plug-in hybrid vehicle，PHV	222
氮氧化物	窒素酸化物	nitrogen oxides	208
無外周空調系統	ペリメータレス空調	Perimeter less Air-Conditioning Systems	214、215
十三劃			
溢流管	オーバーフロー管	overflow pipe	32
固定螺栓	アンカーボルト	anchor bolt	28
溝渠、塹濠	トレンチ	trench	28、42
感應器	センサー	sensor	167
電熱毯	ホットカーペット（電気カーペット）	electric car pet	100、105
電暖器	ファンヒーター	fan heater	102、103
電熱聯產（汽電共生）	コジェネレーション	cogeneration	208
塑合板（PB）	パーティクルボード	Particle Board	100
溫控裝置	サーモスタット	thermostat	101、104、105
電力削減裝置	ピークカット	Peak-cut	119
電力線通信	電力線通信	Power Line Communication	128
閘閥	仕切弁	gate valve	116
節風門	ダンパー	damper	107
Low-E 節能複層玻璃	Low-E ガラス	Low-E Glass	184
十四劃			
管道空間	パイプスペース	Pipe Space	38
聚氯乙烯	ポリ塩化ビニル	PVC（PolyVinyl Chloride）	57
聚碳酸酯	ポリカーボネート	Polycarbonate，PC	57

聚氯乙烯管	ポリ塩化ビニル管	PVC Pipe；Vinyl Pipe， VP	57
聚丁烯管，PB 管	ポリブデン管	Polybutene Pipe	57
網格狀金屬板（空調風管用）	グリル	grille	81
蒸發式蒸氣加濕器	スチームファン式	Vaporizer (Steam Humidifier)	90
赫茲	ヘルツ	Hertz	112、113
聚氨酯	ウレタンフォーム	Polyurethane， PU	139
遮陽導光板	ライトシェルフ	light shelf	187
十五劃			
潛熱回收型熱水器	エコジョーズ	eco-jozu	50
噴霧式三溫暖	ミストサウナ	mist sauna	50
熱泵組	ヒートポンプ ユニット	heat pump unit	176、202
廚餘機	ディスポーザー	disposer	58、59
熱泵	ヒートポンプ	Heat pump	176、202
熱敏電阻	PTC ヒーター	Positive Temperature Coefficient， PTC	97
箱櫃型配電箱	キュービクル式（高圧受電設備）	Cubicle Type	114、144
廣播衛星	放送衛星	Broadcasting Satellite， BS	128、129
數據機	モデム	modem	130、131
撥動開關	タンブラー スイッチ	tumbler switch	142
熱傳導率	熱伝導率	Thermal conductivity	178
熱貫流率	熱貫流率（K 値）	coefficient of overall heat transmission	178、180
熱阻	熱抵抗	Thermal resistance	178
熱損失係數	熱損失係数（Q 値）	Over Coefficient of Heat Loss	180
熱橋現象	熱橋	Heart Bridge	182
十六劃			
鋼板	スラブ	slab	42
橡膠板	ゴムシート	rubber sheet	43
鋼筋水泥建築	アールシー（鉄筋コンクリート）	Reinforced Concrete， RC	138
靜壓	静圧	static pressure	78、79
壁爐	薪ストーブ	wood stove	106、107
燃料電池堆	セル - スタック	cell stack	209
十七劃			
鍋爐	ボイラー	boiler	211
螺旋槳	プロペラファン	propeller	203
壓縮式除濕機	コンプレッサー式	compressor	90、91
壓縮機	コンプレッサー	compressor	202
十八劃			
斷路器	アンペアブレーカー	Ampere-Breaker	116、117
雙層	ダブルスキン	double skin	214
十九劃			
類比訊號	アナログ	analog	128、129
二十一劃			
露臺	バルコニー	balcony	45、231、233
二十二劃			
灑水裝置	スプリンクラー	sprinkler	174、175
彎曲罩	ベットキャップ	bent-cup	243
二十三劃			
纖維強化高分子複合材料（玻璃纖維）	繊維強化プラスチック	FRP (Fiber Reinforced Plastics)	46、65
變頻式空調	インバータエアコン	Inverter air conditioner	84
變壓器、變電箱	トランス、変圧器	transformer	112、115

國家圖書館出版品預行編目(CIP)資料

建築設備最新修訂版 / 山田浩幸監修.著作；沈曼雯、陳春名譯. -- 修訂1版. -- 臺北市：
易博士文化，城邦文化事業股份有限公司出版：英屬蓋曼群島商家庭傳媒股份有限公司
城邦分公司發行, 2021.08
　　面；　公分
　　譯自：世界で一番やさしい建築設備 最新改訂版 (107のキーワードで学ぶ)
　　ISBN 978-986-480-179-4(平裝)

1.建築物設備

441.6　　　　　　　　　　　　　　　　　　　　　　　　　110010662

日系建築知識 18

建築設備【最新修訂版】

原 著 書 名 ／	世界で一番やさしい建築設備 最新改訂版 (107のキーワードで学ぶ)
原 出 版 社 ／	エクスナレッジ
監　　　修 ／	山田浩幸
作　　　者 ／	檀上新、檀上千代子、佐藤千惠、河嶋麻子、山田浩幸
譯　　　者 ／	沈曼雯、陳春名
選 書 人 ／	蕭麗媛
編　　　輯 ／	涂逸凡、黃婉玉

業 務 經 理 ／ 羅越華
總 編 輯 ／ 蕭麗媛
視 覺 總 監 ／ 陳栩椿
發 行 人 ／ 何飛鵬
出　　　版 ／ 易博士文化
　　　　　　　城邦文化事業股份有限公司
　　　　　　　台北市中山區民生東路二段141號8樓
　　　　　　　電話：（02）2500-7008　傳真：（02）2502-7676
　　　　　　　E-mail: ct_easybooks@hmg.com.tw
發　　　行 ／ 英屬蓋曼群島商家庭傳媒股份有限公司城邦分公司
　　　　　　　台北市中山區民生東路二段141號2樓
　　　　　　　書虫客服服務專線：（02）2500-7718、2500-7719
　　　　　　　服務時間：周一至週五上午0900:00-12:00；下午13:30-17:00
　　　　　　　24小時傳真服務：（02）2500-1990、2500-1991
　　　　　　　讀者服務信箱：：service@readingclub.com.tw
　　　　　　　劃撥帳號：19863813
　　　　　　　戶名：書虫股份有限公司
香港發行所 ／ 城邦（香港）出版集團有限公司
　　　　　　　香港灣仔駱克道193號東超商業中心1樓
　　　　　　　電話：（852）2508-6231　傳真：（852）2578-9337
　　　　　　　E-mail：hkcite@biznetvigator.com
馬新發行所 ／ 城邦（馬新）出版集團Cite(M) Sdn. Bhd.
　　　　　　　41, Jalan Radin Anum, Bandar Baru Sri Petaling,
　　　　　　　57000 Kuala Lumpur, Malaysia.
　　　　　　　電話：（603）90578822　傳真：（603）90576622
　　　　　　　E-mail：cite@cite.com.my

美 術 編 輯 ／ 劉怡君、簡至成
封 面 構 成 ／ 劉怡君、簡至成
製 版 印 刷 ／ 卡樂彩色製版印刷有限公司

SEKAI DE ICHIBAN YASASHII KENCHIKU SETSUBI SAISHIN KAITEI BAN
© X-Knowledge CO.,Ltd. 2020
Originally published in Japan in 2020 by X-Knowledge CO., Ltd.
Chinese（in complex character only）translation rights arranged with
X-Knowledge CO.,Ltd.

■2014年11月13日　初版
■2021年08月19日　修訂1版1刷
ISBN 978-986-480-179-4

定價800元　HK＄267

城邦讀書花園
www.cite.com.tw